転換期の水田農業

稲単作地帯における挑戦

鵜川洋樹・佐藤加寿子・佐藤了 編著

農林統計協会

はじめに－本書のねらい－

鵜川洋樹・佐藤加寿子・佐藤　了

これまで農林水産省が設定してきたコメ生産数量目標が 2018 年から廃止されることとなり，我が国の水田農業は大きな転換期を迎えることとなる。また，2015 年に大筋合意された TPP 協定について，政府見解ではコメへの影響は大きくないとされているが，「TPP があろうとなかろうと，日本農業は足腰が弱り崖っぷちにある」（日本経済新聞社 2016）なかで，崖までの距離を縮める恐れがあり，「減反見直し」は水田農業の足下をすくうことにもなりかねない。2017 年に就任したアメリカのトランプ大統領は TPP 協定からの離脱を表明し，TPP は漂流する可能性が高まったが，その後に待ち構える二国間交渉では TPP の合意内容を上回る，日本農業にとって厳しい交渉になることが懸念されている。

コメ（水田）は我が国農業の基幹であり，「農業＝コメ」が我が国では当たり前とされてきた。周知のように，農業産出額に占めるコメの割合は低下し続け 2014 年には 17％となった。一方，園芸が 38％，畜産が 35％であることから，コメを基幹と呼ぶことが難しい状況になりつつある。しかし，農家数（農業経営組織別経営体数）の割合でみれば，稲作単一経営が 50％（2015 年）を占め，コメの存在感は依然として大きい。こうした状況は水田農業における「構造問題」を如実に物語るものといえる。このような水田農業が大きな転換期を迎えることの困難性は容易に想像することができる。

我が国農業の「基幹」である水田農業が転換期を無事に迎えることができるかどうかは，我が国農業に大きな影響を与えることになる。なかでも，水田農業の比重の大きい稲単作地帯ではその影響は極めて大きくなると考えられる。代表的な稲単作地帯といえる秋田県の農業産出額に占めるコメの割合は53％（2014年）と高く，稲作単一経営の割合は77％（2015年）と極めて高い。コメ依存度の高い秋田県農業の産出額は，米価低落と歩調を合わせて減少傾向をたどり，2014年には1,473億円となった。これは東北地域で最低の産出額であり，最高の青森県の51％に過ぎない。稲作優等地であるがゆえにコメ依存度を高めてきたが，現在ではそのコメが大きなリスクになり，コメ依存構造からの転換が秋田県農業の最大の課題となっている。

コメ依存構造の転換は稲単作地帯で大きな課題であると同時に，コメを「基幹」とする我が国農業にも共通する課題である。かつて，コメは「稲作の独往的性格」（金澤夏樹）と呼ばれるほど圧倒的な優位性をもっていたが，今日では他作物との優位性を比較・検討すべき作物になっている。その点で，比較すべき作物を持たない稲単作地帯ではコメが最後の砦になったといえる。我が国農業の耕境をこれ以上後退させないためには，稲単作地帯の存続が重要であり，ここを起点とする発展が求められる。

本書は，代表的な稲単作地帯である秋田県農業を主たるフィールドとする調査研究に基づき，水田農業（水田を基盤とする稲作や園芸，畜産を含む）に関する政策や農業構造，担い手，技術構造，流通システムなどについての実態分析と今後の発展方向を論じることを目的としている。稲作優等地であり，コメに代わる作物を見出すことの難しい地域の取り組みを「稲単作地帯の挑戦」として全国の水田農業地域に発信することを目指すものである。本書は4部11章からなり，その編序構成は次のとおりである。

「第Ⅰ部　水田農業の政策転換と担い手構造」は，水田農業に関わる政策展開とその担い手形成への影響を論じる。

「第1章　秋田県水田農業の与件変化－米政策改革による影響－」（佐藤加寿子）では，2004年の米政策改革および改正食糧法が水稲作優等地である秋田県の水田農業に与えた影響を生産調整率と米価格水準を中心に分析し，続く農業者戸別所得補償制度と併せて，その政策効果を転作対応の実態から考察する。

「第２章　秋田県における大規模水田農業経営の展望と課題－農地中間管理事業の実績と活用を通して－」（長濱健一郎）では，1970（昭和 45）年農地法改正で構想された「農地管理事業団」と，今回の「農地中間管理機構」を比較し，農地の公的管理・関与の在り方を考察する。その上で，秋田県における農地中間管理事業の実績を踏まえ，規模拡大を図った経営体等の調査から，大規模経営体における農地集積の実態と出し手（地権者）の意向を明らかにするとともに，事業が地域に及ぼす効果を地域農業の担い手状況の視点から考察する。

「第３章　生業的家族農業経営の存立構造―秋田県における諸事例からの検討―」（佐藤　了）では，企業的な経営への展開を目論まない，家族が生活するための農業経営を「生業的家族農業経営」と呼び，始めに，それらの経営が激しい分化・分解にさらされていることを統計的な動向を通じて確認する。次に，経営自立を図る生業的家族農業経営の事例を取り上げ，それらを存立させている諸要素を抽出するとともに，経営自立のカギとなる農産物の販売・マーケティングを補完する方式について検討し，その展開条件を「国際家族農業年」の理念に基づき考察する。

「第Ⅱ部　担い手育成の挑戦」は，政策展開に対応した営農現場における担い手育成に関わる取り組みとして，集落営農とJA出資型法人を論じる。

「第４章　JAによる担い手経営体支援の現状と今後の対応方策－秋田県を事例に－」（椿　真一）では，品目横断的経営安定対策を契機として数多く設立された集落営農組織に対するJAによる支援の実態と課題を検討する。秋田県の事例分析から，JAの担い手支援は，集落営農の発展段階に相応して，集落営農の組織化，法人化，法人支援と展開してきたことを明らかにし，新たな農業政策下におけるJAによる担い手支援の課題を考察する。

「第５章　集落営農法人における組織間連携の可能性と課題－秋田県内の事例から－」（渡部岳陽）では，集落営農法人の存続・発展にとって課題となるヒト・モノ・カネ・チエの確保や導入のための方策として重要な集落営農法人の組織間連携について検討する。秋田県で唯一の取り組み事例から，組織間連携の経緯や具体的内容を分析し，今後の可能性と課題について考察する。

「第6章　条件不利地におけるJA出資型農業生産法人の事業展開と課題」（李　侖美）では，担い手のいない中山間地域で「農地受託管理」を行う営農主体として設立された，秋田県のJA出資型法人を対象に，その設立経緯や事業実績を分析し，事業展開の特徴を明らかにし，地域農業におけるJA出資型法人の意義について考察する。

「第Ⅲ部　土地利用型作物の挑戦」は，政策展開に対応した営農現場における土地利用型作物の取り組みとして飼料用米と酒造好適米を論じるとともに，土地利用型経営の経営管理として求められる営農情報管理について論じる。

「第7章　耕畜連携の経営行動と資源循環－飼料用米の生産と利用－」（鵜川洋樹）では，2015年に急拡大した飼料用米の「本作化」条件を生産主体と利用主体である耕種および畜産経営の耕畜連携の行動原理から明らかにする。飼料用米の生産・利用の実態を地域に定着している稲WCSと比較しながら分析し，耕種経営における飼料用米生産の定着条件を明らかにするとともに，畜産経営における飼料用米利用の展開条件を考察する。

「第8章　直接契約拡大下における酒造好適米の需給調整システム」（林　芙俊）では，生産量が増加している純米吟醸酒などの原料となる酒造好適米の需給構造を秋田県の実態から分析する。酒造好適米では旧来，産地農協から全農県本部・酒造組合を経て酒造会社に販売されるのが主要な流通チャネルであったが，近年酒造会社と農家が直接契約をおこなう流通が著しく増加している。ここでは，酒造組合チャネルの需給調整機能を明らかにするとともに，その課題や直接契約チャネルとの両立について考察する。

「第9章　水田作経営の大規模化と営農情報管理」（藤井吉隆・上田賢悦）では，大規模水田作経営が成長・発展を図るうえで重要になる営農情報管理（生育，収量・品質，作業時間，圃場）を対象に，先進事例における取り組みの実態を明らかにし，営農情報の活用方策を考察する。

「第Ⅳ部　園芸作物の挑戦」は，稲単作からの脱却を目指す，後進園芸地域における園芸作物振興の課題と営農現場における取り組みとしてエダマメ産地化を論じる。

「第 10 章　兼業・稲単作地帯における園芸振興の課題－秋田県を対象に－」（中村勝則）では，主な販売ターゲットとなる関東地域の卸売市場における秋田県産野菜の市場評価を明らかにする。次いで，担い手育成方策として注目されている大規模・専作経営（園芸メガ団地）の課題を考察するとともに，多品目野菜作に取り組む集落営農法人を対象に，兼業・稲単作地帯における野菜作の担い手のあり方について考察する。

「第 11 章　水田活用園芸の挑戦－後発秋田県のエダマメ産地化－」（津田渉）では，秋田県における園芸振興の成功事例であるエダマメを対象に，秋田県のエダマメ産地化は，マイナーな作物では他県にはないマーケティング活動（協調出荷，関係実務者の協力体制など）を着実に実行して東京市場でシェア 1 位となった経緯と販売戦略と推進体制の特徴を明らかにする。つづいて，需要総量一定の中で出荷増に伴う品質の安定性確保，巻き返しを図る山形県や輸入冷凍品との競争など新たな局面を迎え，これらへの産地対応（ブランド階層化，単価アップの取り組みなど）のあり方について考察する。

目　次

第Ⅳ部　園芸作物の挑戦

第Ⅰ部　水田農業の政策転換と担い手構造

第１章　秋田県水田農業の与件変化
－米政策改革による影響－

佐藤　加寿子

現在，秋田県の農業産出額は急激な低下に見舞われている。本稿ではその要因を 2004 年の米政策改革および改正食糧法に求め，これらの制度の変更が秋田県農業に与えた影響を主食用米の生産調整に着目して明らかにする。

1．現在の秋田県農業が直面している事態
－WTO 以降の農業産出額の動き－

まず，食糧管理法の廃止やミニマム・アクセス米輸入をもたらした，WTO（世界貿易機関：GATT ウルグアイラウンド協定の妥結によって 1995 年に設立された）以降の秋田県農業の動きを統計から確認しておこう。

図 1-1 に秋田県の農業産出額の推移と総産出額に占める米産出額の割合を示した。1977（昭和 52）年から 1994（平成 6）年まで総産出額が 3,000 億円前後と最高水準で推移するが，WTO（世界貿易機関）農業協定が発効した 1995 年からは減少の一途をたどり，2014 年はピークであった 1985（昭和 60）年の 3,135 億円の半分足らずである 1,473 億円に落ち込んだ。全国レベルで見ても，農業産出額が最高水準である 11 兆円前後で推移したのは 1994 年までで，その後の減少は同じ傾向である。1994 年と 2014 年の農業産出額の減少を比べると，全国レベルではマイナス 2 兆 9,000 億円で 26％の減少に対し，秋田県ではマイナス 1,400 億円で 45％の減少である。

全国と秋田県の減少率による 19 ポイントの差は，農業産出額における米

図 1-1　秋田県の農業産出額と米が占める割合

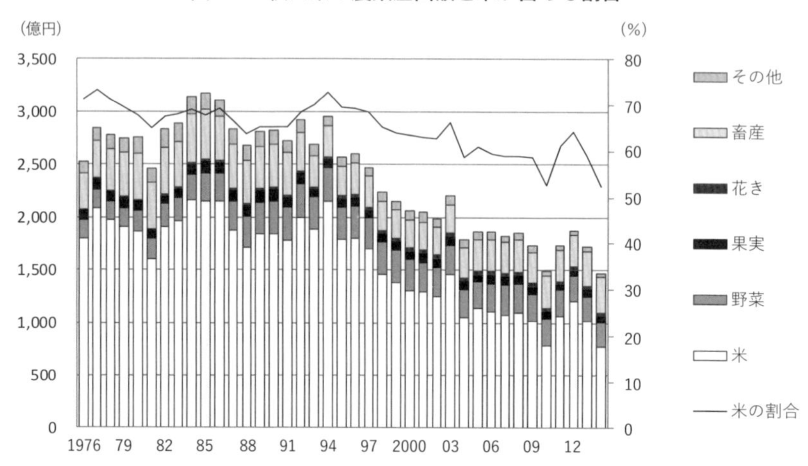

資料：農林水産省「生産農業所得統計」

の割合の違いによる。この間の全国の農業産出額の減少は主として米産出額の減少によるものであり，米産出額の減少は総産出額の減少の 8 割を占める[1)]。1994 年の全国の総農業産出額における米の割合は 34%，秋田県は 73%であり，秋田県では 2014 年においても農業総産出額の 5 割以上を米産出額が占めている。同年の全国の平均では米産出額の割合は 17%，東北でも 28%であるので，秋田県においては農業における米の比重が大きいことがわかる。

秋田県の複合部門を見ると，2014 年で野菜が 235 億円，果物が 63 億円，畜産が 332 億円と，野菜・果樹を合わせても農業産出額の総額に占める割合は 20%，畜産は 23%と，全国の野菜・果実 36%，畜産 35%と比べて複合部門の展開は弱い[2)]。

秋田県の農業産出額は 90 年代後半以降，大きく減少しているが，これは総産出額の 5 割強を占めている米産出額が減少したことが主たる要因であり，米産出額の減少は，米価下落によるところが大きい。例えば 1994 年から 2014 年にかけて秋田県の水稲作付面積（子実用で飼料米は含まない）はマイナス 2 万 3,900ha，21%の減少であった[3)]が，米産出額は 53%も減少している。WTO成立の1995年以降，米価下落による農業産出額の激しい減少は全国的な傾向であったが，水稲を中心として農業を発展させてきた秋田県にとっては，さらに厳しいものとなった。

2．東北・秋田県における水稲作の優位性

秋田県農業は水稲作を中心とした発展を遂げてきて，それはWTOまではそれなりに成功していたと言える。ここではなぜ秋田県農業が水稲を中心とした展開であったのかを，水稲作における優位性から検討し，現在直面している危機への理解を深めたい。

秋田県の水稲作における優位性の要因は，①面積当たりの水稲収穫量（単収）の大きさと，②面積当たりの生産費の低さである。

これらの要因を検討しよう。2015年の10a当たり平年収量（気象の推移，被害の発生状況等が平年並みとして，その年に予想される10a当たりの玄米収量のこと。栽培開始前の予想値である）は全国では531kgで，東北全体では560kgと全国を29kg上回る。実際の収穫量（2015年）で見ても，全国の10a当たり収量が531kgであったのに対し，東北は579kgであった。東北各県の10a当たり平年収量を大きい方から順に並べると，山形595kg，青森584kg，秋田573kg，福島542kg，岩手533kg，宮城530kgで，宮城以外は全国を上回っている。ちなみに北海道の収穫量は559kgであった[4)]。

次に生産費を直近のデータである2014年産米生産費で見てみよう（表1-1）。東北は10a当たりの支払利子・支払地代算入生産費で，全国平均の11万9,285円を1万円以上下回る10万8,608円と，北海道の10万568円に次いで低い。東北内では，秋田県は10万6,440円と福島県の10万5,690円に次ぐ低さである。玄米60kg当たりで支払利子・支払地代算入生産費が最も低いのは北海道の1万420円，次いで東北の1万1,556円である。

表1-1で稲作の収益性を検討すると，10a当たりの所得は東海，中国，四国を除いた地域でプラスになっているものの，家族労働報酬は北海道を除いた全ての地域でマイナスである。米の価格に対する生産費の割合である「主産物粗収益/生産費」は，これが1を超えていると統計上の適正な家族労働報

表 1-1　農業地域別の稲作収益性　2014（平成 26）年産

	全国	北海道	都府県	東北	北陸	関東・東山	東海	近畿	中国	四国	九州
水稲作付地（1経営体当たり）　単位：a	156.8	791.3	146.5	201.8	193.5	142.8	114.5	103.9	86.0	78.3	111.5
10a 当たり											
労働時間（家族労働のみ）	23.09	16.94	23.66	21.79	21.07	24.61	25.99	27.17	32.71	33.27	21.52
収量（kg）	526	578	522	563	523	526	485	482	486	475	437
生産費（支払利子・地代算入生産費）	119,285	100,568	120,931	108,608	123,426	121,223	147,428	136,764	140,643	151,474	110,765
主産物粗収益	92,562	107,927	91,222	85,353	105,823	87,885	98,723	98,198	82,425	84,171	85,434
所得	6,476	35,464	3,937	6,216	12,824	3,832	-8,008	2,535	-13,073	-24,571	4,419
家族労働報酬	19,424	20,633	-12,056	-10,663	-3,925	-13,571	-20,484	-11,042	-27,021	-42,535	-8,446
交付金	7,447	9,468	7,272	8,387	8,432	5,301	4,436	6,721	6,487	5,031	7,374
主産物粗収益/生産費	0.78	1.07	0.75	0.79	0.86	0.72	0.67	0.72	0.59	0.56	0.77
（主産物粗収益＋交付金）/生産費	0.84	1.17	0.81	0.86	0.93	0.77	0.70	0.77	0.63	0.59	0.84
60 kg当たり											
生産費（支払利子・地代算入生産費）	13,603	10,420	13,903	11,556	14,147	13,810	18,232	16,993	17,314	19,151	15,176
主産物粗収益	10,551	11,181	10,492	9,089	12,130	10,009	12,208	12,202	10,148	10,642	11,709

資料：平成 26 年産「米及び麦類の生産費」から作成。
注：表中の「生産費」は支払利子・地代算入生産費。
「交付金」は，「平成 26 年産米及び麦類の生産費」では「経営所得安定対策等受取金」とされている費目である。内容は「米の直接支払交付金」（10a 当たり 7,500 円）と「水田活用の直接支払交付金（戦略作物助成，二毛作助成及び産地交付金）」の受取合計額である。

酬を確保していると見ることができるが，北海道がかろうじて1を超えているものの，東北を含め他の地域では1に満たない。それは米の販売価格に，米生産にかかわる交付金（2014〔平成 26〕年度では「米の直接支払交付金」10a当たり 7,500 円と「水田活用の直接支払交付金」支払で主に加工用米，米粉用米に対する助成と二毛作助成，産地交付金である）を加えても北海道以外では1を下回っており，生産者自身の労働をマイナス評価することで所得がプラスになっているにすぎない。

10a 当たり所得や「主産物粗収益/生産費」といった稲作の収益性を表す指標を見ると，東北は，北海道，北陸に次いで3位と順位を下げる。家族労働報酬では，東北と九州の順位が逆転し，東北は4位になる。その要因は主産物粗収益，つまり生産者が受け取る米価の低さにある。表 1-1 の 60g 当たり主産物粗収益を見ると，東北が最も小さい。これは米による転作のうち，加工用米，米粉用米，輸出用米が影響しているものと思われる。2014 年の加工用米生産量の 40％である 10 万 7,699 トンが東北で生産されている。その半分以上の5万 9,000 トンあまりを秋田県が占めている。米粉用米は 19％，輸出用は 42％を，それぞれ全国の生産量に対して東北が占めるが，生産量そのものはそれぞれ 3,540 トン，2,501 トン（いずれも東北）と大きくない。米による転作が始まったばかりの 2009 年産の米生産費調査では，東北の 60kg 当たり主産物粗収益は1万 2,406 円と，北海道の1万 2,307 円に次ぐ低さながら，全国平均の1万 3,137 円に対しては 94.4％の水準であった。それが 2014 年では 86.1％に低下している。

ここで産地銘柄別の主食用米価格の推移を簡単に検討しておこう。
東北各県の米価水準を米穀価格形成センター[5)]（当時）の取引結果から見ると，1992 年から 2008 年産までの間で東北の主力品種の多く（岩手あきたこまち，岩手ひとめぼれ，宮城ササニシキ，宮城ひとめぼれ，秋田あきたこまち，山形はえぬき，庄内はえぬき，福島ひとめぼれ）の価格は全国の加重平均価格とほぼ重なる水準で推移してきた。全国的に見て，加重平均価格[6)]を上回るのは新潟・福島および北陸産のコシヒカリで，それ以外の産地のコシヒカリは上記の東北主力品種と同じく加重平均価格と重なる価格水準であった。それ以外の品種では加重平均価格を下回っていた。コシヒカリの生産ができない東北各県（福島県を除く）では，各県の主力品種が新潟・北陸を除く他産地のコシヒカリと同水準の価格を実現していたことになる。

近年で特徴的なのは，北海道や山形で全国平均価格の水準を上回る新たな銘柄が出てきていることである。秋田あきたこまちは近年も全国平均の水準で推移しているが，農水省の調査する 2014（平成 26）年産，2017（平成 27）年産米の相対取引価格では，全国平均を若干下回る（60kg 当たり最大で 500 円程度）水準である。

つまり，東北ならびに秋田県における水稲作の優位性は，生産費の低さと面積当たり収量の大きさを要因としており，米価においては全国の加重平均水準で推移してきた。近年は主食用米価格の全体的な下落のみならず，近年の主食用米の生産調整対応によってより価格の安い加工用米などの生産が増えているため，水稲作全体の収益性が低下していると言える。

３．米政策改革・改正食糧法（2004 年）の影響

（１）米価維持機能の消失による米過剰と価格下落

2004 年の米政策改革とそれに沿った食糧法の改正では，価格・流通規制の廃止，政府備蓄制度の厳格運用，生産調整の自主取組化が主な制度変更の内容であった。

価格・流通規制の廃止では，米の集・出荷や卸・小売に携わる業者の指定や登録がなくなり，流通ルートによる区別も廃止された。価格形成においても原則自由化された。

政府備蓄制度の厳格運用は，100 万トンと定めた米の備蓄量を厳格に管理し，従来のような価格対策としての備蓄米買入を行わないこととなった。先の価格規制の撤廃と合わせて，米政策改革・改正食糧法は短期の市場対策である価格変動対策の機能を持たない政策体系となった。

さらに生産調整の自主取組化が打ち出され，それまで生産調整面積を政府が配分し管理していたものを，政府の役割を生産調整への助言・指導とし，生産調整の主体を生産者・出荷団体などとした。具体的には米の需給情報に

基づいた全国の生産目標数量を形式上は目安として国が示し，さらに「売れる米」への生産転換として，生産目標数量の都道府県への配分は各県産米の需要実績を反映するものとした。

米政策改革・改正食糧法の実施は，まず米価動向に大きな影響を与えた。食糧管理法から旧食糧法への移行後続いていた米価の長期的下落傾向をさらに強め，さらに不作の年でも米価の下落が見られるようになった。図 1-2 は 1990 年産以降の米価（自主流通米，改正食糧法後は米穀価格形成センター）の推移を全銘柄加重平均価格で見たものである。折れ線グラフのマーカーに黒く色を塗っている年は作況指数が 100 を下回った年である。食糧管理法下では米価は 2 万円を超える水準に維持され，作況指数が 70 台と大凶作であった 1993 年でも米価の上昇率は大きくない。旧食糧法下では米価の下落傾向が顕著に現れた。同時に凶作時の価格上昇が激しく，価格の振幅が拡大したと言える。

図 1-2　コメ価格の推移（年産・全銘柄加重平均）

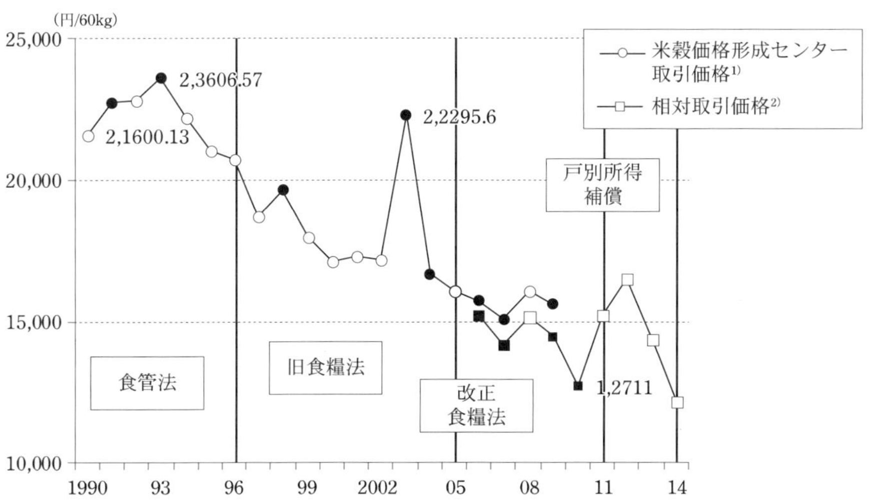

資料：1) 米穀価格形成センター取引価格は（社）米穀安定供給確保支援機構ホームページより（http://www.komenet.jp/torihiki/ruinen.html）
2) 相対取引価格は農林水産省「米をめぐる関係資料」（平成 24 年 7 月）より（原資料：「米穀の取引に関する報告」）
注：1) 米穀価格価格センター取引価格は，「指標価格」または「加重平均価格」に包装代，消費税相当額を加えたもの。
2) 相対取引価格は当該年産の出回りから翌年 10 月までの通年平均で運賃，包装代，消費税相当額を含む。
マーカーを黒色で表示している年は，作況が 100 を下回った。

改正食糧法下では，米価の下落傾向がさらに進み，同時に作況が悪い年でも前年と比較して価格が上昇しなくなっている。このような低位の米価水準が，表 1-1 で示したように全国的な稲作収益の低位性をもたらしている。

（2）主食用米生産目標数量の急激な減少

前項で示したような米価下落に加えて，東北，特に秋田県においては生産調整に関わる制度変更が大きな影響を及ぼしている。生産調整面積の急速な拡大である。この点は他地域と東北・秋田県で状況が大きく異なる。

1978 年の水田利用再編対策から，それまで比較的一律であった都道府県への生産調整面積の配分が，「地域指標」の導入によって地域別に偏りのあるものとなった。「東北南部から北陸にかけての地域を米主産地と位置づけ，優先的に軽い減反配分とし，その他の地域の配分を相対的に重くした」[7] のである。その後，生産調整の都道府県配分方法は変更もあったが，2002 年では図 1-3 のように都道府県間で生産調整率に大きな差が開いていた。秋田県は全

図 1-3　都道府県別生産調整率（2002 年）

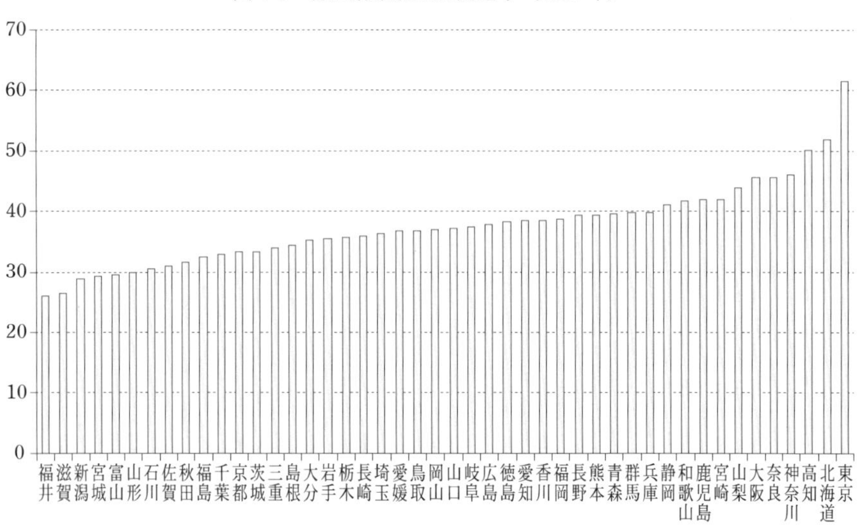

資料：農林水産省　生産調整に関する研究会　第 2 回生産調整部会（2002 年 4 月 22 日）資料

表 1-2　生産調整率（面積）（推計値）の推移

（単位：％）

	2007 年	08	09	10	11
全　国	38.1	38.3	38.3	38.5	39.8
秋田県	30.9	35	36	36.7	39.6

注：全国は秋田県農業協同組合中央会による推計，秋田県は秋田県庁による推計である。

国でも 9 番目に低い生産調整率で，全国平均が 36.7％であったのに対し，秋田県は 31.8％にとどまっていた。

2004 年からは米の生産目標数量の都道府県配分において，過去の需要実績が反映されることとなり，またそのウェートが上昇し，2007 年からは過去の需要実績だけで都道府県配分が行われるようになった。しかも政府米買入については，売渡実績がない限り需要実績に算入されないため，この点も秋田県にとっては不利に働いた。その結果，秋田県の生産調整配分は 2008 年から急激に強化されることになった。表 1-2 は水田面積に対する生産調整率の推計値を見たものである。2007 年および 2011 年の全国の生産調整率は 38.1％から 39.8％へと 1.7 ポイントの強化であるのに対し，秋田県では 30.9％から 39.6％へと 8.7 ポイントも生産調整率が上がり，それまで低めの配分で推移していたのが，以降の 5 年間で一気に全国と同じ水準にまで上昇した。

4．秋田県における生産調整面積の拡大と転作対応の推移

秋田県におけるコメ生産調整実施面積と作物転作の面積の推移を見てみよう。1971 年から 2009 年までのいわゆる転作にかかわる交付金の交付対象となった面積の推移を図 1-4 に示した。

生産調整の実施面積は 1980 年から 2 万 ha 前後で推移していたが，1987 年に 3 万 ha に迫る水準となり，1994 年には前年の記録的な不作の影響を受けて大幅に緩和されるものの，1998 年以降は 3 万 5,000ha から 4 万 ha で推移している。

図中には，自己保全管理水田や調整水田，景観形成等水田などを除く [8)]，作物作付によって生産調整が行われた面積を「転作面積」として示した。1984

図 1-4　秋田県における生産調整実施面積の推移

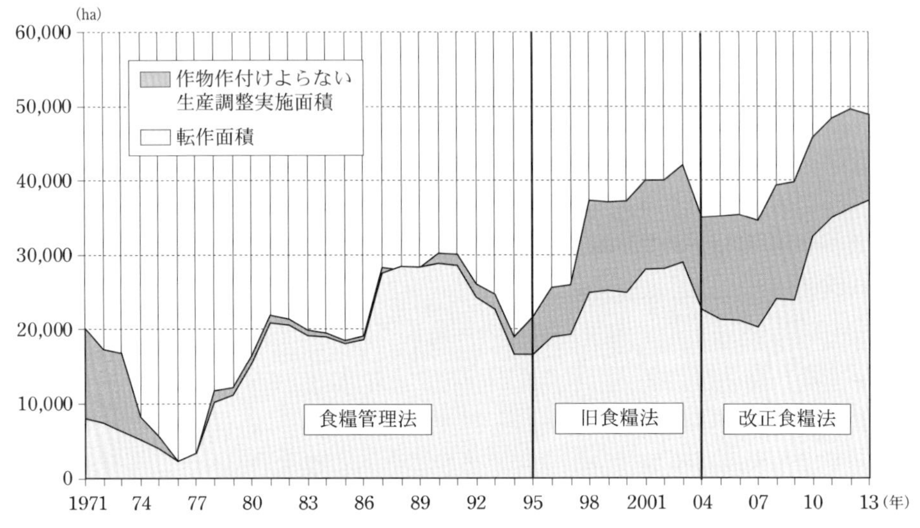

資料：『秋田県県勢要覧』各年次に基づき作成。
注：生産調整の実施面積は，水稲の生産調整にかかわる交付金の交付対象面積である。
「転作面積」とは，作物作付による生産調整実施面積である。ただし，交付金の対象とならない他用途利用米作付面積を含む。

年から 1995 年までは他用途利用米[9]の作付も生産調整面積の内数に含む。生産調整政策が始まった当初は，コメの生産調整の半分以上を「休耕」として対応していたが，「水田総合利用対策」[10]が開始された 1976 年以降は飼料作，大豆，野菜を中心としてコメの生産調整は作物作付によってなされた転作によって実施され[11]，1994 年まではコメの生産調整は主食用米以外の作物の作付によって実施されていた。それまでは 2,000ha に収まっていた自己保全管理水田を含む作物作付けによらない生産調整面積は，1993 年に 2,000ha に達し，1995 年は 5,000ha を超え，1998 年には一気に 1 万 2,000ha の水準となった。その後も作物作付によらない生産調整の面積は拡大し，2009 年では 1 万 5,910ha にも上っていた。

このように，食糧管理法（昭和 17 年法律第 40 号）から旧食糧法[12]に移行した 1995 年以降は，秋田県ではコメ生産調整面積の拡大に作物作付での対応が困難となり，モデル対策実施直前の段階では，秋田県全体で 1 万 6,000ha

もの水田で作物作付によらない形での生産調整に取り組まざるを得ない状況であった。

5．米政策改革下での生産調整配分にかかわる歪みの蓄積と戸別所得補償モデル対策導入にあたっての混乱

戸別所得補償モデル対策実施以前の直近の生産調整にかかわる政策は，2004年から実施された「米政策改革」[13]に基づくものであった。

秋田県においては，戸別所得補償モデル対策の導入にあたって，県段階から市町村レベルへのコメの生産目標数量の配分を検討する段階で大きな課題にぶつかった。

米政策改革では2008年を目標に「米の需給調整において『農業者・農業者団体が主役となるシステム』を構築する」[14]として，コメの生産調整について政府の関与を大幅に後退させた。生産調整からの政府関与の後退は生産調整の弛緩をもたらし，コメの過剰作付を誘発する結果となった[15]。同時に米価の下落も止まらなかった。生産調整の引締めを行うため，政府は2006年から都道府県への配分の際に生産調整の未達成県に対してペナルティを課した。2004年以降，コメの生産調整数量は，生産目標数量（生産してよいコメの数量）として示されるため，具体的には生産目標数量を超えて作付けをおこなった都道府県に対しては，その過剰生産量のうち一定量を翌年の生産目標数量から差し引くこととなった[16]。秋田県は過剰作付県の1つであり，2006年から2009年までの4年間で国から秋田県に配分された過剰作付のペナルティによる数量は累計で1万7,506トンであった。

国の方針をうけて，秋田県においても県内の市町村への生産調整数量配分にあたって，過剰作付による国からの補正配分分を，未達成の市町村へ振り分ける措置をとった。その際，市町村間の公平性に配慮した調整として，未達成市町村の（コメの）生産目標数量の減少率が県平均を下回らないよう補正を行った。その結果，2009年度の秋田県の生産数量目標は46万7,160トン，補正量が最も多くなった大潟村では2万5,034トンとなり，これを生産調整率（推計値）で見ると，秋田県平均で36.0％であるのに対し大潟村では51.4％

と，50％を超えるものとなった。国が超過作付分の補正を行う直前の 2005 年では，秋田県の生産調整率は 31.4％，大潟村は 35.2％であり，2009 年の秋田県内における転作配分率の偏りは，米政策改革の下で推し進められた生産調整の「選択制」[17] が破綻していたことを端的に示している。

2010 年の戸別所得補償モデル対策の実施にあたっては，米戸別所得補償モデル事業への加入条件に生産調整への参加が課されるため，これまで実施されてきた生産調整の未達成者に対するペナルティ配分による生産調整目標格差の解消が求められた。これに対し，秋田県では，2010 年度からはペナルティ配分を廃止することとした[18]。

まず最大・最小の市町村間で 11.2 ポイントの差がある生産調整面積率について，3 か年で半分の 5.6 ポイントまで縮小することとなった。具体的には，秋田県全体では，生産数量目標は 2009 年の 467,160 トンから 2010 年では 46 万 1,870 トンと 5,290 トン，2011 年では 44 万 420 トンと 2 万 1,450 トン減少しており，各年度間の減少分について市町村間の生産調整率格差を縮小する調整を行う。

2009 年で 3,184ha であった秋田県の過剰作付面積（主食用稲作付面積－生産数量目標面積）は 2010 年には 814ha にまで減少した。大潟村の過剰作付面積が 2009 年の 3,230ha から 2010 年の 647ha へと，2,583ha もの過剰作付を減少させたことが大きい。先のペナルティ配分の廃止によって，大潟村では生産目標数量が面積換算で 2009 年 4,295ha が 2010 年には 5,100ha へと 805ha も拡大したが，これをはるかに上回る面積でコメの過剰作付が縮小された。しかし，これまで過剰作付をしてこなかった市町村で過剰作付が発生したり，生産調整を超過達成していた市町村で転作面積を減らして主食用米を作付ける動きが見られる[19]。これは 2009 年までは小規模な飯米農家（自家用の米・種もみだけを作っている小規模農家）へは生産調整配分をおこなわなかった地域が多かったのが，やはり米戸別所得補償モデル事業実施にあたって個別の生産者に対しても生産目標数量の配分に格差があることは望ましくないとの方針のため，飯米農家へも生産調整を配分し，対応できなかったと見られている。

6．米政策改革以降の転作対応

2004 年以降の秋田県における生産調整への対応を表 1-3 に示した。2004 年から 2009 年までは米政策改革の下での転作にかかわる産地づくりの交付金制度である水田農業構造改革対策の秋田県での取組面積実績を，2010 年以降は農業者戸別所得補償制度（およびそのモデル事業）の下での実績を示している。2004 年と 2009 年では生産調整実施面積は 3 万 5,021ha から 3 万 9,779ha へと 4,758ha 増加しているのに対し，作物作付によって対応できた面積は 2 万 2,623ha から 2 万 3,860ha へと 1,237ha しか増加していない。この間，自己保全管理が 3,867ha から 7,215ha へと大幅に増加しており，秋田県においては 2004 年以降の生産調整拡大分の 4 分の 3 を自己保全管理を中心とした対応によって消化してきたことがわかる。

作物作付での転作の内訳を見ると，作付面積が増加しているのは，大豆，麦，果樹，野菜，たばこである。この中で面積の増加が 1,000ha を超えるのは大豆で，1,800ha ほどの増加となっている。逆に作付面積が減少したのは，飼料作物と地力増進作物[20]であった。その結果，2009 年の秋田県における生産調整は，作物作付では大豆を中心として，加えて野菜で対応されており，作物不作付によるものでは自己保全管理で対応されている。

2009 年には水田フル活用政策で新規需要米（米粉用米・飼料用米），飼料作物，麦，大豆の，特に生産調整の拡大分について作物作付が推進された。2010 年には加工用米，2011 年には備蓄用米が生産調整制度の中に位置づけ直され，米による転作の制度が整えられた[21]。

2010（平成 22）年から生産調整実施面積が拡大しているのは，前項で述べたとおり秋田県に配分された主食用米生産目標数量分を超える過剰作付が減少したことが主要な要因である。秋田県の主食用米生産目標数量を面積換算したものは 2009 年から 2013 年では 8 万 1,615ha から 7 万 8,100ha と 3,515ha 減少しているが，同期間の主食用米作付面積は 8 万 5,572ha から 7 万 8,700ha へ 6,872ha 減少している[22]。表 1-3 で生産調整実施面積を見ると，2009 年から 2013 年では 9,000ha 増加した。この生産調整実施面積の増加を新規需要米，加工用米，備蓄用米の米による転作が支えているのは明らかである。米によ

表 1-3　秋田県における主食米生産調整実績の推移

区　分		2004 年	05	06	07	08	09	10	11	12	13
生産調実施面積	(ha)	35,021	35,166	35,398	34,567	39,358	39,779	45,762	48,342	49,580	48,841
作物作付	(ha)	22,623	21,295	21,172	20,270	24,045	23,860	32,476	34,988	36,304	37,335
大豆	(ha)	7,733	7,413	7,557	7,802	9,790	9,588	8,151	7,867	7,264	6,938
飼料作物	(ha)	4,294	4,183	3,818	2,974	3,226	2,451	2,600	2,526	2,623	2,512
麦	(ha)	273	224	253	303	368	392	400	364	404	326
新規需要米	(ha)	—	—	—	—	—	1,105	2,341	3,673	3,241	2,067
加工用米*	(ha)	—	—	—	—	—	—	8,179	7,575	8,423	9,047
備蓄用米*	(ha)	—	—	—	—	—	—	—	2,268	3,385	4,406
そば*	(ha)	—	—	—	—	—	—	1,900	2,080	2,194	2,403
地力増進作物	(ha)	3,522	2,626	2,329	1,810	1,750	1,066	1,320	1,005	1,308	1,151
果樹	(ha)	59	75	28	81	98	265	386	374	376	393
野菜	(ha)	4,315	4,126	4,025	4,021	4,754	4,712	5,226	5,405	5,171	6,198
たばこ*	(ha)	156	151	150	151	235	166	—	—	—	—
その他*	(ha)	2,271	2,497	2,992	3,137	3,824	4,115	1,468	1,358	1,415	1,254
調整水田	(ha)	2,079	1,718	1,690	1,494	1,616	1,225	1,497	1,353	1,198	947
景観形成等水田*	(ha)	118	162	224	318	467	553	505	493	500	640
自己保全管理	(ha)	3,867	4,203	5,145	5,731	6,366	7,215	11,197	11,348	11,562	9,853
その他水稲不作付地	(ha)	6,334	7,788	7,167	6,754	6,864	6,927	589	653	516	706

資料：『秋田県県勢要覧』各年次に基づき作成。ただし過年度分の数値が更新されるので最も新しいものを利用した。
注：2007-09 年は産地づくり事業交付金対象者の実績。
加工用米，そばは 2009 年以前も作付はあるが作付面積および転作奨励金区分の関係で単独で表出されていない。
備蓄用米は 2011 年より制度上の生産調整扱いになった。
たばこは 2010 年以降「その他」へ算入されている。
「その他」は 2010 年以降は「その他一般作物」「花き，たばこ，その他特例作物」「その他永年作物」の合計。
景観形成等水田は 2010 年以降は「景観形成作物」と名称変更されている。

る転作面積は2013年には1万5,520haに達している。また，米による転作の中では加工用米が中心となっており，新規需要米の割合はまだ小さい。

その他の作目では，2009年まで主な転作作物であった大豆は，2013年には2,650haが減少し，野菜が1,500haと3割以上増加した。

現在の秋田県の農業産出額の減少をもたらしているのは米の産出額の減少によるものであり，その要因は全国的な米価の下落であった。総産出額における米の割合が大きい秋田県は，農業産出額の減少率がより大きくなっている。

秋田県が稲作中心の発展をしてきたのは，米生産における優位性が見られたからであるが，その優位性とは面積当たり米収穫量の高さと生産費の低さに支えられているもので，少なくとも2000年代は60kg当たりの米粗収益が高いわけではなかった。60kg当たり米粗収益は近年は特に米による転作対応の拡大の影響もあって低下していた。

米価下落による米産出額の減少は全国的な現象であったが，東北においては2004年の米政策改革による生産調整配分方法の見直しが生産調整の強化に直結し，秋田県ではわずか5年間に水田面積に対するパーセンテージにして8.7ポイントという激しい生産調整強化に見舞われた。当然その間に転作対応へのひずみが生じ，米政策改革が目指した「選択型の生産調整」は実現されないまま，農業者戸別所得補償制度の下で米による転作が制度化され，同時に生産調整参加へ主食用米生産分に関わるメリット措置が用意されることによって，ようやく秋田県の生産調整は政府に配分された目標を達成した[23)]。

本章で分析した範囲に限定して課題を2つ挙げたい[24)]。まずは交付金受け取りを含めた土地利用型作物の収益確保・向上を図ることである。ここでは当然，米による転作も含む。2013年の米による転作面積は野菜作付面積の3倍近い。近年の野菜作付面積の伸びは著しいが，米や大豆，そばなどの土地利用型作物の作付は無視できない。米生産調整の強化は，国内の米需要の減少も要因であるが，政府が毎年77万トンものミニマム・アクセス米を義務的に輸入し続けていることの影響も無視しえず，食糧自給率の向上を目指す政府が交付金を通じて生産者の経営を支援することは当然のことであろう[25)]。

次に，主食用米での収益向上を図ることである。東北共通の強みである低コストをさらに追求するとともに，高価格帯が狙える新たな銘柄の追加が求められる。その際，第1の課題との関連では，消費者の納税負担者という側面にも留意した戦略が必要であろう。つまり食味などの品質だけではなく，例えば環境保全などの社会的価値の追求である。独自の等級基準の導入や商慣行の変更なども視野に入れた大胆な取り組み，そしてそのアピールが求められる。

注

1) 1995年以降の日本の農業生産の縮小については佐藤加寿子「産業別レポート 農業」『経済』2015年4月号にまとめた。
2) 農林水産省「生産農業所得統計」
3) 農林水産省「作物統計」
4) 農林水産省「作物統計」平成27年産水稲
5) 1990〜1995年までは「自主流通米価格形成機構」，1995年〜2004年は「自主流通米価格形成センター」に，2004年から「米穀価格形成センター」に名称変更。2011年に解散した。
6) 2006年までは「指標価格」
7) 荒幡克己「米生産調整の経済分析」農林統計協会，2012年，p.53。
8) 「自己保全管理水田」「調整水田」「景観形成等水田」はいずれもコメの生産調整制度の中で位置づけられた水田の利用形態で，農作物の生産につながる作物作付・収穫は行われず，しかしながら水田や農地としての機能を維持するために一定の管理が実施されているものである。土壌や日照などの条件が悪く，水稲以外の栽培が極めて困難な条件の圃場や，生産調整面積の配分が1枚分の水田よりも小さな単位で行われた場合などに，これらの利用方法が選択される。
9) 主食用より低い価格で米を加工用に供給することで，米需要の拡大と水田の有効利用を目的として「水田利用再編第三期対策」の中で1984年から導入された。他用途利用米の作付面積は生産調整の内数として転作にカウントされ，自主流通米に準じた流通を行うこととされていた。
10) 1976年度から1977年度まで実施された米の生産調整政策で，米について需要に見合う計画的な生産を行う一方で，余剰となる水田においては，その高い生産力を生かして米以外の農産物の生産振興を図ることにより，農産物の需要の動向と地域の特性に応じた農業生産の確立を目指したものである。河野良三「水田総合利用対策について（解説）」『食糧管理月報』28巻5号，1976.5，pp.19-20。

11）1976年からの3年間は土地改良事業の通年施行のため単年度で1,000〜1,400haの作付けができなかった。そのため生産調整実施面積もその分が少なくて済んだ。

12）2004年改正（平成15年法律第103号）前における「主要食糧の需給及び価格の安定に関する法律」（平成6年法律第113号）を指す。改正後のものは「新食糧法」と呼ばれる。

13）2002年12月の「米政策改革大綱」に基づいて2004年から開始された，消費者重視・市場重視の考え方に立ち，需要に即応した米作りの推進を通じて水田農業経営の安定と発展を図ることを目的とする，需給調整対策・流通制度・関連施策等の包括的な改革のこと。「米政策改革大綱の内容と今後の課題（解説版）」2003.1.30. 農林水産省ホームページ
<http://www.syokuryo.maff.go.jp/system/data/tkadai.htm>

14）農林水産省「米政策改革基本要綱」2004年4月版，p.6。

15）米政策改革の政策評価については磯田宏「米政策改革および品目横断的経営安定対策の性格と展開」磯田宏・品川優『政権交代と水田農業－米政策改革から戸別所得補償政策へ－』筑波書房，2011，pp.12-28. に詳しい。

16）農林水産省「目標未達県等に対する取扱いについて」2008.7. 農林水産省ホームページ
<http://www.maff.go.jp/j/soushoku/keikaku/kome_seisaku/pdf/mitatu_ken.pdf>

17）「米政策改革大綱」の基本的内容をなす，生産調整に関する研究会最終報告「水田農業政策・米政策再構築の基本方向」をとりまとめた生源寺眞一座長は『新しい米政策と農業・農村ビジョン』家の光協会，2003，p19. の中で，生産者の生産調整への参加・不参加について「デメリットを甘受することを条件に自己責任であえて参加しない判断も尊重するしくみ」として「選択型の生産調整」であるとしている。生源寺は「生産者が自己責任でもって参加・不参加を選択する方式のもとで，市場全体としては需給のバランスが大きく崩れる事態を避け」る制度として米政策改革の生産調整にかかわる助成制度を設計したとしているが，「個々の農業者レベルにおける経営判断の尊重と，全体としての需給バランスの達成」はこの制度の下では達成されなかったと言える。

18）椿真一「秋田県の動向－米単作地域における集落営農組織の展開方向と転作の対応－」『農業問題研究学会2010年度秋季大会報告予稿集』p.20。

19）同上，pp.22-23に詳しい。

20）「地力増進作物」は主にエン麦などの飼料作物が中心である。収穫せず，そのまま鋤込むことで地力の増進を図るものである。

21）2010年の戸別所得補償モデル事業への取り組み概要を簡単に紹介すると次のようである。まず，米戸別所得補償モデル事業の支払い対象となった主食用米の面積は7万550haであった。

これは10a控除前では7万4,975haであり，2010年の水稲作付面積の92％でモデル事業に加入したことになる。水田利活用自給力向上事業では2万7,708haが支払い対象となった。水田利活用自給力向上事業の「その他作物」は，秋田県においては，野菜，花き，小豆，きのこ類の他にエン麦などの地力増進作物，景観形成作物も含まれているので，水田利活用自給力向上事業の対象面積の合計2万7,708haは2009年までの産地づくり事業における「作物作付」と「景観形成等水田」との合計2万4,413haにほぼ対応すると考えられる。ただし，産地づくり事業では各地の地域水田農業推進協議会によってその他作物の構成が異なるので，両者の項目は完全には対応しない。つまり，その差である3,300ha分は景観作物を含む作物作付による転作が拡大したわけである。

22）農林水産省「米をめぐる資料」各年次。

23）2015年産より。

24）現場ではすでに取り組まれていることも多いかと思う。

25）最近明らかとなったSBS米調整金問題も長年事態を放置していた政府の責任は問われるべきである。またTPP（環太平洋パートナーシップ経済連協定）を念頭に置けば，主食用米を含む土地利用型作物には，収入保険だけではなく，所得の下支え機能を持った制度の確立が不可欠である。

第２章　秋田県における大規模水田農業経営の展望と課題 －農地中間管理事業の実績と活用を通して－

長濱　健一郎

第１節　問題の所在と農地中間管理事業

１．問題の所在

安倍政権の経済政策，いわゆるアベノミクスにおいて第３の矢とされている「民間投資を喚起する成長戦略」に農業を位置付け，その一環として農地中間管理事業を立ち上げ，実施主体として農地中間管理機構が都道府県に創設された。この機構創設は，2013年６月に閣議決定された「日本再興戦略」で示された10年後の日本農業の姿を推進することを目的としている。日本農業が目指すべき姿は，担い手として40代以下の農業従事者を40万人，法人経営体を５万法人に拡大するとし，それらを含む担い手が利用する農地面積が全農地の８割を占める農業構造であり，そこで生産される稲作の生産コストは現状より40％削減するということになっている。この大規模農業経営体育成のための政策の目玉として登場した農地中間管理事業は，2014（平成26）年度よりスタートしたが，全国的に見ると目標値の２割未満の実績しか挙げられなかった。

秋田県は前年の2013（平成25）年度で，県内農用地の担い手への集積率は59％で，都府県では佐賀県に次いで２位という高い数値であった。そこで秋田県内の農地集積率を全国目標の80％から90％に引き上げて，本事業に臨んでいる。2014～2015年度の２カ年，年間集積目標面積4,640ha×２年間＝9,280haに対し，農地中間管理機構が借り入れた面積は5,359ha（目標の57.7％）

で，転貸面積は4,728ha，うち新規集積面積は2,760haである。2年間の集積目標に対する機構の寄与度（新規集積面積／集積目標×100）は29.7％で全国3位という高い順位を得ている。この結果をどう評価するのかは重要なポイントではあるが，それ以上に，国が打ち出している農地の8割（秋田県は9割）を担い手に集積するという農業構造の姿を地域は受け入れることができるのか。また稲作生産コストを40％削減できるような強靭な大規模農業経営体というものが，地域内に生まれてくるのか。さらにはその課題は何かということの確認の方が重要である。農地中間管理事業が担う農地集積はあくまでも経営体育成の手段であり，集積率を評価の対象としてはならない。一方，地域内において農地の8割を担い手に集積するという国の方針は，「産業政策」として農業のあり方を追求する上で登場した政策であり，少子高齢化に直面している農村地域のあり方に及ぼす影響は大きいと考えられるが，この点については言及されていない。民間投資により農村の所得が増えるのではないかといった程度の内容である。

少子高齢化の影響が全国で最も先鋭化している秋田県にとって，農業構造の変化は否が応でも避けて通れない。兼業農家率が全国平均よりも高く，かつ稲作への偏重が顕著な秋田県農業の変革の方向はどこにあるのか。農地中間管理事業だけが，農業構造の変化をもたらすことのできる手法ではないが，農業所得向上や地域資源管理のあり方を踏まえた上で，本事業をより効果的に活用して行くことが望ましいのであろう。本稿では，秋田県における農地中間管理事業の実績を踏まえ，規模拡大を図った経営体の調査を通し，今日の大規模経営体の実態を明らかにするとともに，事業が地域内に及ぼす成果と影響について考察を行うこととする。

2．農地中間管理事業と農地流動化政策

農地中間管理事業の実施主体は，県単位に設立された『農地中間管理機構』という公的機関で，機構が農地を借り入れ，中間保有の上，土地改良・団地化を進め担い手に貸し出す方式である。機構を通じた農地流動化には，地元や農地の出し手（地権者）に交付金（地域には「地域集積協力金」，出し手には「経

営転換協力金」「耕作者集積協力金」）が出るというインセンティブ付きである。

農地の団地化を図る上で，農地の「中間保有」「転貸借方式」は適切なものであるといえるが，従来の農地流動化をめぐる農政との関係を鑑みると以下のことがいえる。

まず，このような方式は農地保有合理化法人を通した「農地保有合理化事業」として存在していた。合理化事業は売買が中心という難点があったが，賃貸借についても補助のあり方次第では一定の機能を果たしていたと考えられる。しかし農地保有合理化法人が単なる民法法人であったために，公的機関として借入れた農地の貸付先を決定する強い権限をもった機構を設立したものと考えられる。

次に，2009（平成21）年の法改正により「農地利用集積円滑化事業」が既に発足していた。それは転貸借方式ではなく，転貸先を白紙委任する「斡旋方式」であった。そこに改めて別の事業，つまり農地中間管理事業を作った理由は，単に「地域の担い手へ農地を集積する」という方向の排除であると考えられる。つまり農地は『市場財』であり，その貸借は全国の誰でもアクセスできるものであるということである。このことは農地中間管理事業が法制化された際に，農水大臣が「人・農地プラン」の法制化も求めたのに対し認められなかったことからもわかる。

このように強い権限を有した農地中間管理機構が主体となって実施した農地流動化を進める事業だが，なぜ実績が挙がらなかったのだろうか。「手続きの煩雑さ」や「地権者へのPR不足」等の原因もあると思われるが，やはり政府の農業に対する『認識不足』があったのではないかと思われる。ある程度の実績を挙げた秋田県は，従来の農地流動化に関する事業で役割を果たしてきた地域機関を活用している。

秋田県の実績を通して，上記の制度設計における誤謬や，農地集積における工夫，農業情勢を踏まえた担い手の経営計画（戦略），農地の受け手（担い手）や農地の出し手（地権者）の本事業に体する評価，そして実績の上がった地域農業は，どのような状況にある，どのような方向へ進もうとしているのか等々を明らかにしていくことが本稿の目的である。

3．農地管理事業団構想に見る構造政策の理念

強い権限を有している農地中間管理機構が誕生した時，筆者は1966（昭和41）年に登場し成立を見なかった「農地管理事業団構想」の再登場ではないかと考えた。当時の農地行政は「自作農主義」で展開していたが，国会での討論を見てみると農地行政に国家が積極的に関与していこうとする姿勢がみられ興味深い。1965（昭和40）年の第48回国会本会議で，赤城宗徳大臣より「農地管理事業団法案（内閣提出）の趣旨説明」があったので，長くなるが引用してみていくこととしよう。

「農業と他産業との間の生産性の格差及び従事者の生活水準の格差を是正することは，農業基本法に掲げられたわが国農政の基本的目標でありますが，必ずしもその是正が進みつつあるとは言いがたい状況にあり，他方，開放経済体制のもとにおいて生産性の高い農業経営の育成が急務となっているのであります。

このような農業を取り巻く内外の情勢に対応し，他産業従事者に劣らない所得を上げ得るような農業経営を育成するためには，自立経営の育成及び協業の助長に関する諸施策を強化し，特に，自立経営を指向して農業経営を改善しようとする農家，及びこれに準ずる効率的な協業経営の農地の取得を促進することが肝要と考えられるのであります。

しかるに，近年における経営耕地規模別の農家戸数の推移を見ますと，経営規模の大きい農家の増加傾向は微弱でありまして，また，農地についての権利移動は，現在年間7万町歩程度に達し，農業就業人口の減少等を契機として増加を続けておりますが，その内容においては，必ずしも経営規模の拡大の方向に沿って移動が行なわれているとは言いがたいのであります。

そこで，以上のような情勢に対処し，農業に生活の本拠を置き，農業によって自立しようとする農家が，生産性の高い農業経営の基礎を確立し得るよう農業経営の規模の拡大を促進するためには，これらの農地移動をそのまま放置することなく，このような農家の経営規模の拡大に役立つように方向づけを行なうことが必要であり，このため農地取得のあっせん，売買その他農地移動の円滑化に必要な業務を行なう公的機関を設立する必要があるのであり

ます。

このような観点から，農地等の権利の取得が農業経営の規模の拡大等農地保有の合理化に資するよう適正円滑に行なわれることを促進するために必要な業務を行なう機関として，農地管理事業団を設立することとした…（中略）ものであります。」（官報号外　昭和 40 年 3 月 16 日　第 48 回国会　衆議院会議録第 18 号）

そして事業団は全額政府出資の法人とし，当初の資本金を 1 億円とし，政府は必要に応じ追加出資をすることができることや，業務として農地・採草放牧地等の売買または交換の斡旋，取得に必要な資金の貸し付け，信託の引き受けの業務を行うとしている。

また業務実施地域内にある農地等について，土地の農業上の利用の高度化をはかることが相当と認められる農業地域を指定することとしている。業務執行方針は，自立経営になることを目標として農業経営を改善しようとする農家，及びこれに準じて農業経営の改善をしようとする農業生産法人の農地等の取得を促進するとしている。

「開放経済体制のもとにおいて生産性の高い農業経営の育成」に向けて，全額出資の事業団が積極的に関与していこうというものだが，周知のようにこの構想は実現を見ることはなかった。

国会の質疑の中でも「諸外国においても，後進性の強い農業を発展させるために農業基本法または農業法等を制定し，国が責任を持って他産業との均衡をはかるよう努力している」「地元の農家及び関係者の意向を十分反映して，民主政治の精神に徹し独断的行政におちいらないよう配慮して行なう必要がある」（小枝一雄：自由民主党）という質問に対し，佐藤栄作内閣総理大臣は「農地管理事業団法案をご審議願うのも，農業をりっぱな一本立ちのできる産業に育成強化したい，これで初めて農村の繁栄もあり，農民の幸福がもたらされる，この信念に基づいての結果」であると答弁している。

また「農民の不安や迷いを解消するために，十分納得のいく説明をする必要があり，そうすることが政府の当然の責任であり，義務である」「我が国の農業は体質の弱体化による生産低下の徴候を示し始めている。農家戸数がずるずる減っていって，それで適当な数に減少したときには，それよりも先に農業自体が崩壊しているのではないか。現に農村は社会機能の麻痺によって手のつけられなくなっている事例も少なくない」（湯山勇：日本社会党）という質問に対し「価格安定政策も大事ではあるが，何よりも農業の生産性を高めること。農業自身の近代化を図り，あるいは構造拡大を図っていって，りっぱな経済力を持ってこそ初めて我が国の農業は健全だ」と佐藤栄作内閣総理大臣は答弁している。

高度経済成長期の議論と現在の状況は，もちろん大きく異なるが，国会議論を確認してみると農業・農村の状況に対する危機感は現在と大きな認識の差がないことと同時に，半世紀前より同じような議論が行われていることに改めて驚かされる。

ただ農地管理事業団構想と農地中間管理事業との間には，国家の農地政策に対する関わり度合いの大きな差を感じざるを得ない。「戦後レジュームからの脱却」を謳う内閣の農業・農村に対する現状認識には大きな差異は見られないにもかかわらず，前者は国家の責務として構造政策を推進していこうという姿勢が見られるのに対し，後者は構造政策の柱となる農地流動化を市場メカニズムに委ねるという理念に大きな差異が見られる。

4．農地中間管理事業成立時の課題

農地中間管理事業を創設するにあたり，当初，農水省は「人・農地プラン」の地元協議の仕組みを法定化し，その協議を通じて適切な借り手を選定していくという方法が考えられていた。しかし，規制改革会議等から，その方法では「新規参入者が劣後させられ，排除される」と批判され，案は撤回された。農業委員会の関与その他，地元農業関係者の意向を反映するおそれのある要素は全て排除され，競争入札的な方法と抽象的な選定基準により，管理機構が，専権的に借り手を選定するという法案制度が立案された[1)]。しかし，農地の賃貸借における秩序は，市場を介した個別契約だけで形成されるものではない。農村の農地賃貸借に市場メカニズムを導入することが農業の産業化・近代化の唯一の方法だと理解しているとすれば，本制度は機能しなくなると思われるし，実際は農業委員会やJAの協力を得て，初めて実績が上がっている。さらに離農給付金（経営転換給付金）を助成すれば，小規模農家や高齢者農家は喜んで，誰にでも農地を提供するという実態も存在しない。

国会の農林水産委員会で，参考人として秋田県北秋田市の有限会社藤岡農産代表取締役藤岡茂憲氏は，「農地中間管理機構がうまく機能するかどうかは，市町村段階がどう機能するか。しかも，市町村の農業委員会，農協，共済組合とか土地改良区等，さまざまな農業団体がうまく機能しないことには，絵に描いた餅になる。特に，農業委員会は，一番基本的な台帳，それから耕作者の状況等をわかっているので，農業委員会の意見やデータを活用しないことには，私はこの制度は機能しないと思っている」と発言している。また農地を集積する担い手について「地域に責任を持てる経営体が農地の受け手となるべきだ。機構の受け手は，都道府県が営農実績や資本力，あるいは技術力，地域貢献度等に基づき認定する農業者，あるいは農業法人，新規就農者，参入企業等にすべきである」と発言し，質問に対し「藤岡農産も16年ぐらいやっている。ゼロから始めた会社なので，丁寧に説明をしながら，そして地元の信頼を得ながら，徐々に徐々に面積がふえてきたという経緯がある。一気に，まとまった何10haという農地がどんと来るなんということはない。地元では恐らく100%あり得ないと思っている」と答えている[2)]。つまり担い手は地域の信頼を得るための努力を惜しまず，また農地の出し手はその努力を確認した上で，初めて農地管理を託すのである。

また農地流動化に関する法律として農地法，利用増進法と今回の農地中間管理事業の3つのルートが存在するが，2009（平成21）年改正農地法の第1条には，農地は生産の基盤であると同時に，地域における貴重な資源であること，故に農地の権利取得は，地域との調和に配慮してなされるべきこととされている。また農地の権利取得の許可要件の1つとして「地域農業との調和要件」も加わっている。農業経営基盤強化促進法には，市町村で認めた認定農業者制度があるし，「人・農地プラン」では，地域で認められた中心的な経営体の位置づけがある[3)]。農地法や基盤強化法が『地域』を重視しているのに対し，農地中間管理事業は，地域の意向を排除する方向をとっている。

しかしこの2年間の実績を見ると，地域に密着した事業推進こそが成果を上げてきている。農地流動化政策において「地域有する機能」をどのように位置づけるのかが重要であることを改めて確認した次第である。

第2節　秋田県における農地中間管理事業利用の実態

1．地域資源管理組織と営農組織の2階建て方式での農地利用

（1）横手市平鹿地域の概況

秋田県東南部に位置し，旧浅舞町・醍醐村・吉田村により1956（昭和31）年「平鹿町」となるが，2005（平成17）年に横手と合併し，新生横手市の一部となる。

横手市平鹿地区は，平地農業地域で水田の広がる穀倉地帯である。2010年世界農林業センサスによると，農業経営体数1,315戸，うち販売農家数は1,284戸である。農業経営体数は1,309で，経営耕地面積は3,329ha，うち田3,018ha，畑61ha，樹園地250haで，農地の大半は水田ということになるが，樹園地面積も少なくなく，秋田県では果樹生産の中心地の1つでもある。経営規模別農家割合を見ると，5～10ha層が79経営，10～30ha規模層が24経営，30ha以上層が10経営となり，比較的，水稲生産の大規模な担い手が存在する地域である。

（2）農事組合法人Tの概要

1）経営内容

農事組合法人Tは，2009（平成21）年に創立された法人だが，その前身は2005（平成17）年，24名のメンバーでスタートした任意組織だった。翌2006（平成18）年に「人格のない社団」として税務署に設立申請書を提出し，同時に，「T地区農用地利用改善組合」を設立し，特定農業団体として横手市の第1号となった経歴を有している。

T法人の構成員は59名で，内役員は9名である。出資金は1口1万円で総額583万円となっている。常時従事者である組合員が3名，雇用（社員）3名，

事務職員１名が労働力である。2015（平成27）年度の経営内容は，主食用米49ha（あきたこまち43ha，ゆめおばこ6ha），加工用米1.1ha，新規需要米27ha（飼料用米15ha，輸出用米12ha）転作用としてソバ・花き（小菊）・スイカ・エダマメの他，養鯉用水田（167a）等々，約9.8haを作付けする等，合計87.6ha（筆数542）の経営となっている。

2014（平成26）年度の販売金額は，農産物が約5,100万円に農作業受託料等を含む合計6,500万円である。これに戸別所得補償と農地集積・規模拡大交付金の合計4,040万円が加わった。

２）規模拡大の状況（事業を利用した集積）

上記の耕作面積のうち，機構を介して借入れている農地は63.8haである。「地域集積協力金」の使途については，T法人が中心となって考えることになるが，出し手に対しても一部還元できるような使い方を検討したいとのことであった。

３）経営計画

米は農協出荷が中心だが，加工用米は「地域流通分」と地元の加工会社との契約分に分かれる。新規需要米の飼料用米の出荷先は１社で，輸出用は後述するが，輸出先はシンガポールと英国ロンドンとなっている。

T法人の特徴は，米の海外輸出を行うために，法人出資の子会社を設立している点である。2014（平成26）年10月にT法人51％，兵庫県の企業49％の出資比率でA株式会社を設立した。この会社は2008（平成20）年度から取引を行っているシンガポールの小売業との取引を行う会社として立ち上がった。2014（平成27）年度は73.3トンを輸出した。この会社は秋田県産米を中心に販売しているが，今後も同法人で生産される「あきたこまち」の有力な販売先として位置づけられている。

４）地域との連携

T地区には複数集落を基盤とするNPO法人の地域資源管理組織がある。この組織は地域環境の整備の他，イベント開催や農業・農村環境に関する勉強会等を開催し，地域内の交流を図るとともに，地域内の結びつきを深める役割を果たしている。

T法人の資料よると，集落の現状について①当地域は，農家の平均耕作面積が少なく，2種兼業農家が多く占めるところである。また古くから養鯉業が営まれ，現在も養鯉水田がある②他の農村集落と同様に，農業従事者の高齢化が進み，高齢者世帯が増えている。農家の農業後継者がいなく，集落営農組織に頼る現状になっている③地域営農を維持，農村環境の保全，そして農村集落の活性化等に集落営農組織や老人クラブ等とともに取り組んでいる，としている。そこで地域の「総合扶助」を掲げ，現在にふさわしい「結い」の姿を求めた村づくりをテーマとしている。つまり地域振興の推進主体である地域資源管理組織により，結束を固めた上で，地域の農地を合理的に活用し，地域全体に所得をもたらす仕組みを構築しているのである。さらに米の輸出会社は，地域内で生産された米を転作補助金等も含め，最も効率的に販売するための手段として設立されている。ここには市場開放に対応する強靭な農業経営ではなく，地域資源を合理的に利用して地域を維持していく組織の姿がある。

（2）農地中間管理事業の評価等

平鹿地区の農業者は全体的に見ると高齢化が進行しているが，地域の概況でも見てきたように，平地農業地帯であり，経営規模5ha以上の農業経営体が113経営存在している。これは横手市がこれまで「農地保有合理化事業」の貸借部門を担当する「横手市みどり公社」という市町村公社を介して集積を図ってきたことの結果であろう。そのためT法人は規模拡大を図ろうという意向は強いが，なかなか思うような集積を図れていないのが実態である。集積については今後も継続して行っていく意向である。

T法人の責任者は，農地中間管理事業について「地権者（出し手）に交付金を出したのは良かった」と評価している。この交付金が農地集積を加速化させたことは間違いないところであろう。

一方，マッチングが「白紙委任」でないため，同法人にも他集落より「借りてほしい」との要望があるという。しかし，分散した農地を引き受けることは，作業効率の低下のみならず，水管理等の課題を抱えることになるため，当該集落で「話し合いをしてから来てほしい」という。つまり担い手のいない地域から農地を借入れること自体は歓迎するが，その場合，「地域の農業はどうするのか」「水路や農道の維持管理はどうするのか」等々の話し合いの結果を踏まえた上で借入れたいという。

現在，この地域の「人・農地プラン」は旧平鹿町（10集落）で1つのプランとなっている。その中で，今後の担い手となる経営体としてT法人の他，集落営農組織が2つ，認定農業者10名が挙げられている。あらためて「人・農地プラン」の実効性のあるエリアの確定と，プラン策定への支援が必要であるという。

また負債整理等で農地を売却したい地権者がいるが，農地売買が農地中間管理事業の対象外であるため，農地の団地化の視点から，売買についても何らかの対策が必要ではないかという意見があった。未相続農地の存在も課題であるが，このような農地については基盤整備等の事業導入の際に対応するしかないのではないかということである。

（3）横手市平鹿地区の小活

T法人の属する地域は，農地・水・環境保全向上対策（現在の農地・水保全管理支払交付金）を実施するにあたり，資源管理組織をNPO法人として，積極的に活動し，評価を得てきた。法人もこの地域活動の上に存在している。それだけに「地域の話し合い」を重視している。

このことは農地中間管理事業の制度設計とは「相反する」ことであろう。しかし，現段階の農村地域における農地流動化は，「地域の農地」という意識の下にある。この地域は少ないながら担い手が存在しているが，農地の集積状況，例えば分散化の進行などが進めば，再度，農業生産活動の効率化を求めて，農地の団地化を目的とした調整が必要となる。同時に「水利用」面でも煩雑になり，そのことが地域の担い手の営農を，より困難にさせる可能性がある。

現段階においては，改めて「人・農地プラン」といった地域主体の地域農業プラン作成を推進する必要があることを平鹿地区の事例は示唆しているといえる。

2．中山間地域における基盤整備を契機として設立された集落営農型法人

（1）由利本荘市鳥海地域の概況

由利本荘市は，秋田県南西部に位置し，2005（平成17）年3月に本荘市と由利郡6町の合併により「由利本荘市」となった。鳥海町は，旧村の川内村・直根村・笹子村から構成される。

由利本荘市鳥海町は，中山間地域であり，2010年世界農林業センサスによると，農業経営体数927戸，うち販売農家数は781戸である。農業経営体数は799で，経営耕地面積は1,756ha，うち田1,502ha，畑240ha，樹園地13haで，農地の大半は水田ということになる。経営規模別農家割合を見ると，5～10ha層が48経営，10～30ha規模層が6経営，30ha以上層が2経営となり，5ha以上を大規模経営と位置づけると，その割合は7%に過ぎない。また耕作放棄地は37haである。

（2）農事組合法人Hの概要

1）経営内容

H法人は，地区に2つあった「集落営農組織」を2013（平成25）年に基盤整備が始まったことを契機として解散し，1つの農事組合法人として立ち上げたものである。20～60歳代の11名が組合員で，うち5人が役員で，同時に常時従事者である。

2015（平成27）年度の経営内容は，主食用米30ha（あきたこまち20ha，ひとめぼれ10ha），酒米「美山錦」を未整備田で1ha（酒造会社との契約栽培），モチ米を60a生産した。2016年度からは秋田県が進めている「園芸メガ団地整備事業」を活用し，リンドウ1ha，アスパラ2ha，小菊1haを生産することとしている。水稲単収は例年8.5～9俵だが，基盤整備により土が動いたため収量

は8俵程度だった。

2）規模拡大の状況（事業を利用した集積）

経営面積は54.6haで，すべて農地中間管理機構を介して借入れている。賃料は10a当たり1万5,000円で，期間は10年契約である。「地域集積協力金」の使途について，調査時点では決まっていなかった。しかし受け手（H法人）と出し手の一部は，「出し手はすでに『経営転換協力金』などをもらっているのだから，『地域集積協力金』は，受け手である法人が経営に寄与する形で使ったらよいのではないか」という意見であった。一方，出し手の一部は，「『地域集積協力金』の使途は，地域で話し合って決める筋合いのものであるから，話し合って地域活性化に寄与する使い方がよいのではないか」という意見であった。

3）経営計画

経営目標について，経営面積は現在の規模で目標に到達したとしている。主食用米・加工用米以外に飼料用等を検討しているが，水稲以外の作物としては，将来的には園芸メガ団地9haでリンドウ・アスパラ・小菊の生産を行う予定である。園芸メガ団地は「園芸メガ団地整備事業」として事業費4,600万円（うち2,400万円を県，1,000万円を市が補助）で，新技術としては「地下灌漑システム」を7ha分，導入することとなっている。また育苗用ハウス330m^{2}を2棟，出荷調製用施設330m^{2}を建設する予定で，完成は2018（平成30）年頃を目標としている。

労働力としては，現在の常時従事者である役員5人を正社員として雇用し，給料制を導入したいと考えている。また将来は地元・近隣の人を10名程度，時給制で雇用したいと考えている。問題は園芸メガ団地でアスパラ生産に50人，リンドウ・小菊の生産に延べ500人日の雇用が必要で，地元では十分な労働力を確保することは難しいと考えている。目標売上は1億円を想定しており，なるべく地域に還元したいとしているが，園芸部門での労働力確保がH法人の今後の課題となるであろう。

（３）認定農業者Ａ氏

１）経営内容

A 氏（61 歳）は，主食用米 11ha，リンゴ 1ha，ソバ 3ha，自己保全 1.5ha の経営を行っている。現在の労働力は常時従事者 2 名（本人と娘 27 歳）と，補助労働力として母（82 歳）で，雇用労働力を例年は 30 人日（今年に限り 60 人日）導入している。

２）規模拡大の状況（事業を利用した集積）

2014（平成 26）年度に機構を通して 76.7a の農地を借入れた。賃料は 10a 当たり 1 万円（飯米が欲しいという場合は 60kg に換算）で，期間は 10 年契約である。

３）経営計画

米は JA 出荷，リンゴは贈答用として個人販売している分と，由利本荘市の農業生産法人ハーブワールドに 1,500 パック分を販売している。この販売方法は，今後も変更ないという。目標売上は 1,000 万円で，利潤を 20％と見ている。機械は 31 馬力のキャタピラ式トラクターを導入予定で，8 条植の田植機も導入を検討している。雇用については機械で対応できない部分は雇用しかないが常勤は難しく，現在の労働力を前提とするとこれ以上の規模拡大は困難で限界だという。一方で短期間，例えば田植えの 4 日間だけ雇用というのも難しいという，農業自体が有する雇用問題を A 氏も抱えている。

導入している技術として，超厚播きで約 20 日間育種した稚苗を 10a 当たり 10 枚植えている。またリンゴについてはマルバを 10a，Y 台木を 20a にした。今後，老朽化し限界のため更新していく予定である。

（４）農地の出し手の概要

１）Ｂ氏（53 歳）

2014（平成 26）年までは，由利本荘市内の種苗販売会社に勤務しながら，70a の水稲を生産している兼業農家だったが，農地を全て H 法人に機構を介して貸し出した。本人も会社を退職し，H法人の構成員であり，常時従事者となった。現在，自作している農地は，自家用野菜をつくる程度の面積しか残っていない。

2）C氏（55歳）

2014（平成26）年まで，鳥海町笹子で金属加工会社に勤めていたが退職し，今年よりH法人の構成員となり，常時従事者である。農地75aをH法人に貸し出し，現在，自作している農地は，自家用野菜をつくる程度の面積しか残っていない。

3）D氏（65歳）

146aの農地を所有しているが，2014（平成26）年度に農地中間管理機構を介して農地90aをH法人に貸し出した。残りの56a（うち4aは育苗ハウス）でアスパラ・リンドウ・小菊を生産している。そもそもは法人立ち上げのメンバーだったが，園芸メガ団地構想を聞いて「自分には合わない」と感じ，現在は法人のアドバイザーという立場である。

4）E氏（71歳）

270aの所有農地のうち，水稲・牧草を生産していた200aをH法人に機構を介して貸付けた。現在はタバコを80a（うち20aは乾燥用ハウス）で栽培し，繁殖牛4頭を飼養する複合経営である。タバコを生産している農地は隣集落の地権者より，タバコ団地となっている場所の農地を借りており，貸付けていない70aは，今年は基盤整備中で利用できないが，来年からは牧草を生産する予定である。

（5）農地中間管理事業の評価等

1）受け手の意見

①　H法人

基盤整備事業を行った農地で，有志による法人を立ち上げ，基盤整備が完了した後，農地を集積したいと考えていたが，今回，農地中間管理事業を利用しての農地集積については，予想通りで十分な結果が得られたとしている。事業の仕組みの中に「経営転換協力金」等の出し手への交付金があったから農地を貸し出す人が増えたとしている。一方，今回の事業利用により地域には「地域集積協力金」が約 1,500 万円交付される。地域に還元できる形にしなければならないが，この交付金の使途については検討していない。農地中間管理事業については，事務手続きが簡単になったという評価である。

賃料は 10a 当たり 1 万 5,000 円だが，1 万 2,000～1 万 3,000 円程度が妥当ではないかという。また 10 年間の借入期間については，園芸作を行う農地は良いが，水稲生産を行う農地は米価水準等を考慮して 5 年で良いのではないかと考えている。ただ途中で話し合いにより変更できるということなので心配はしていない。

②　A 氏

農地中間管理事業の「白紙委任」のシステムは「建前」であり，実際は農地の借り手を見つけてから当事者間で事前に段取りした上で機構にいくこととなっている。農地の出し手から「受け手になって欲し」という申出を，現在のところ断ったことはないが，今後は経営規模として限界に到達しているので，借入は断ることになると思うという。しかし隣人から頼まれた場合，断りにくいだろうから作業受託ぐらいは受けることになると予想している。賃料は 10a 当たり現金で 1 万円，現物なら 1 俵だが，高いと思っている。また 10 年間の借入期間は「妥当」で，10 年スパンの経営計画をたてるのに適合的であるとしている。

農地を貸し出す人は，水稲収入が減るため，「貰えるものは貰っておこう」ということだろうが，受け手にとっては農地を借入れることに機構を通したところで何らメリットはない。基盤整備を行う場合はメリットがあるのかもしれないが，例えば「畦を取り払う」というような個人での整備ができない等，できると思っていたことが，できないということが結構あるという。窓口業務に関しては「こんなものだろう」と思うとしている。

2）出し手の意見

① B氏

昔は，米作りは魅力的だったが，現在は米価が下落し魅力がなくなったという。機械のコスト等が高くなり，今後の経営が成り立たないと考え，事業を利用した。補助金は10a当たり1万5,000円もらったが「ありがたい」と思っているし，このような機会がなければ農地を手放すことはなかったと考えている。また「地域集積協力金」は地域の皆が活用できるようなものに使うべきで，話し合いが必要だという。農地の借り手（受け手）はH法人でなければ断っていたという。また賃料については相場から見て若干高いが，貸付期間に関しては「ちょうど良い」と回答している。

② C氏

機構を利用した理由は，「機構しか借りてくれるところがなかったから」としており，また農地の借り手（受け手）についても「誰でも良い」としている。「経営転換協力金」は約50万円もらった。2ha以上貸付けても70万円が上限というのは不満が出て来るのではないかと思っている。また「耕作者集積協力金」の方が金額が高いので対応したかったが，「隣接する」等の条件をなかなかクリアできないという。賃料については貸し手としては妥当な額だが，借り手としては高すぎると思うだろうとしている。また貸付期間10年間は妥当であるとしている。

この事業が10年後も続くのかが不安であるとしながら，事業については「事業のことを知らない人が多い」という。農地を借りたい人は知っているが，貸したい人は知らないし，高齢者などは事業自体を理解できないのではないかという。C氏自身，パンフレットが来ても読む気にはなれないし，他の人から説明してもらうまでわからなかったので，もっとわかりやすい説明を検討すべきだとしている。

③ D氏

農業に従事し続けなければいけないというプレッシャーから解放された。また普段，仕事が忙しく農業の手伝いができなかった息子達も，親のプレッシャーから解放されたと思うという。さらに基盤整備の負担金も集積等の条件により最小限ですんだことを評価している。「経営転換協力金」は50万円もらうことになるが，「地域集積協力金」は，農地を借入れたH法人に支払われる交付金であると理解している。賃料が貸付期間は妥当な水準であるという。事業については，本来，機構がマッチングを行うのであるから，その場合は「どういう土地が求められているのか」「どういう土地を出せば良いのか」という情報を積極的に出して行くべきであるとしている。

④　E氏

直接相手に貸すのは不安だが，機構という公的機関が中間にあるのは安心できるし，貸し出す相手先もわかっていたので，10年間という期間も安心できるという。「経営転換協力金」は年度末に70万円もらうことになる。「地域集積協力金」の使い方については知らないという。このような補助金は良いことであり，また地区では基盤整備の負担金を7%から3%まで引き下げるために，どれだけ集積すれば良いかということを考えながら行ってきたのであるとする等，事業に対する評価は極めて高い。今後は受け手が潰れないような指導をお願いしたいとしている。

（6）由利本荘市鳥海地区の小活

農地の受け手であるA氏は，近隣の地権者に頼まれて借りており，H法人は基盤整備がらみである。H法人のように基盤整備事業により受益者負担が軽減できる等のメリットが出てくると評価は良いが，現在のところ，規模拡大によるコスト低減等以外に，借り手に制度的なメリットはないといえる。

ただ中山間地域に位置する農地が多い鳥海地区では，今後，耕作放棄地が増えることが懸念されており，基盤整備を行い，少しでも条件を整備して行く必要性は調査対象者全員が認識していた。農地中間管理事業を積極的に活用し「農業競争力強化基盤整備事業」や「農業基盤整備促進事業」等で，農地を担い手へ引き継ぐ条件整備を進めて行くことを検討する必要があるだろう。

機構が中間に入ることを「公的機関が入るから安心」というが，合理化事業も同じ性質のものであり，必ずしも新しいことではない。つまり，農地流動化政策における制度自体への理解が不十分であり，ヒアリングの中にあったように，特に出し手に理解されていないと思われる。鳥海地区のヒアリングでは「先祖代々の土地だから貸さない」という意見は出ていない。条件不利地域だからなのかもしれないが，貸さないのではなく，借り手がいないという意見の方が強く，地域に農協出資法人のような組織を作るべきだとの意見もでていた。中山間地域のような担い手不足地域においては，本事業の活用以前に「担い手」確保問題がある。容易ではないが「人・農地プラン」のような地域での話し合いの場を設け，将来の「地域農業像」を地権者自らが構想し，それを地域内で共有することが優先すべき課題であるといえる。

3．条件不利地域と平場地域を抱える法人の農地集積

（1）北秋田市鷹巣地域の概況

北秋田市鷹巣地区は，1955（昭和 30）年に栄村・坊沢村・沢口村・七座村が合併し鷹巣町となり，翌 1956（昭和 31）年に綴子村・七日市村も鷹巣町に合併される。2005（平成 17）年の町村合併で，森吉町・相川町・阿仁町との合併で北秋田市となった。鷹巣地区は平地農業地域と中山間農業地域を抱える地域で，山林面積も多く，かつては木材集積地として栄えた地域である。

2010 年世界農林業センサスによると，総農家数 1,131 戸，うち販売農家数は 871 戸である。農業経営体数は 886 で，経営耕地面積は 2,854ha，うち田 2,583ha，畑 270ha，樹園地 1ha で，農地の大半は水田ということになる。経営規模別農家割合を見ると，5～10ha 層が 100 経営，10～30ha 規模層が 33 経営，30ha 以上層が 8 経営となり，平地農業地域を中心に比較的水稲生産の大規模な担い手が存在する地域である。

（2）農事組合法人Cの概要

1）経営内容

2014（平成 26）年度に農地中間管理事業を介して規模拡大を図った法人として，農事組合法人 C がある。C 法人は 2007（平成 19）年に，高齢化に伴う担い手不足の解消と，地域の農地集積を図り保全を目的として設立された集

落営農生産組合を前身とする。

構成員は26名で，うち役員が13名，組合員からなる常時従事者は4名である。出資金は1口1万円で総出資金額は116万円である。

2015（平成27）年度の主な作付面積は，主食用米としてあきたこまち23.7ha，あきたこまちアイガモ米70a，ひとめぼれ・コシヒカリ各60a，夢おばこ2haで，加工用米として夢おばこ11.6ha，飼料用米があきた63号で2.2haとなっている。また大豆を6.7ha以外にもスイートコーンなどの転作作物を導入している。

2）規模拡大の状況（事業を利用した集積）

経営面積は約45haで，農地中間管理機構を介して13haを2014（平成26）年度に借入れた。農作業受託面積を加えると作業面積は52.5haとなる。集積範囲は，T地区・TU地区・O地区・N地区の4地区だが，O地区とN地区での集積割合が高い。しかしこの両地区は圃場整備が遅れており，農道・用排水路の不備が著しいということで，地権者との間で基盤整備の実施を検討する必要があるという。小作料は1万7,000円で水利費は地権者が支払うこととなっている。水利費は地区によって異なり，O地区は水利費6,000円，TN地区は8,000円となる。この小作料水準は地域内の法人間では標準になりつつあるという。土地改良区との関係で，水利費を差し引いた金額が，地権者に支払われることになる。この水準の根拠は玄米120kg換算がもとになっているが，水利費が高いことがわかる。

3）経営計画

スイートコーンなどの園芸作物導入による収益増加を図るとともに，独自販路の開拓にも力をいれていきたいとしている。水稲の乾燥調製施設の導入を計画していたが，2014（平成26）年度の米価下落を受け，着工を見送っていた。しかし今後も経営面積の増加が見込まれ，作業の効率化と処理能力増強のために，再度検討を進める予定である。

（3）農地中間管理事業の評価等

高齢化地域だが，周辺には法人経営が存在し，農地集積エリアが重複することもあり，集積状況を見ると「虫食い状態」にある。この分散化が作業効率の悪化を招いている。また集積を図るために賃料を10a当たり17,000円と高額に設定していることも経営にとっては負担となっている。しかし，地域は未整備水田が多く，水利費（経常賦課金）水準も様々であり，基盤整備を推進する場合，地権者の負担を少なくする工夫が必要となるであろう。

法人代表者は，農地中間管理事業に出し手への交付金等があることを評価しているが，一方で，「貸し剥がし」が生まれることも危惧している。これまで担い手不足のため，耕作してもらえるだけで良かった出し手が，事業を利用することで「農地集積協力金」が交付されるため，借り手を再設定することにより，受け手としても地域内での担い手間の関係が悪化することになるのではないかとしている。

未整備地区の農地整備に，農地中間管理事業を利用することを期待しているが，一部の地権者からは期待を集める一方で，1つの法人に地域内の農地を集積することに不本意な地権者も存在しており，合意形成が容易に進むとは言い難い面もある。また近隣の法人間でいわゆる農地の「交換分合」を進め，合理的な作業環境を整備したいと考えているが，地権者の意向をどのように調整するかが課題となるという。

（4）北秋田市鷹巣地区の小活

条件の良い農地は，担い手が競合し，一方，条件の悪い未整備水田は，貸付希望が多い。この地区も平鹿地区と同様に，地域資源管理等について地域で話し合いを行い，地権者がどのように参加するのか等の条件を整理した上で，貸し付けて欲しいところだが，加えて未整備田や水利施設・農道の老朽化という問題を抱えている。当該地域では，本事業の利用を基盤整備事業との絡みで推進していく必要があるものと考えられる。基盤整備が進まないと農地の流動化はもとより，現在の受け手である法人の経営状況も悪化するものと思われる。

鷹巣地域内は条件の良い農地における担い手間の借地の交換を行うことができるのかという課題と，中山間地域のような条件不利地域において，受け手が引き受ける条件を満たす基盤整備や地権者の農業への関わりを担保することができるのかといった，両極端な課題を抱えている。いずれも農地中間管理事業が他の事業と連携し，対応していく課題であると思われる。

（５）業務委託先（北秋田市）の意見

中山間地域を多く抱える北秋田市では，農地流動化を進める上では基盤整備の実施が必須であるとことである。そのために本事業をどのように活用していくのかということの地域内での話し合いが重要だとしている。また平場では，受け手側で農地借入競争の様相を呈しており，経営実態に沿わない水準の「高小作料水準」を提示する担い手が登場する点を懸念していた。米価及び豊度を考慮した標準小作料的な基準を設定することが望ましいのではないかとしている。さらに今回の公募に参加していない担い手については，自らが地域農業の担い手としての自覚を持ち，担い手自らが農地中間管理事業を活用することで，地域農業の展望がどのように開けるのか等々について説明していくべきではないかとしている。業務委託先である北秋田市では，管轄区域が広域であるが，担当者数は人口割で定められているため，過疎地域の担当者は対応すべき業務が多く，機構からの業務支援が欲しいとの意見があった。

第３節　秋田県における農地中間管理事業の効果と課題

１．受け手と出し手の問題点の整理

（１）農地の受け手（担い手）

１）担い手不足地域における法人

担い手不足地域，とくに中山間地域における法人の評価についてだが，担い手不足地域において，本事業を活用した法人が登場してきたことを地域の出し手は評価しているが，法人の労働力も十分でなく，一定規模（50～70ha）

が限界ではないかと考えられる。今後，出てくる農地で，とくに未整備地への対応は困難であると思われる。しかし未整備地が基盤整備され，団地化を図る等の対策を講じた場合，雇用労働力を確保する等により対応できる可能性もあると考えられる。

2）小作料水準

事例調査でも「賃料水準」が高すぎるという意見が，賃料設定した担い手から出ていた。つまり賃料を高めに設定し積極的に集積を図ろうという動きが見られるということになる。しかし経営面から見ると明らかに「高すぎる」という判断をしている。このような状況は，周辺に担い手のいる地域では，高めの賃料設定で「待つ」状況が続くと思われる。

3）農地の団地化

次に農地分散の解消についてである。担い手不足地域では，農地は出てくるが，これまでの地域での対応が親戚や近隣の人に頼んでいたこともあり，集積された農地が分散している。また貸し剥がし等を懸念して積極的に働きかけることができない状況もある。いずれ農地を借入れた法人間で交換を行い，効率的な団地を形成したいが，出し手との関係で可能なのかという課題が残る。また行うとすれば，いつの時期（契約更新期）どのような機会で行えば良いのか。事業が掲げる「白紙委任」は可能なのかといった点が農地分散解消のポイントになると思われるが，一方で，農地の出し手は「受け手」を信頼して貸付けているという回答をしていることから，あらためて地域農業のあり方についての話し合いが必要になると思われる。

（2）農地の出し手（地権者）

1）農地中間管理事業の認知度

農地中間管理事業の認知度だが，昨年度は事業のことを知らなかった人が多かった。今年に入ってからは理解している人が増えつつある。地権者の中には「すでに農地を貸しているから関係ない」という理解もあったということから，PR の必要性はあるが，わかりやすく，かつ興味を持ってもらえるPR は難しく，根気よく対応していくしかないものと思われる。

2）出し手が期待する受け手

次に，農地の受け手についてだが，地域の中の担い手に期待しており，借り手は誰でも良いという意見は少ない。地域に住んでいる限り，家産としての農地をちゃんと管理してくれるかが気になるのであろう。集落営農組織に期待している意見が少なくないのも，地域主義の現れと思われる。

3）事業の評価

事業の評価については，事業を利用した出し手は，事業について高い評価を行っている。機構という公的機関が仲介していることが大きな理由である。安心して貸し出せたことで本人・息子とも「農業のプレッシャーから解放された」（鳥海町）という意見など，しっかりした貸し手を見つけ出せない状況が解消されたという評価もある。

農地の出し手に対する交付金の評価については，「経営転換協力金」は概ね好評だと言える。交付金が貸し出しの契機となったという回答もある。「耕作者集積協力金」は，どのような条件の農地を出せば対象になるのかといった情報が欲しいとの意見もあった。

2．地権者と地域

年金生活者である高齢農家などは，可能な限り（機械があるあいだ）耕作したいという思いが強いが，いずれは貸したい・売りたいという意向が強いと思われる。しかし同時に，地域の人々に迷惑をかけたくないので，農地を適切に管理してくれる者に貸したいという行動を取っているようである。農地の引き受け手は「信頼」できる人が良いという。信頼には持続性も含まれるため集落営農組織が法人化された経営などが好まれると思われる。

地権者には個々の事情があり，地域内の農地が一挙に貸し出しに出ることは想定しにくい。しかし一方で時間をかけた個々の対応では，効率的な土地利用型農業が展開する「地域農業」の展望は見えてこない。地域資源管理などの参加意識の向上を図る上でも，地権者による「一般社団法人」としての地域資源管理法人設立が必要ではないだろうか。地域農業のビジョンを共有し，特定の担い手や生産法人へ，農地中間管理機構を通して農地の貸付の流れをつくるとともに，法人への出資なども行うことが可能になる等，地域における担い手と地権者の新たな関係構築に寄与するものと考えられる[4)]。

３．農地の団地化

農地中間管理機構は，「必要な場合には，基盤整備等の条件整備を行い，担い手（法人経営，大規模家族経営，集落営農，企業）がまとまりのある形で農地を利用できるように配慮して，貸付け」を行うとされている。しかし実態は機構を「農地集積バンク」と呼んでいるがバンク機能はなく，仲介機能を果たしているに過ぎない。受け手と出し手の合意ができた農地を，機構が借り入れ貸し付けているのであるから，「まとまりのある」形で利用できるように配慮できないのである。秋田県内でも農地面積は拡大しているが，効率的に利用できる状況にするには，あと数回の機構の仲介が必要となる状態である。

このような中，農地中間管理事業を活用し農地の交換分合を行った地域がある。北秋田市鷹巣地区にある M 地区には集落営農組織 M（農事組合法人）と農業生産法人 E，それに比較的規模の大きい担い手３名，入り作者２名が分散していた農地を利用していた。

ここは以前，基盤整備事業を実施し，ある程度，所有地や借入地を効率的にまとめていたが，その後，貸し出される農地も増え，それぞれの経営耕地が錯綜する状況が生まれてきた。この地区に農地中間管理事業を導入するにあたり，大きな力を発揮したのが土地改良区であった。土地改良区は個々の農地情報を把握していたために利用調整役を買って出たのである。比較的規模の大きい担い手 a 氏 7ha（68 歳），b 氏 5ha（67 歳），c 氏 5ha（72 歳）の３名はリタイアし，経営転換協力金を貰った。入り作者２名は当面，地区内で営農を行うが将来は集落営農組織 M に農地を渡すことを地権者も含め合意している。

図 2-1　従前の農地利用状況

大きな面積交換は集落営農組織 M と農業生産法人 E の間で行われた。農業生産法人 E は条件の悪い中山間地域の法人だが，他地区も含め大規模に農地を借入れ営農を展開していた。M 地区は E 法人にとっても以前より借入面積を拡大し，地権者の意向を受け，農地を買い入れる等している，法人経営にとってはある程度まとった農地を集積している地域であった。この 2 つの法人が自らの所有地も含め交換分合を行ったのである。

両法人の代表者によると，個別経営者は土壌の性質や自らの耕作地にこだわるが，規模の大きい法人経営になると場所の位置にはこだわらないという。借地の交換により作業効率が上昇することを選択するという。その結果，入り作者 2 名の農地が 1 カ所に集積され，E 法人の農地 10ha も 1 カ所にまとめられた。M 地区の農地利用状況は図 2-2 のように，極めてシンプルな姿となった。

図 2-2　交換後の農地利用状況

M 法人は地区外にも農地を借り入れているが，他地区では借地の交換はできないという。理由として当該地区に交換を行えるだけの経営耕地面積を有する法人が存在しないからだという。つまり農地の位置にこだわらず作業効率化を追求する法人経営が，相互に合理的な土地利用を実現するために交換する分の面積を有していなければならないということである。

このM 地区では土地改良区の「換地士資格」を有した，地域の農地情報に明るい人材が事業推進における調整役を買って出たために実現した状況である。なかなか実現には多くの条件が必要であるが，基盤整備のみならず農地の利用調整に土地改良区が参画する仕組みも検討する必要があるのではないだろうか。

4．秋田県における農地中間管理事業の効果

事業を利用した出し手は，これまでの農地の貸借を仲介してきた農協や農業委員へ相談に行った。事業本来の仕組みは「白紙委任」だが，マッチング段階で出し手・受け手の間で合意を求めたため，出し手には相談できる「窓口」が必要だった。秋田県は①これまでの農地流動化で培ってきた仕組みを活かしていたこと，②モデル地区の「現地相談員」が機能したこと等により，一定の成果を上げたと考えられる。ヒアリング調査では，地権者は農協の窓口に行っていた。そして農協が相談に対応していたのである。また地権者に対して実施したアンケート調査結果でも，事業を知った経緯に農協や市町村という回答が少なからずあった。

次に，基盤整備事業と本事業を連動させることで，助成金交付により負担金が減るといった効果が認識され，地域内で担い手への集積率を高めた。秋田県内の基盤整備計画がある地域では本事業は積極的に活用され，当該地域での効率的な水田農業が展開できる農地集積が実現するものと考えられる。由利本荘市では，「機構がどの程度，地域内で農地を集積すれば基盤整備の自己負担金が減ると言うことを教えてくれたので議論が進んだ」という意見があった。

表 2-1　農地中間管理事業の仕組みを知っているか

（単位：％）

	①はい	パンフレット	説明会	農業関連広報誌	JA，市町村窓口	人から	その他	②いいえ
平鹿	70.6	37.3	27.5	19.6	23.5	3.9	0.0	27.5
K 集落	64.3	14.3	50.0	7.1	7.1	7.1	7.1	28.6
Y 集落	52.4	4.8	14.3	9.5	9.5	19.0	4.8	33.3

注：回答数は平鹿地区 51，由利本荘市鳥海地区の K 集落 14，Y 集落 21 である。ちなみに平鹿地区と K 集落は，今回の対象となっている法人経営が位置する地域であり，地権者の中には当該法人に農地中間管理事業を利用して農地を貸付けた地権者が少なからず含まれているものと思われる。Y 集落は対象となった法人とは直接関係のない集落である。

５．秋田県における農地中間管理事業の課題

（１）事業内容のPR

ヒアリングによると，パンフレット等は「そもそも見ない人がいる」「すでに農地は貸してあるので関係ない」「高齢者には理解しにくい」という意見があった。アンケート調査でも実績のあった地区では「説明会」による理解が高かった。従って，今後も，制度の周知については，より一層の工夫と努力が必要と言える。

（２）マッチング

意欲ある経営体が出し手の掘り起こしの重要な役割を担っている実態がある一方で，自らの経営に関わることであるから受け手自身が「事業の説明」や「マッチング」を積極的に行うべきであるという意見もあり，出し手掘り起こしとマッチングの推進については，包括的な議論が求められる。

（３）地代競争

「地代競争」の様相があらわれ，経営体が効率的な農業を展開できる「団地化」が疎外されつつある（北秋田市）。また経営体自身も「地代は高め」であるとしており，契約期間途中で「見直したい」とした意見がみられ，今後も注視する必要がある。

（４）土地改良事業との連携

本事業を活用すれば土地改良事業の負担金を軽減できることは理解されつつある。問題は県営事業規模を確保できない中山間地域があること。また規模を実現できても土地改良区がない地域があるため，何らかの手だてが必要と思われる。

（５）「地域集積協力金」の使途の明確化

「地域集積協力金」は，地域に支払われる交付金との理解から，地域での話し合いの場が必要との意見があった。大規模な法人が一手に農地を引き受

けた場合は，当該法人を核として使途を決めれば良いが，複数の受け手が存在している場合は事前にとり決めを行う等の対策が必要であると考えられる。

（6）政策転換に伴う対応

現在，農地を集積すると転作がついてくるが，2018（平成 30）年には生産調整が廃止される数量配分がなくなるため，稲作前面展開を経営目標としている経営は，現段階では農地を求めないという。一方，2018（平成 30）年には生産調整における作物栽培用として借りていた条件の悪い農地が地権者に返される可能性がある。自治体やJAが主導して農業経営にとって魅力的な転作奨励金を，どう確保するかが問われることになろう。

（7）担い手不足地域での対応

中心的経営体が存在しない地域（多くは中山間地域などの条件不利地域，または未整備地域）では，掘り起こしを行っても受け手が存在しないためマッチングが不可能である。地域農業の方策作成や担い手育成を機構や自治体が積極的に関わる必要があると思われる。

（8）市町村のマンパワー不足

人口規模で担当者数が決まるため，対象農用地面積の大きい過疎地域では，市町村担当者の業務量が増加し，対応が難しい。機構が積極的に支援できる体制が必要だと思われる。

「農地中間管理事業」について，調査対象地域以外の法人や担い手にも評価を聞く機会があった。多くの法人や担い手が農地集積希望に「手は挙げた」という。しかし規模拡大しても農産物の「売り先」がなければ経営は厳しくなるという。今日の農業は「生産＋販売」がセットであり，現段階において，全ての経営が早急に規模拡大を望んでいるとは言い難い。個別経営の「多くは頼まれて借りた」という意見が多かった。2018（平成 30）年の生産調整廃止等の政策転換を踏まえないと，自らの経営方向が定まらないということであった。

また今回の調査で積極的に規模拡大を目指していた法人経営においても，単純に規模拡大を続けていく意向ではない。自らの労働力・機械装備等を超えた規模拡大は行っていない。効率的な作業ができる，まとまった農地を集積できる条件が揃った時に資本投資を検討することになろう。農地中間管理事業は農地の受け手に従来のような「規模拡大助成」はない。果てしない規模拡大を目指している法人経営は存在しておらず，それゆえにほとんどの法人が，地域内の農地が荒れることを心配している状況であったことが印象に残っている。

他地域への参入についてだが，大潟村の経営体が，近隣自治体の農地を，事業を通して借り入れた。本人は「飼料用米」生産を行うつもりであったが，効率的な大潟村の水利システムに比べ，複雑な水利慣行の存在する地域では対応できず，結局，大豆を作付けたという。また飼料用米生産の低コスト化（＝防除の削減）計画に対して，地域からのクレームが来たという。他地域への参入についても事前の話し合いが必要ではないかと考えられる事例である。一方で，中山間地域の開発農地を大規模に借り入れた事例もある。これも大潟村の2つの経営体だが，当該地域で大規模な経営を展開していた経営者が死亡したため，自治体が困ったため大潟村の担い手に相談したことによるものである。中山間地域では大規模に農地を集積していた経営者を喪失すると，地域内には引き受け手が存在しない。農地中間管理機構が全県的に担い手と農地情報を把握していたために対応できた事例であるといえよう。

最後に，「農地中間管理事業」は，政策転換に対応できる経営体が，経営戦略に沿って利用することになろう。一方，戦略的な経営体が存在する地域の農地の出し手は，本事業による離農ができるが，そうでない地域の地権者は，出し手となることができない。

しかし，高齢化した地域では耕作放棄等の農地潰廃が目前にあり，何らかの対策を講じなければならない。前述したように秋田県内の農業法人は自らが立地する地域の農地管理の将来について危惧している。自らが借り入れ可能な限りの農地は利用していく覚悟であるが，それ以外の農地が潰廃していく状況については打つ手がない。そのような中，秋田市のJA新あきたが出資して作られたJA出資法人が，組合員の農地を守ることを目的として農地中間管理事業を利用し農業経営を行っている。担い手が登場して来れば，喜んで農地を引き渡すことにしているが，現在のところ引き受ける担い手は生まれてきていない。JAにとっては改革を迫られる中，極めて重大な覚悟の上での取り組みであると評価したい。

秋田県の事例が教えてくれることは，あらためて地域農業をどう展開させていくのかというビジョンを地域内で検討し，地権者も含め共有することであると思われる。畜産との耕畜連携によるトウモロコシWCS供給等も含め，水田農業総合化をめざす地域農業ビジョンの策定と，それに沿った本格的な「人・農地プラン」策定が不可欠であろう。農地中間管理事業は，それら過程で効果的に活用できるような実態に即した柔軟な対応ができる事業制度と実施主体のあり方が求められると思われる。

注

1) 第185回国会農林水産委員会（平成25年11月20日）における参考人，原田純孝氏の発言。
2) 同上。
3) 同　参考人，藤岡茂憲氏の発言。
4) 全国農業新聞2016年1月26日。

第３章　生業的家族農業経営の存立構造

－秋田県における諸事例からの検討－

佐藤　了

はじめに－本稿の目的－

本稿では，秋田県における諸事例から中小規模の生業的家族農業経営の存立構造を検討することを目的とする。本稿で言う生業的家族農業経営とは「家族が生活するための農業経営」のことで，企業的な経営への展開を目論まない存在を指し，世帯としては専業的農家から兼業的農家まで，個人としては農業専従者から他産業就業者だが時々自家農業を手伝う者までを含む。

まず，それらの経営が，いま，激しい分化・分解にさらされていることを統計的な動向を通じて確認する。その後，経営自立を図る３つの経営事例を取り上げ，それらを存立させている諸要素を抽出する。次に，経営自立のカギとなる農産物の販売・マーケティングを補完する方式を２つの事例を取り上げて検討する。その上で，こうした動きを強めていくためのいくつかの論点をとりあげ，考察していくこととしたい。

１．最近における農家数の動向－統計的概観－

最近 10 年間における秋田県の農家数の動向を全国，東北地域と対比しつつ概観すると，次の３点を得る。

まず，表 3-1 によると，農家数の顕著な減少とくに販売農家数の大きな減少に対して，自給的農家の微減ないしは維持的な傾向と土地持ち非農家の増加が全国，東北，秋田県に共通する傾向として指摘できる。秋田県ではとくに，販売農家数の減少率が 37％と，全国 24％の減少率を大きく上回るとともに，土地持ち非農家の増加率が 10 年間で 57％と突出し，農家層の分化分解の大きさを端的に示している。ただ，大きく減少したとはいえ，秋田県の 2015 年の販売農家率が 77.1％と，全国の 61.7％，東北地域の 71.9％よりも高く，農家の 8 割近くが販売活動，経済活動を行っているということを見逃してはならないであろう。

次に，表 3-2 により経営耕地規模別農家数の動向を見ると，小規模層の激減と大規模層の激増という両極分解が共通の動向として鮮明である。とりわけ秋田県では，小規模層の減少率が 1ha 未満層でマイナス 49.1％，1～2ha 層でマイナス 41.3％と 10 年で半減近かったこと，ならびに大規模層の伸びが全国，東北地域よりも相当に大きいこと，すなわち両極分解が極端に強調されて表れていることに注目される。秋田県では，2014 年度の農地中間管理機構の発足時に，いわゆる担い手集積率の目標を全国の 8 割に 1 割上積みして 9 割を目標にすることを打ち出した。それは，大潟村という 1 戸当たり 17～18ha に達した 500 戸余りがすでに上積みされていることに加えて，このような両極分解の様相をも反映したものである。

だが，そうした中で見逃せないのは，販売のために生産していると思われる“中規模”な階層の厚さである。仮に 2～10ha の構成比率を取ってみると，全国 18.3％，東北地域 30.0％に対して秋田県は 36.3％，さらに 2～20ha を取ってみると，全国 19.9％，東北地域 32.5％に対して秋田県は 39.9％と全農家数のほぼ約 4 割に及ぶのである。激しい両極分解の一方でこうした階層が相当の厚みを持つ構成にあることを看過してはならないであろう。

2000 年代になって拍車がかかった現象の 1 つに，2002 年度からスタートした米政策の見直しと 2007 年度からの一定規模以下層を政策支援から除外する制度変更に呼応した集落営農組織の形成とその法人化を含む組織経営体が伸びるという動きがあった。表 3-3 はその様相を示したものだが，そうした政策対応型の組織経営体の創設は全国に広がった現象ではあったが，秋田県で目立って多かったことを表している。だが，そうした動きにもかかわらず，農業経営体全体に占める組織経営体数の割合は 2％台であり，全国，東

表 3-1　2005-2015 年の農家数の動向

区分	年次	全国 総農家	全国 販売農家	全国 自給的農家	全国 土地持ち非農家	東北地域 総農家	東北地域 販売農家	東北地域 自給的農家	東北地域 土地持ち非農家	秋田県 総農家	秋田県 販売農家	秋田県 自給的農家	秋田県 土地持ち非農家
戸数(戸)	2005	2,848,166	1,963,424	884,742	1,201,488	463,460	370,786	92,674	149,380	72,000	60,325	11,625	23,461
	10	2,527,948	1,631,206	896,742	1,374,160	406,266	304,975	101,291	189,061	59,972	47,298	12,673	33,007
	15	2,155,082	1,329,591	825,491	1,413,727	333,840	240,048	93,752	207,434	49,048	37,870	11,238	36,743
5年間の変化率(%)	2005～10	-11.2	-16.9	1.4	14.4	-12.3	-17.7	9.3	26.6	-16.7	-21.6	8.5	40.7
	2010～15	-14.7	-18.5	-7.9	2.9	-17.8	-21.3	7.4	9.7	-18.2	-19.9	-11.3	11.3

資料：農林業センサス各年。

表 3-2　経営耕地面積規模別農家数の動向（2005-2015 年）

（単位：ha，％）

		合計	1ha 未満	1～2	2～3	3～5	5～10	10～20	20～30	30～50	50～100	100ha 以上
全国	2005	2,009,380	1,150,656	502,535	162,815	99,663	50,631	21,556	8,259	7,468	4,897	864
	15	1,329,591	708,212	331,211	114,622	79,650	49,167	21,751	7,905	6,931	4,476	762
	構成比(2015)	100.0	53.3	24.9	8.6	6.0	3.7	1.6	0.6	0.5	0.3	0.1
	05-15 増減率	-33.8	-41.6	-34.1	-29.6	-20.1	-2.9	0.9	-4.3	-7.2	-8.6	-11.6
東北	2005	378,216	158,355	111,763	51,104	35,105	22,314	8,692	1,736	429	231	74
	15	247,713	92,540	68,554	32,854	25,123	16,344	6,133	1,528	957	580	161
	構成比(2015)	100.0	37.4	27.7	13.3	10.1	6.6	2.5	0.6	0.4	0.2	0.1
	05-15 増減率	-34.5	-41.6	-38.7	-35.7	-28.4	-25.1	-29.4	-12.0	223.1	251.1	217.6
秋田	2005	61,259	21,850	18,955	9,620	6,713	3,245	1,015	146	52	19	4
	15	38,957	11,131	11,120	6,039	4,853	3,245	1,412	398	230	94	17
	構成比(2015)	100.0	28.6	28.5	15.5	12.5	8.3	3.6	1.0	0.6	0.2	0.0
	05-15 増減率	-36.4	-49.1	-41.3	-37.1	-27.7	12.5	39.3	13.4	442.3	494.7	425.0

資料：世界農林業センサス各年。

表 3-3　2005-2015 年の組織経営体数の動向

区　分	年　次	全　国	東北地域	秋 田 県
組織経営体数	2005	28,097	5,934	819
	2015	32,979	6,106	1,014
10 年間の変化率（%）		17.4	2.9	23.8
組織経営体数割合（2015）		2.4	2.5	2.6

資料：農林業センサス各年。
注：組織経営体数割合＝組織経営体数/全経営体数×100（%）

北地域と大差ない。つまり，こうした政策変更やそれへの対応にもかかわらず，主流をなすのは個別経営体であるという事実である。

さて，以上の統計的な確認を踏まえて，以下では，生業的な農業経営活動に取り組む秋田県内の 3 つの農家事例に注目し，彼ら彼女らが何を考え，いかなる行動を取っているかを学び取っていくことにしよう。

2．生業的家族農業経営活動－3 事例－[1)]

ここで取り上げる 3 事例は，企業的な展開を狙わず，むしろそれを積極的に回避して，家族メンバーがやりたいと思う事業等に取り組んで生計を立てようとしている点で共通している。“生業的家族農業経営”と呼称するのはその意味であるが，以下では，その中心メンバーにインタビューし，彼，彼女が家族の事業に対してどんな思いで取り組み，いかなる行動を取ってきたか，いるかに焦点を当てることにした。最初の 2 事例は経営主，3 事例目は経営主妻に即して述べ，その上で 3 事例に共通することなどを考察しよう。注目されるのは，家族の生計を安定させるために規模拡大等にも取り組んできたが，半面で，家族の力量の及ぶ規模等で生産活動をコントロールしつつ，家族メンバーのやりたいことや特色・特技を生かして活動等を展開して経営を成り立たせていることである。

1）Su 氏（大仙市）－米（主食・酒米）・餅米・古代米の生産販売－

Su 氏は，米（主食・酒米）・餅米・古代米の生産販売を行っている。

＜経営の考え方＞は，①元々粘り土という田んぼの土にコヌカ，ケイフン，疎植など“こだわり”の作り方で美味いコメを作ること，②その美味いコメを同級生など昔からの知人や労組運動等で培った友人，その友人など“つながり”を活かす販売で経営を成り立たせること，③それは自分にとって“ただの売り買い”ではない。自分もかつて会社から差別を受け，「ごまかしは嫌だ！」とそれに対して戦い，多くの人から支援を受けてきたが，同じく差別に晒された国労の人たち，さらには原発事故問題で戦っている福島の人たちなどを支援し，「同じ考えの人は助け合う」という信頼感を基本にしていることにある。

<経営の概要>は，働き手は夫婦（1948年生），長男（38，同居，酒造会社杜氏のため，兼業的就農）の3名で，水田13.5ha（自作田4ha，借地9.5ha：借地料2万円＋土地改良賦課金）を作る。水田は40～50aの圃場が3カ所あるが，あとは30a圃場がほとんどである。全圃場が2～3km圏内にあるが，圃場分散のため水見に回るだけで1時間余り掛かる。しかし，分散のメリットもある。古代米や無農薬米などは混米しないように他から離れた圃場で栽培しており，玄米や古代米を混ぜると食べやすくなることを顧客に働きかけ，最近は要望が増えている。

機械体系は，トラクタ，8条田植機，4条コンバイン，乾燥機2機（50a，30a対応），小型のもみすり機と精米機など。田植機が農協から100万円補助のリース（リース料30万円/年×8回で自己所有に）で助かるが，コンバインは高速だが袋取り方式で，タンク1つで軽トラックが満タンになるし，腰が痛い。丁寧に扱っているのだが，加工用米くらいはフレコンでやりたい。また，乾燥には気を使い，粉状にならないように決して強乾燥しない。もみすり機や精米機は小型だが，高性能のものを使い，仕上げに気を使っている。

肥培管理にはこだわっている。まず，秋から春にかけて水田圃場全体にコヌカとEMケイフン（60リットル）を散布し，田植え時に側条8号を適量投入する。また，長男が中心になって薄め播種のプール育苗を行い，50株植/坪，15枚/反見当で疎植し，健康な稲を作るようにしている。

コメ販売量は約1,300俵であるが，加工用米500俵，自力販売800俵（62％）である。自力販売の主力は個人顧客200～300人で，労組活動で知り合った人や東京人形町の行きつけの居酒屋つながりの人，それにバス運転手をしながらセールスするなど自ら開拓した。ほとんどが玄米販売だが，とくにこだわるお客さんには今摺り米を月2回届けるが，これが約120俵（1.2ha），他に仕出し用を頼まれるので約50俵を他から購入して充てている。

お客さんはみんな，知り合いか，知り合いの知り合いなので，代金回収の苦労は全くない。だが，自分としては，年中，ハラハラしている。なぜなら，注文があったとき，米がありませんとは言いにくいからだ。それでもなくなる時がある。そんな時は，正直に「なくなったので，他のコメを食べててください」と言うと，「そうか，仕方ないなー」となり，ほとんどまた，戻ってきてくれる。

直売の内訳は，過半が東京・首都圏，北海道2割，秋田2割弱，近所，障害者施設数％である。個人顧客には宅配便のY運輸を利用する。首都圏で容量により854～1,080円と少し高めだが，午後5時前に連絡すればすぐ来るのでその日のうちに発送でき，勝手が良い。なお，コメ発送時には，「いつもご利用いただきありがとうございます。この米は米糠，鶏糞も肥料として，粉炭は土壌改良材としていれております。籾摺り日○月○日　精米日○月○日　住所・氏名・電話・ファクス・携帯」情報を記した紙を同封している。

米価の設定には，地域別・事情別の差異を設けている。2015年産で言うと，東京圏は白米7,500～8,000円/30kg（玄米ならマイナス200円），障碍者施設6,200円/30kg，福島相双の会6,500円/30kg，地元JAには5,000円台である。自分の採算米価は1万5,000円/60kgであり，首都圏発送水準と同等程度となる。杓子定規に言えば，これぐらいは必要なのだが，相手の事情とこちらの気持ちもある。

最近，同級生の親戚から「コメがうまいから，ゴルフ・コンペの景品にしたい。50袋欲しい」と言われた。看板は揚げていないが，コメ屋と認識されていることはありがたい。しかし，リピーターの顧客を優先する考えから断らざるを得なかった。

＜経営小史＞自分は，百姓の長男として生まれたが，大曲農高卒後の就農時，1967年頃，家の田耕作規模は1.7ha，所有地は0.9ha，あとは小作で借地料を支払うという状態で，そのまま自家農業を継ぐような状況ではなかった。このため，当面は農外で働くと決め，長距離トラックの運転手を2年ほどやった後，75年頃からバス会社で運転手として働き，当初の業務は長距離運行であった。当時，オイル・ショックで会社は厳しく，12～13時間労働もザラであり，働く中で組合活動に目覚めていった。その中で，国労など多くの人たちとも交流し，○○支援餅つきイベントなどにも積極的に参加し，熱い人的なつながりができていった。それが基になり，たとえば東日本大震災後も，宮城県気仙沼市唐桑半島などの友人とともにワカメの連携販売などに取り組み，支援連携活動とコメ販売は底でつながっている。

その一方で，83年，長距離運転のラインから外され，短時間の勤務形態にされたため，農業にも力を入れ始めることとなった。特に水田の規模拡大に力を入れるようになったのは，息子がM大学農学部に行き，「農業をやる」と言い出したことからである。息子の農業就業条件を作ろうと思い，0.9haから4ha（1筆30a程度，15枚，80万～65万円/10a）まで自作地を増やしてきた。息子は，無人ヘリのオペなどをやっていたが，3年前，縁があって造り酒屋に勤めるようになった。いずれ，就農するのかについては，未定の状態だ。

2）Ka氏（三種町）－こだわりの養豚・精肉・加工販売で安全・安心を－

Ka氏（三種町）は，こだわりの養豚・精肉・加工販売で安全・安心を追求している。

そのこだわりの<経営の考え方>は，①希少品種になった『中ヨークシャー』を自分で交雑したオリジナル豚を作り，自然のしっぽを切断せず，しっぽをかじるほどにはストレスをかけない飼育を実施していること，②ドイツ伝統の手造りハム・ソーセージ等を直火式で，チップではなく自生の桜で加熱燻製し，薫り高く味わい深い製品を作ること（ドイツ国家資格ゲゼレを次女が習得），③自分らが腕を磨いて追求してきた「自分が納得できるうまいもの」に魅力を感じて購入してくれる人や団体との関係を大事にして決して裏切らないこと，などにある。

<経営の概要>は，働き手は5名で，本人（1975年家畜人工授精師，96年食

品衛生管理者)，妻（加工・販売)，店舗販売業務に女性社員 2 名（50 代・車 1 分・勤続 16 年，30 代・車 10 分・勤続 7 年)，養豚部門業務に男性社員（37 歳・車 5 分・勤続 12 年）からなる。

事業内容は，養豚（母豚 35 頭，育成含肉豚 300 頭，自家育成 100％)，販売総額 4,801 万円，販売先は農協 265 頭 944 万円，自販精肉加工 231 頭 3,857 万円（店頭直売，レストラン，老人ホーム，消費者団体等）である。

＜経営小史＞本人は，1949 年，稲作主体の農家の長男として生まれ，農業後継を当然と考えて能代農高（施設園芸専攻）を出た後，1 年間，県の農業試験場園芸課実務生（無報酬）を修了後，69 年春に就農した。当時の自家は水田 1.8ha，畑 35a で，高校でも集落でも多い方だった。

自分なりの経営の立ち上げには，1969～79 年の約 10 年を要した。

高校に入ってこの反別で生活していけないということはすぐに理解したが，70 年，関税の自由化や米の生産調整開始など大きな情勢変化があったので，経営面積の規模拡大が要らない施設園芸をやろうと思い，まだパイプハウスがない時だったので垂木とヌキでハウスを建ててキウリ，トマト，ナスの苗作りを始めたが，自分の性格にあっていないと感じ，1 年でやめた。

そこで近隣のジュンサイ工場で 3 年間務める傍らニンニク栽培に取り組み，74 年には 1ha 近くまでになった。当時，自分の地域の農協は野菜の共販をしていなかったこともあって，自分で販売先を確保しなければならず，焼肉屋と能代青果地方卸売市場のセリで全量販売した。市場では品質そっちのけで価格をつけられたと感じ，ちょうどオイル・ショックで価格が暴落したこともあってやめた。

一方，72 年，23 歳のときに養豚を始めた。当時，隣家で乳牛をやっているのを見て，乳オスの飼育に興味を持った。知人の牛飼いに相談したら「牛は資金繰が大変だ。出荷まで 3 年かかるからやめた方が良い。やるなら豚だ」と言われ，父に相談した。父は，当時，露地野菜や採卵鶏約 200 羽を飼い，近隣の森岳温泉や能代市へ，冬季は秋田市へ販売していたが，「採卵鶏は元を取るのに 3 年かかるが，豚なら 6 カ月で販売でき，効率が良い。俺も豚が良いと思う」と言われて決心した。その後 1 年近くかけて父とも相談し，「米で家族の生活費を確保しながら進めよう。うまく行かない時は2人で出稼ぎをしよう。無利子の後継者育成資金100万円を借り，1年に20万円ずつ5年間で返済する計画でスタートし，50坪の豚舎を建てた。この豚舎は，ジュンサイの仕事の途中に秋田市四ツ小屋で見かけた豚舎を外からの観察だけで真似て作ったものだが，風の通りが自然で，豚も快適なので，今も現役で使い勝手がよい。

母豚3頭を導入して「繁殖肥育一貫経営」を目指したが，70年にすでに豚肉を輸入自由化したことは知らなかった。後でそれを知った時は「米国からの輸入飼料という同じ条件で競争している台湾に勉強で負けなければ勝てる」と思ったが，今，考えれば甘かったと反省している。また，自分の地域の農協は弱小で，畜産物の販売・指導の体制が取れなかった。当時，農協を超えるのは制限が多く難しかったが，近隣の山本農協の有力者の若い者を育てるという計らいで販売・指導を受けることができ，大変感謝している。

いま考えると，若い者に100万円も無利子で貸し，研修に行けとも言わなかった県の姿勢は驚きだが，当時，研修に行けと言われれば，借りることはなかったと思うので,それぐらいの度量を示してくれたのはありがたかった。ただ,養豚を始めて2年目,地区の青年農業者が集まる「農業近代化ゼミナール」の実績発表で,「米と畑と豚の一貫経営を親子3名が8時間労働でやりたい」と報告したら，県の技術職員からの評価は厳しいものだった。一貫経営は難しいので，繁殖か肥育かを選び，大規模化，専業化しなければならないというものであった。しかし，世の養豚は間もなく一貫経営に進み，その後，大規模化してきた。

1973，74年のオイル・ショックで資材が高騰する一方，それにも増して豚肉価格の暴落が凄まじく，豚の販売価格とそれまで豚に食べさせた餌代と同じ位になった。そこで，75年に青少年育成資金（年利3%，10年償還）200万円を借りて肥育豚舎（60坪）を建てた。次いで77年に肥育舎35坪，79年にも豚価の暴落があって廃業する農家が多くあったが,分娩舎30坪を建築し，95年育成豚舎24坪と自己資金で継ぎ足してきた。

給与や経済が5%位ずつ上がっていくのに，家の生活レベルを世間並に維持するためにはわが家も 5%アップしないとだめだと思って，家族のため，みんなで夢中で規模拡大してやってきたというのが実感だ。ただ，その中で常に家族の生活の中身に心配りができていたのかというと，一抹の反省もある。

80 年，養豚の技術面でお世話になっていた秋田県畜産試験場の S 先生の案内で，当時，いち早くハム，ソーセージの加工に取り組んでいた岩手県一ノ関市の I さんの所に視察に行く機会を得た。視察に行く前に I 氏が加工を行っているという情報はなく，行って急きょの見学であったが，「ハム，ソーセージを食べる時代が来るだろうから，自分たちも作り方を覚えておきたい」と，その場で秋以降の研修をお願いしたところ，快諾いただいた。運良く，日本のハムの大家である大木先生が毎週末，I さんのところに指導に来られていたので一緒に学ぶことができた。その後，4，5 年間，繁盛期に手伝いに通って技術，技能を学んだ。大木先生の持論は「ごまかしをしなければおいしい」というもので，素材である豚肉がしっかりしていれば，塩分控えめの薄い味のおいしい製品ができる，と教わることができた。

大木先生の父君は一子相伝を超えて技術を広めて日本ハムづくりの父と言われた大木市蔵氏であるが，こうしたご縁があって親しくしていただくことができた。当時，米と養豚で生活できたことや家庭の事情もあって，すぐには加工部門の起業はしなかった。だが，15 年後 95 年の起業時には，2 カ月ほど秋田に来ていただいて指導してもらった。当時は，77 年創業の大仙市の嶋田ハムのほかに東北に手造りハム工房は 3 件ほどしかない草創期であった。

豚種の選択は紆余曲折があったが，自分の舌で確かめて今日に至った。当初は県南の種豚農家から導入していたが，秋田県にもオーエスキー病が入って県内子豚市場が閉鎖されたため，静岡県の富士農場から精液を導入し，自家交配を始めた。その後，鹿児島黒豚を使っているレストランで食べたらコクがあっておいしかったので黒豚を導入して雑種をつくり，豚肉を販売した。評判もよく，売りやすかったので，どうせなら黒豚にしようかと思いもしたが，世の中，偽物が溢れていたことに嫌気も感じていた。そうこうしている中，埼玉県で中ヨークシャーを飼っている人と出会い，食べたら黒豚の倍のコクがあり，甘く，おいしかった。1 年後，茨城県の家畜改良センターから中ヨークシャーを導入することができた。屠畜場は当初の 2 年間は能代市だったが，閉鎖後は秋田県食肉流通公社である。開店の頃，同公社であなたの豚は違うと言われた。

93 年にガット・ウルグアイ・ラウンドが妥結して経営転換が迫られていると感じた。当時,ある講演会に出て「いま 2 万円の米価が近いうちに 1 万 6,000 円になり，将来は 1 万 2,000 円になるだろう。根拠は国際市場の基準であるタイ米が 3,000 円で，運賃，販売手数料を加味した価格だ」と聞いた。講演後の懇親会で，講師から「1 万 6,000 円時代はあっと言う間に来るよ」と言われ，なんとか対策を立てなければならないと決意した。

当時，経営を維持するには，水田の規模拡大，養豚の増頭が考えられた。水田は 10ha 以上，養豚は母豚 100 頭以上だろう。水田は，人望やつながりがないと集める目途が付かないし，ちょうど 97 年，自脱型コンバインが壊れたのを機に，トラクターと乾燥機も導入後 20 年を経過していたため，米の機械は更新せずに全面委託し，養豚一貫と豚肉加工販売に絞ることにした。養豚は，排水や匂いの問題で苦労したが，技術面でもメドが付いたから，飼育面は問題ないが，1 億の資金が必要だ。

「何をやっても苦労は同じだから，やりたいことをやりたい」と妻に言ったら，妻は「お父さん，私はソーセージを作ってみたい！」と言う。それなら,「製造は自分が責任を持つが，お客さん相手は苦手だから，お母さんが責任を持つんだったらやろう」と，初めて自分たち夫婦二人が一致してやりたいこととして加工販売事業を始めた。販売先のシナリオはないので，いつでも撤収できる状態でスタートを切った。

それはこういうことだ。加工・販売を経営の 1 部門として行くには工場と店を作らなければならないが，資金の準備はあったのだが，自信がないのでいくら投資したらよいのか分からない。そのため，できるだけ自分でやって投資額を極力下げることにし，工場と店の設計を，うまく行かなかったときには農作業場として使用できるようにした。開始後 1 年位経った時，妻から「せめて 1 日 5,000 円の売り上げがあればなあ」といわれたことがあった。

いつでもやめられる体制であったが，一方で他人に笑われるのが嫌でやめられなかった。恥ずかしがり屋なので看板をつくるのに3年位かかった。

どうして軌道に乗ったのかは無我夢中だったので記憶にないが，正直にお客さんに接し，一人一人の出会いを大切にしているうち少しずつよくなったように思う。開始して間もなく，秋田市のあるレストランから生ハムを作るから骨付きモモ肉2本を持ってきてくれという注文があった。それだけを秋田市まで配達するのはとても引き合う仕事ではなかったが，あえて引き受けた。その関係が定着して平成20年頃には年に800本にまでなって今日に至っている。この取引には量的にも助けられたが，そのレストランの生ハム塾の生徒さんをお客として紹介してもらうなどということもあった。平成28年現在は，そのレストランオーナーが田沢湖畔に立ちあげた会社の成功のために，自分が持っているノウハウは恩返しするつもりで一生懸命に提供している。なお，団体購入は，新婦人「秋田産直友の会」と能代市の「たまごの仲間」の2件がある。

また糞尿処理にはかなり早い時期から取組み，最近では，北見市の酪農家が購入する活性水を豚に飲ませ，臭気の軽減と尿処理をしている。また2004年施行の家畜排せつ物法に対応して大きめの堆肥舎を建設したため，十分な切り返し管理ができ，良質な堆肥ができる。でき上がった堆肥は近隣農家の畑向けに2t車6,000円で100％販売している。

長男（38歳）は県内の車で1時間足らずのところにあるS公社勤務で，自宅の仕事はしていない。長女は保育士で，日曜日には堆肥のかたづけに手伝い，いざというときは屠場まで1人で豚運びもするなど，ひととおりの仕事は出来る。次女は，ドイツで3年間修行して食肉ゲゼレを習得した珍しい女性として注目されたが，その後，縁あって結婚して滋賀県に在住し，現在もKa農場に定期的に技術指導で来訪する。このような状況のため，現在，はっきりとした家族経営としての後継世帯員は居ない。大規模にして儲けて雇用が期待できるということは，行政から見ればよいことである。一方，自分のような小規模では，雇用力は小さくても，面白く楽しくできればそれで良いと思っている。以前，わらび座（秋田県内陸の仙北市に本居を置く劇団）の方から「農業に後継者がいないのは，儲からないからではなく，面白くなく楽しくないからではないか」と聞いた。私はその通りだと思う。事業の面白さをしっかり理解する人なら，家族以外の事業継承もあり得ると考えている。

3）Sa氏（大仙市）－多品目野菜直売と修学旅行で農の魅力を直に伝える－

Sa氏（大仙市）は，多品目野菜直売と修学旅行受け入れ等で農の魅力を直に伝えている。

＜経営の考え方＞は，①Sa氏の住むM地区は河川の氾濫原に開けた川土混じりの透水性の良い沃畑に恵まれて幕藩時代から野菜場として知られるが，そこで培ってきた技を基盤に自家で採った種・苗を接木せずに移植することで飛び切り美味しい100を超す多品目の安全安心な野菜を作り，直売していること，②畑の基盤を作り，耕して播種し，栽培するのは経営主，細かい管理をしながら野菜を収穫して直売するのは奥様の仕事という分担が明確だが，直売の魅力は「自分で感じたことを顧客に直接伝えられること」と「現金収入があること」（奥様）にあること，③わらび座からの紹介・依頼をきっかけに30年以上前から修学旅行の中学生を受け入れ，農作業体験・宿泊体験をさせているが，本当にかわいく，素直な子供たちの反応や感想は自分たちの励みになるし，農業・農村の理解者に育っていってほしいと願って実行していること，などである。

＜経営概要＞は，畑3.6ha（自作地2，借地1.6）と田1.5ha（自作地）の農地を基本に，他にニンニク農家と貸したり借りたりしながら5～7年輪作を基準に畑地利用している。働き手は経営主（昭26年生），奥様，長男嫁（1直売店舗への出荷を担当），娘さん（近くのコンビニで働きながら自家農業も手伝う）の4人を主力に，長男がたまに手伝う。この長男は，足場を組むパーツ企業の従業員で，仕事が厳しく大変なので，当面は，あまり頼らないようにし，機械作業一切は夫の仕事，他の細かい仕事は女性たちの仕事としている。最近，同居している長男の嫁が子育てから解放されて野菜仕事に興味を示し始めた。そこで，2016年から3つある直売店舗の1つへの対応一切を通帳名義も含めて彼女に任せたところ，ますます野菜づくり・収穫・出荷に熱心になり，意欲が出てきた。現経営主夫婦は，それをうれしく，好ましいことと感じている。

作っている多品目野菜は，なす1,200本，オクラ2,000本，長ナス100本，トマト200本（施設），キウリ100本（施設）などであるが，露地モノは美味しいが雨で割れることや端境期を狙う意味もあって施設ハウス畑と露地畑の両方を使っている。それに，お盆（8月13〜16日）や大曲の花火大会（8月末の土曜日），あるいはあちこちの祭など「ハレの日」に欲しいものを合わせるのも野菜づくりの大事なところである。

他に，キャベツ3種，ブロッコリ3種，カリフラワー3種，ジャガイモ数種，インゲン（手アリ，手ナシ等），枝豆10種，山内ニンジン起源の松倉ニンジン，ゴボウも自家採取など，品目種類は文字通り100を超え，文字通り「百姓」状態である。接木で作るのが楽なのだが美味しくないので，自家採取・自家苗づくり・自家移植を基本にやっている。

野菜は，夜明け前「朝間の勝負」だ。初夏など，母さんたちは朝3時半に起床し，4時には畑に出て作業を開始し，早朝作業をし，また交流をするのだが，これが非常に大事で，いわゆる「三文の得」になっている。

松倉野菜は，秋田ではよく知られており，約50年前から秋田市民生協の共同購入を始めたし，直売していても「さすが松倉さんだ」とよく言われるほどだ。最近，枝豆の「湯上り娘」もモノが違うと評価を受けたが，それは自分の実感でもあり，畑栽培のものは水田転作で作ったものとは味が違う。また，直売は，販売経費がかからないからスーパーに出すより倍儲かることも魅力だが，直売の最も大事なところは「自分で感じたことをお客さんに伝えることができること」にある。一番よく伝わるのは漬け物だ。自分で作った野菜を自分で漬け，添加物など一切使っていないからどんな質問にも答えられ，自分が感想を言うと，消費者が共感してくれる。甘味料もザラメ・白砂糖，麹だけで，色付けするのも木の実やブドウ漬，梅酢漬などだけで，人工食品添加物を一切使っていないので，消費者は「懐かしい味だ！」と喜んでくれる。たとえば大曲組合病院の対面販売を水・金の週2回，コープの2店舗で週1回ずつやっているが，お客さんが待っていてくれる。漬物を試食してもらいながら自分の家のおいしい伏流水を持っていって淹れたお茶を飲んでもらいながら話をするのだが，この「がっこちゃっこ試食販売」がいつの間にか人生相談の場になり，おばあさんたちの聞き役になることもある。

長年続いている修学旅行の受け入れは，昨年は，5月，中学生72名（1日に10人前後×5～6回）が仙台から来たが，孫が中2の女子なので，しばらくは女子に限って受け入れていく予定である。

奥様の立場から＜経営の概史＞を振り返ってみよう。奥様のRさんは隣の協和町小種地区の出身で，父は11人兄弟，母は6人兄弟で「にぎやかなこと（どんちゃん騒ぎ）」の好きな家族のなかで育った。とくに三味線好きの父が，事情あってそれを手放して手持無沙汰にしていたことを知っていたので，Rさんは，就職初の冬のボーナスで大好きな父に三味線をプレゼントした。相当に喜んでくれていたようだ。

結婚で松倉に来て初めて本格的な野菜づくりを知ることになったが，「野菜がこんなにおいしいものだということに嫁に来て初めて知った」。松倉地区は昔から秋田城下で響いていた野菜どころで，江戸後半期の紀行家，菅江真澄の記録にも登場する。松倉地区は，1609年の佐竹氏入部後，雄物川の支流玉川流域を開拓された土地であるが，「水波女（みずはのめ）神社」の謂れにもある通り洪水の平定に苦労してきたところだ。ところが水利が安定すると，川土の混じった透水性のある沃土は良質の野菜生産に適するところとなり，秋田城下に向けた産地が形成されることとなったのだが，R氏は嫁に来て初めてそのすごさを知ることとなった。

もう1つこの家に来て学んだのは，市場に出すと二束三文にしかならないものでも，リヤカーで引き売りすると，捨てるところがほとんどなくなり，「もったいない」と買ってもらえることことだった。嫁に来て数年経ったある秋に，郷里の協和町にトラック一杯の野菜を売りに行ったことがあるが，後述するようにRさんの「口塩梅」も効いたのか，持って行った越冬野菜を全部売り切ったことがある。自信になった。

Rさんは，高卒後に日本食堂に就職した。そこでの経験が「自分の販売力の基盤」になっていると感じている。まず，採用面接のとき，Rさんは，「自分にはこれといった取り柄はないが，何にでも一生懸命取り組んで必ず御社に必要なものを身に付けて役に立ちたい」と言い，面接担当の上司の目に留まり採用された。「役に立つものを身に付けたい」というのはうそ偽りのない自分の本当の気持ちだった。入社1年目の夏，早速「サマーセール販売競争」に参加して秋田県で1位，全国で3位になった。秋田支社では初めてのことだと言われた。そのご褒美に，1カ月間，東京は品川営業所で働く機会が与えられた。当時の日本食堂は，「宝塚か日本食堂か」と噂されるくらい，礼儀作法，生活態度に厳しいところだった。この間の社内営業での勤め1年，食堂車営業での勤め2年の経験からRさんは，「自分に自信が生まれ，目標を持つことの大切さ」を知らされた。Rさんの接客や仕事へのあくまで楽しく前向きな姿勢は，若いころからのこうした真摯でプロフェッショナルな努力と経験に裏打ちされている。なお，子供の頃のRさんは，にぎやかな家庭環境の中でバスガイドか民謡歌手になりたいと思っていたが，いまは，地域の祭りなどで得意の歌を披露する＜場＞にしばしば引っ張り出され，自分も積極的に要望に応えて楽しんでいる。

以上のような経験から，Rさんは，家族経営を元気にするのに一番大切なことは「自分からやること」ではないかと言う。たくさんのことではなく，1つのことがよくやれるようになれば，若い人でも年を取った人でも誰だって，自信が出てくるからだ。

元気を出すのに活きてくるのが，近くの人たちや全国の方々との「濃密につながる関係」，Rさんにとって，長い間に作り上げてきたとくに大切な“類は友を呼ぶ”関係である。Rさんは，農民運動団体の女性部や女性の人権と平和を守る婦人運動団体に参加する中で，全国に幅広い信頼できる仲間ができ，様々な連携を作り上げてきた。全国規模のまつりにも毎年3日間出店してお客さんが付き，7年目にしてまた出会ったことがある。お互いに「行き合ったー！宝だ！」と喜びあった。最近では，国産食材に徹底的にこだわって農民団体のコメを積極的に購入している「ギョーザ・チェーン」の社長一行が，大曲花火のときにSa家に宿泊して交流を深めた。Saさんはこれを「類は友を呼ぶ」関係と呼ぶが，その深まりには限界はないのである。

4）小括

以上の生業的家族農業経営の3事例には，実践の内容や経営・社会への向き合い方にいくつかの共通点が見いだされる。表3-4は，マーケティング・ミックスの考え方を援用して作成したものである。

同表では，供給者からの視点（4P）と顧客からの視点（4C）の対応を「＝」で表し，①生産物＝顧客にとっての価値（Product=Consumer Value），②価格＝顧客にとってのコスト（Price=Cost to the Consumer），③流通＝顧客にとっての便利さ（Place=Convenience），④販促＝対話（Promotion=Communication）の4

表3-4　事例経営におけるマーケティング・ミックスの様相（4P＝4C）

事例経営	Su氏（大仙市）	Ka氏（三種町）	Sa氏（大仙市）
事業概要	米（主食・酒米）・餅米・古代米の生産販売	こだわりの養豚・精肉・加工販売で安全・安心を	多品目野菜直売と修学旅行で農の魅力直伝
Ⅰ　生産物＝顧客にとっての価値[注)	粘り土の田にコヌカ，EMケイフン，疎植のこだわりの米づくり＝おいしく，安全安心なお米	希少「中ヨークシャー」交雑のオリジナル豚，尻尾不切断飼育，ドイツ伝統の手造りハム類，自生桜で薫り高い燻製（自ら試食開発）＝おいしく安全・安心な個性的肉製品	川土混じりの透水性の良い沃畑，自家で採種・苗・移植（接木無）の多品目野菜＝おいしく，安全安心な野菜
Ⅱ　価格＝顧客にとってのコスト	採算米価は1.5万円/60kg（㌔250円）＝首都圏への販売基準＋運送料972円/30kg（㌔32円）	生肉は競争的＝良質肉安価入手の顧客メリット。加工品高評価で経営安定化。	市場やスーパーの価格プラスアルファ＝安全・安心・新鮮な地物を手軽に入手できる
Ⅲ　流通＝顧客にとっての便利さ	午後5時まで注文・即直送（悩みは注文に応えられない量限定13.5ha・800俵）＝注文・代金回収トラブル無・復帰	①養豚（母豚35頭，育成含肉豚300頭，全頭自家育成），②販売金額約5千万円（肉豚＝農協265頭約1千万，自販精肉加工231頭約4千万（レストラン，店頭直売，老人ホーム，消費者団体等）注文・代金回収ﾄﾗﾌﾞﾙ無	畑3.6ha・田1.5haで100種以上を50年前から生協，対面販売，盆・祭り等に合わせ（直売は販売経費なく，自分で感じたホントのことが伝えられる）＝新鮮なものを安く情報付きで買える
Ⅳ　販促＝対話	昔の労組仲間や足で開拓した知人で皆知り合い＝安心して頼める	直接販促，知人や顧客，農民運動仲間の紹介，流通コスト発生避ける程度に規模抑制＝安心して頼める	対面の「がっこちゃっこ（試食飲茶トーク）販売」，次世代教育＝評判の産物を活きた情報付きで手に入れられる

資料：面接調査（2016.8）等から作成。
注：「Ⅰ　生産物＝顧客にとっての価値」はProduct=Consumer Value,「Ⅱ　価格＝顧客にとってのコスト」はPrice=Cost to the Consumer,「Ⅲ　流通＝顧客にとっての便利さ」はPlace=Convenience,「Ⅳ　販促＝対話」はPromotion=Communicationの意味。供給者視点と顧客視点は「＝」で対応させて表現した。

側面から捉えた。その結果，さしあたり次の2点が指摘できる。

第1は，安全安心で美味しい「こだわり」のものを丁寧に作る姿勢が貫かれ，それが商品として高評価に結びついている点である。それは，粘り土の田んぼ特性を活かしてコヌカやEMケイフンなどの有機質投入等による米づくりのSu氏，自家交雑種豚の自然的飼育と加工技術もドイツ伝統に桜直火式などを加味したKa氏，河川氾濫原の川土混じりの高透水の沃畑で自家採種野菜を無接木で移植し，旬を追求するSa氏など多彩かつ個性的であるが，立地を活かし，妥協のないプロ意識を貫いている点で共通している。

第2は，作ったものを，身の回りの関係を活かしたり新たに開発したりして，直売を中心に多元的に販売する方法を創り上げている点である。それは，知人，労組運動で培った友人などのつながりを活かした全国的な注文直売にJA出荷も組み合わせるSu氏，商品（製品）を評価してくれるレストラン，消費者団体への直売，店舗等での販売も組み合わせるKa氏，妻が若い頃から磨いてきた技能を活かした対面販売をテコとして直売，直売所，生協等で多元的に販売するSa氏など多様であるが，こだわりの作り方を基盤に，各々の生活人同士の濃厚なつながり（関係性）をフル活用したマーケティングの展開と多元的販売の努力によって家族経営の安定を実現している。

だが，自ら作って自ら販売することは望ましいことであるとしても，通常の家族経営で実現することは容易ではなく，販売面で制約に直面することが多い。また，商品の評判が良いことは望ましいことだが，個別対応では顧客の要望に応え切れない悩みがあるなど（Su氏の例），量的な制約性の問題がある。さらに言えば，現在，60歳代に達している事例経営では，たとえばKa氏が米を基盤に豚を，豚を基盤に加工部門を導入し，Su氏が運転手として農外収入を得て水田を買い増してきたように，自己蓄積を基本に経営展開を遂げてきた。だが，昨今，米価・農産物価格等の下落と生産資材の高騰，労賃水準の低迷下の農村にあって，生活基盤を確保しつつ経営課題に取り組む足掛かりを得ることは容易なことではない。

こうした状況を打開するには2つの方途が考えられる。1つには，外部資金等の導入により急速に規模を拡大して企業的経営に展開していこうとすること，もう1つには，似たような家族経営が集まって商品力や販売力，資金力等の不足を補い，顧客の要望に応えていこうとすること，いわば企業形態的打破と家族経営集積的打破の2つの方向である。生業的家族農業経営の3事例の関心も，そしてその存立構造の解明を目的とする本稿の焦点は，当然，後者にある。そこで次節では，その条件を拡充しようとする2つの直売への取り組み事例を素材として農産物の販売領域の拡充方策を探っていくことにする。

3．農産物の販売領域の拡充方策

1）生業的家族農業経営の補完補合組織の概要[2)]

顧客創造こそがマーケティングの要諦である[3)]とすれば，それに応えていくためには，①顧客需要の変化を予測して開拓・喚起し，②それを見越して自分たちの生産・供給体制を再整備・リニューアルして，③両者を適合・調整させていくことが求められる。あえて言えば，常にマーケティングを徹底し，それに応じてイノベーションを起こし，両者が適合・調整できるようにマネジメントしていくことが求められているのである。そうしたことを念頭に，ここでは，生業的家族農業経営が自らの弱点を補完し，一緒に活動し，補い合うことで一段上の力を発揮し，存立の条件を強化することができる補完補合的な存在として農産物販売組織を取り上げていく。

表3-5は，秋田県における2つの農産物等販売会社事例の概要を示したものである。Yは女性グループが運営する常設設置直売所として出発した組織の充実を図る中で組織自体を株式会社化し，Rは当初から農産物等の販売専門の株式会社として発足・展開してきたものであるが，双方とも，上述の2点の実現に並々ならない気迫で取り組み，その結果，生業的家族農業経営の補完補合する機能とともに，それぞれの地域にいまや欠かせない賑わいと交流のスポットを作り上げてきたのである。

表 3-5　秋田県における農産物直売会社事例の概要

	株式会社Y（大館市）	株式会社R（横手市）
事業・活動の概要	①2001年女性88名会員で常設直売所任意組織として発足，15年株式会社化して事業拡充し，後継者づくり等 ②直売所（果物・野菜・加工品）・食堂・宅配・体験の4本柱で事業拡大し，15年約2億3,000万円（会員78名） ③正規雇用10名・非正規雇用10名，若妻時間雇用10名で会員の当番出役を軽減し，生産事業に労力投入	①2007年開設の道の駅のレストラン，お土産品販売部門，産直部門の運営会社組織として発足 ②直売部門は果物・野菜・加工品5千種を越す品揃えで事業拡大し，15年約4億4,000万円（会員258名） ③正規雇用9名・非正規雇用（社保）2名・アルバイト9名プラスαで販売専門会社を運営し，会社買上の出張販売も
マーケティングの考え方	お客さまの声をよく聞いて自分たちが作り，売る	いつも面白く笑顔でお客さまを忘れてはならない
①生産物＝顧客価値	作り方厳守・個人2カゴ・会員間競争＝顧客選択できる	作り方厳守・個人名・会員間競争＝顧客選択できる
②価格＝顧客コスト	ご飯食べられる価格を出荷者が設定＝顧客判断	出荷者が自分で設定＝顧客判断
③流通＝顧客便宜	店頭，宅配，ネット等＝顧客選択	店頭，出張販売，ネット等＝顧客選択
④販促＝顧客対話	直接対話，新聞・ネット発信，ポップ，野菜ソムリエ，顧客モニター，各種フェアへの積極参加等	搬入時の生産者・顧客との直接対話，ポップ，野菜ソムリエ，員の間接説明，出張販売時の会員同行

資料：面接調査（2015.12）およびシンポジウム（2016.2）における発言から作成。

2）補完補合組織の諸機能

具体的には，Y社が「お客さまの声をよく聞いて自分たちが作り，売る」，R社が「お客さまを忘れてはならない。いつも面白く笑顔で」と顧客本位を銘記して活動し，直近の2015年度にはこれまでの最高の売上額，1会員当たりYが約295万円，Rが約167万円を達成した。双方のマーケティングにおいては，①生産者名を明示した個人認証の生産物・製品を顧客が選択，②生産者・出荷者が自分で価格を設定し，顧客が選択，③店頭販売を基本とした多元販売，④生産者と顧客が直接対話，ポップや野菜ソムリエ等の活用などで共通しているが，③と④の販売やコミュニケーションの局面において異なるところもある。つまり，R社が販売会社の利点を生かして生産者と顧客の間で販売社員が介在して間接説明したりクレーム対応したりすることに加え，地元の人口減少傾向を踏まえた顧客創造方策として東京，仙台，秋田などへの出張販売を出品の会社買取方式で展開し，会員の一部も同行して直接に顧客の声に接するなどしている。これに対して，Y 社は高齢者宅へのきめ細かな宅配や地元新聞やネット等を活用した情報発信や体験教室，さらには年に 2 度の顧客モニターの意見を聞く会開催など多彩で多面的な活動が特徴で，法人化を機にさらなる充実を検討している。このように各種の顧客の需要を発見し，それを新たな事業や従来事業をリニューアルして実現してきたのである。

また，こうした活動が販売リスクの軽減に果たす貢献も見逃せない大きなポイントの 1 つである。具体的に言えばモノの販売には売れ残りの発生が避けられないが，その損失を特定個人の責任で処理するのではなく，多数の会員がそれをシェアして軽減することができるからである。つまり多数の会員が原価買取で販売リスクをシェアしたり，あるいは会社組織が予め買い上げて売れ残りを量販店等に安価に販売するなどして供給調整し，生産者のリスク・ヘッジを図ることなどである。

小農家が集合することから発生する力は，こうしたリスク・ヘッジ力に加えて，実際に 5,000 品目以上を集める R の例にも明らかなように多種多様な作目や品目を供給可能な小農家の集合による品ぞろえ（商品）の力をはじめ，発信力・アピール力，販売力，そして資金力さえ高める可能性がある。

さらには，農家の後継者の発生・定着を促し，支える力にもなり得る。Y では，就農し立ての若い後継者グループに売り場を提供して販売実践を学ぶ機会や体験教室を若い男女の出会いの場として「婚活」を支援するなどし，実際にも法人化を契機に会員メンバーの世代交代が進み，20 代 3 名，60 代 1 名の計 4 名が生まれた。R では，いえの後継者が「いる・いない」が，会員全体で「40％・60％」，売上高 300 万円以上で「70％・30％」，売上高 500 万円以上で「100％・0％」で，直売の中心メンバーほど後継者がいる傾向にある。そして父母世代のリタイアや後継者の退職などを機に参入する例が多いが，どんな年齢層の人にも仕事があるのが家族農業の強みである。一方，R に多い兼業に力点を置く会員も地域の重要な担い手であり，会社の売上を増やす戦力と位置づけている。

3）小括

以上のように上述の販売会社は，生業的家族農業経営群の“家族経営の思い＝理念”を補完補合する機能を持とうとし，実際に持ち得ていることに注目される。そこに共通する“思い”は，“自分らが作ったものを消費者に届けて喜んでもらう”という点に集約され，関係者はそのことをしばしば『面白い農業』と表現する。それにより「自分らが丹精込め，様々な自然リスクを乗り越え作ったものをお客さんと相対する中で評価され，その対価としてお金が得られること」を指しているのである。

このように，事例で見た販売会社などは，生業的家族農業経営群の補完補合組織として有力であり，かつ家族経営群の手が届き，心を通い合わせることができる存在である。今後，各地の諸条件に適合した多様な販売会社が追求されていくことに期待されるが，同時に，その機能が諸制約を持ち，たとえば直売方式中心と相俟って第三者認証などへの取り組みが今後の課題であるなど，さらなる開発が必要である。

そこで次節では，生業的家族農業経営存立の基盤となっている条件を検討し，打開の手がかりを考察していくこととする。

4．生業的家族農業経営存立の基盤条件

1）生業的家族農業経営と国連の家族農業重視の呼応性

本稿で対象とした秋田県では，農家の分化分解が極めて激しく進行しているが，その一方で 2000 年代に入って政策対応型の集落営農等組織経営体が急速に増えたとはいえ，依然として中規模層の構成比率が高い個別経営によって太宗を占められているのが特徴である。

その個別経営のうち企業的展開を目論まない生業的家族農業経営の事例を取り上げて考察した結果，生産活動だけでなく関係性をフルに活かした販売・マーケティング活動を駆使することによりそれが存立可能（viable）な存在たり得ていることが確認できた。その場合，改めて注目しておきたいのは

各経営のメンバーの経営内外の事柄への姿勢といったものについてである。それぞれが，生産拡大主義や企業主義的な方向には乗ろうとせずにむしろ抵抗を経験し，似たような志向を持つ仲間や消費生活者と「新しい親戚関係」のようにつながろうとしてきた。その志向は，Ka 経営が妻の決心から豚肉の加工販売部門への進出と夫婦間で分担関係を決め，Sa 経営が妻の接客能力を活かした対面販売と夫の野良での機械作業等一切を組み合わせるといったように，夫婦間や家族内でも貫かれる傾向がある。すなわち生業的家族経営は，漫然と生業的であり得るのではなく，抵抗し，戦い，生活者同士で濃厚な関係を作ってつながり，家族内でも民主主義，平等主義を貫くことによって初めて「強い農業」として存立し得ているのではないかと考えられるのである。さらに言えば，その忙しい日常の時間を割いて，Sa 氏の妻が地域の各種イベントで持ち前のノドを披露して地域のアイドルになっているように，地域のゆとりを作る文化活動にも貢献しているのである。

もっとも，こうした事例は，生業的家族農業経営において単独で広く成り立つことを想定するには，とくに販売・マーケティング活動において無理がある。そこで，その点を補完補合する組織事例を取り上げてその活動の役割を考察した。その結果，こうした生業的家族農業経営群とその補完補合組織が噛み合って発揮される諸力は，いわゆる稲作農業地帯でも果樹・野菜等への取り組みによる複合化が進んでいるところで現れており，そうした地域に希望を与える 1 つの流れとして注目される。

こうした動きの意義は決して小さくはないように思われる。そのことを広く世界の農業に通底するものがあることを改めてわれわれに広く認識させるきっかけになったのが 2014 年の国連による国際家族農業年への取り組みであった。専門家ハイレベル・パネルが取りまとめた報告書[4)]によると，各国の農業構造自体が大きく異なるものであるため，取り上げる家族農業（family farming）あるいは小規模経営（smallholder farming）を一律の規模基準等で定義することは困難である。が，小規模経営は，①単一または複数の家族によって営まれ，主に家族労働で経営される，②保有資源には限界があり，持続可能な生活を営むには高水準の総要素生産性が必要である，③農外活動からの収入依存が高く，経営安定に寄与している，④生産・消費両面の経済単位で，労働力の供給源ともなっている[5]。

FAO 世界農業センサス 81 カ国の農地面積規模別経営体構成データによると，経営耕地面積 1ha 未満の農家数は全体の 73%，2ha 未満の農家数は 85%を占め，アジアさらにはアフリカの影響が大きい。これに対して 2～10ha の農家数は 12.2%，2～20ha の農家数は 13.6%のシェアで，第 1 節でみたわが国の規模別構成は，全国 18.3%，19.9%，東北地域の 30.0%，32.5%，秋田の 36.3%，39.9%と世界平均を大きく上回り，わが国とくに東北地域，秋田県ではむしろ，その「中規模性」にこそ特色が見いだされるように思われる。

さらに同報告書によれば，そうした小規模経営は，①耕作可能農地 10%で世界の食料の 20%を生産するという高い土地生産性によって食料供給に果たす役割，②他の就業機会が困難な女性・高齢者などを含めた雇用吸収力に果たす社会的役割，③食料の自給・互酬による食料危機等の市場リスク，農村出身者の都市での失職リスク，収入の多様性とくに農外所得による収入リスクなどの安定性の高さ，④専門特化農業システムでの化学肥料，農薬の集約的使用，家畜の集約的飼養による生態系不均衡に対する生物多様性の保存，在来種保護等，環境面で果たす役割，⑤多くの地域で芸術，音楽，踊り，口承文学，建築などバラエティに富んだ文化的遺産の継承など社会的・文化的に重要な役割を果たしてきたなど，多面的な価値を持つものと位置づけられている[6]。

これらの諸点のほとんどは，これまでの経済発展の中でわが国の中小規模の農業経営群が果たしてきた役割と重なり，呼応し合っていると言えよう。そうであるとすれば，後進資本主義国ながら先進国の仲間入りしたわが国に今後期待されてくるのは，世界の平均から見れば“中規模性”が顕わになりつつあるその家族農業経営群がいかにしてそれらの諸機能を持つ役割を保持し発展させ，1 つの希望あるモデルとして先駆的な役割を果たしていくことではないであろうか。

2）生業的家族農業経営の自主性にもとづく農業・農村政策へ

本稿では，いくつかの事例の端緒的な分析にもとづいてスケッチを試みたのだが，こうした生業的家族農業経営群とその補完補合組織の連携関係を拡充していくことが地域農業を強靭かつ魅力的なものにし，ひいては農村の安定的な発展に寄与し，国際的な課題にも寄与していくことになるものと考えられる。

ところが，そうした経営群がさしあたり直面しているのは，TPP への対応方策として現政権が打ち出した 2018（平成 30）年度からの米の生産調整と直接交付金の廃止という日本政府の方針である。この廃止されようとしている制度は 2010 年度から民主党政権によって導入され，生産調整の実施者に対して 10a 当たり 1 万 5,000 円（現政権の方針変更により 2014 年度から半額の 7,500 円）を直接交付するもので，米需給の引き締めと採算割れの緩和に一定の効果が認められたものであった。

この現政権の方針が顕わになった 2014 年 1 月に秋田県が認定農業者を対象に実施したアンケート結果によると，2,184 名の回答者全体の平均では「生産調整の廃止」には反対 50.9％・賛成 19.1％，10ha 以上では「生産調整の廃止」には反対 57.4％・賛成 18.3％，「直接支払い交付金の廃止」には反対 74.3％・賛成 7.6％だが，10ha 以上では反対 78.3％・賛成 7.2％と，反対が賛成を圧倒しており，規模が大きくなるほどそれが目立つ。おそらく水稲地帯なら全国どこで実施しても似たような結果となるであろう。

2013 年 6 月 14 日，日本政府は「日本再興戦略」を閣議決定した[7)]。これによると，今後 10 年で全農地面積の 8 割を「担い手」に集積し，その担い手のコメの生産コストを現状の全国平均比で 4 割削減し，法人経営体数 5 万法人をめざすという。仮にわが国の農地面積の 455 万 ha（2012 年）の 8 割が 5 万の法人経営体に集積されるとして試算すると，1 法人経営体当たり平均約 73ha，4 割削減の 60kg 当たり全算入生産費は約 9,600 円（1kg 当たり 160 円）という勘定になる。そしてそれらの担い手経営たちを加えてバリュー・チェーンを形成し，輸出拡大を大々的に進めるという。

上述の国連の報告書は「日本語版への序文」で次のように指摘する。「日本は，小規模農業部門の経験を諸外国に提供できる存在である」一方，「低い食料自給率と農業部門の高い高齢化率において，日本が置かれている状況は突出している」。ところが，「日本の為政者たちは，農地の集約化と規模拡大に向けた構造改革をより徹底し，企業の農業生産への参入を促進するための規制緩和を行」おうとしている。それによって「国民に対して十分な食料，雇用，および生計を提供できるのだろうか」と，上記の構造改革路線に強い疑問を投げかけている[8)]。

世界の総人口が増加する中で人類が食料の不足から免れ，かつ天然資源を保全していくには，その屋台骨を担ってきた小規模家族農業の持続的発展を強化すること，世界においてはそのための投資喚起が肝要だというのが「国際家族農業年」の趣旨であり，日本政府の為政者の構造改革と企業化路線はこれに反するという指摘である。確かに，上述の「戦略」文書以来，2016 年 11 月 29 日の改訂版「農林水産業・地域の活力創造プラン」まで，矢継ぎ早に出される「官邸農政文書」の中で食料自給率に触れられたことはなく，上述の目標値も食料自給基盤と関連付けて示されたことはない。

だが，わが国の食料自給率が 39％であるというのは，隠しようのない直面する現実である。食料自給率目標は，もともと食料・農業・農村基本法が国会に上程されたときには国の原案にはなかった。それを，国会が，国民生活における重要性に鑑みて審議を通じて実現させたものであった。その結果，国として掲げた自給率目標を実現したことは，旧農業基本法時代を含めて一度もないが，食料・農業・農村基本法に規定されているがゆえに国の食料・農業・農村基本計画として明示し，実現を追求しなければならない。それを掲げるのが政治的に自らに不利や不都合があるからとして無視し続けることは，「ポスト真実」[9)] という作意的な行為に加担することになりかねない。

いま，必要なのは，本稿で取り上げてきた生業的家族農業経営やその補完補合組織などの持つ多面的な役割[10)] をしっかりと評価し，その自主性にもとづく農業・農村政策に歩を進めることであろう。そのためには，「強い農林水産業」と「美しく活力ある農山漁村」を表裏一体で進めていく[11)] として構造政策に地域政策を吸収してしまうのではなく，「美しく活力ある農山漁村」それ自体をどう実現していくか，地域に即した政策の具体的な展開が必要である。その基礎となるのは，自給率を上げるために必要な農産物の価格・所得を明確に補償していく政策への転換，諸政策を農業者・農民に即したものに組み替えていくこと，すなわち農業・農村政策の農民化である。

注

1）秋田県農村問題研究会会誌第77号，2017年3月，pp.52-83。
2）大日本農会秋田支会『秋田の農業をどう拓くか』2017年2月，pp.235-270。
3）P.F.ドラッカー『現代の経営』1975，ダイヤモンド社。
4）国連世界食料保障委員会専門家ハイレベル・パネル『人口・食料・資源・環境：家族農業が世界の未来を拓く一食料保障のための小規模農業への投資』（家族農業研究会/農林中金総合研究所共訳）2014，pp.20-21，pp.43-46，農文協。
5）原耕平「2014 国際家族農業年―今問われる「家族農業」の価値―」『農林金融』2014・1，pp.53-59。
6）国連『同上書』，原耕平「同上論文」。
7）www.kantei.go.jp/jp/singi/keizaisaisei/pdf/saikou_jpn.pdf
8）国連『同上書』。
9）www.bbc.com/japanese/38009790（2016年11月17日）
10）生業的家族農業経営やその補完補合組織などの持つ多面的な役割とは，国連「同上書」に挙げられているように，食料供給・自給貢献力，雇用吸収力力等，市場リスク・失職リスク・収入リスク対応力，生物多様性保存・在来種保護等の環境面の力，地域での芸術，音楽，踊り，口承文学，建築などバラエティに富んだ文化的遺産の継承の力などに及ぶ。
11）改訂版『農林水産業・地域の活力創造プラン』（注7の最新版，2016年11月29日）による。

第Ⅱ部　担い手育成の挑戦

第４章　JAによる担い手経営体支援の現状と今後の対応方策　－秋田県を事例に－

椿　真一

第１節　はじめに

米政策改革大綱にもとづき2004年から措置された「担い手経営安定対策」に始まる，一定規模以上の認定農業者や集落営農組織を対象とする担い手対策は，2007年の品目横断的経営安定対策にも引き継がれた。2009年夏の衆議院総選挙で自民党が敗北し民主党政権になった下では戸別所得補償制度が開始され，規模要件や経営体要件が課されなくなったが，2012年に自民党が政権復帰するや，2015年の経営所得安定対策の見直しにおいて，規模要件は設けなかったものの，経営体要件（認定農業者，集落営農組織，認定新規就農者）は課しており，所得対策の対象を選別するという仕組みがあらためて打ち出された。担い手対策においては，選別の程度は弱まったものの，政策対象を限定するという政策に逆戻りしたことになる。

国の農業政策が対象を絞ることは，他方でその対策から外れる経営体がでてくることを意味する。政策の対象から外れることになるのは主として兼業農家や副業的農家であるが，そうした農家であっても農外所得の停滞・低迷に直面しており，農業所得なしには生活できない層の存在が地域的なかたよりをもちつつ，少なからず存在してきた。

協同組合は，民主主義による事業運営や活動を通じて，経済的・社会的な側面で，組合員の生産と生活を向上させる役割を担っており，地域社会の持続可能な発展に努めることもその原則に含まれている。対象選別的政策に対してJAとしては，農業政策の対象から外れる農家を組織化して，こうした経営体も何とか所得対策の対象となるべく対応をとる必要があり，これらを取り込んだ集落営農組織を育成することが求められた。2006年10月に開催された第24回JA全国大会の大会決議でも「担い手づくり・支援を軸とした地域農業振興」を目指すこととした。これにより品目横断的経営安定対策の対象となるべく「集落営農フィーバー」[1]となって設立が相次いだ。全国の集落営農組織は2005年で1万63組織が2015年には1万4,853組織となった。この間，もっとも増えたのは東北である。品目横断的経営安定対策から外れることの危機感から，東北でJAによる担い手づくりが積極的に取り組まれた。西川（2010）は，東北をはじめ急速に集落営農の組織化が進んだ地域における集落営農組織は，資材購買や販売委託などでJAの利用割合が高いことから，JAとの密接な関係の中で組織化が進められたことがうかがえると指摘している。

近年では，品目横断的経営安定対策をうけて設立された集落営農組織が法人化する事例も増えている。安藤（2016）は集落営農法人と集落営農組織を比較し，法人経営の方が補助金への依存度が低く，農業所得もプラスを維持しており，集落営農の法人化を推進する必要性を指摘している[2]。集落営農組織の法人化支援について，李（2014）はJAによる集落営農組織の法人化支援の実態と課題を明らかにしている[3]。しかし，支援の内容はJA出資による法人化支援の取り組みにとどまっている。JAによる法人化支援はJAによる出資支援にとどまらないと考える。また，法人化支援だけではなく，法人化した後の支援もあると考える。

そこで本稿では，秋田県を事例に品目横断的経営安定対策を契機として数多く設立された集落営農組織に対するJAの支援の現状と課題を明らかにする。そこから析出された課題に対して，JAとしてどのような対応が求められるのかを考察し，新たな局面に対応したJAの担い手育成・経営支援の条件やその方法を明らかにする。

秋田県を対象とするのは，秋田県では品目横断的経営安定対策を契機に，JA支援のもと数多くの集落営農組織が設立され，その後全国や東北を上回る勢いで法人化が進んでおり，JAによる法人化支援および法人支援の取り組みが進んでいると考えられるからである。

研究方法は第1に，JA秋田中央会の担い手支援の取り組みを2007年の品目横断的経営安定対策以降，時系列を追って明らかにする。

第2に，JA秋田中央会の担い手支援方針を積極的に採用しているJA秋田しんせいを事例に，JA段階での担い手支援を確認する。

第3に，JAの支援を受けて組織化した集落営農組織が，その後法人化まで至った2つの法人への聞き取り調査から，JA秋田しんせいの具体的な担い手支援の実態と効果を明らかにし，今後のJAによる担い手支援の課題を考察する。

第2節　JA秋田中央会による担い手支援

1．集落営農を中心とした担い手づくり

秋田県では個別農家の規模拡大は困難という状況の中で，農業からの撤退が容易ではない比較的規模の大きい兼業農家が広範に滞留していたため，担い手が絞れないでいた。その結果，個別に品目横断的経営安定対策（以下，経営安定対策）への加入条件である経営面積4ha以上という敷居を越えられない農家が多かったが（2005年農林業センサスでは4ha以上の販売農家は8.3%），他方で集落営農組織も少なかった（2005年で335組織）。そのため，多くの農家が経営安定対策から外れるという事態が想定され，地域農業を維持していくことへの危機感があった。こうしたことから，秋田県，JAグループ，市町村が一体となって集落営農の組織化を推進することとなった。とりわけJAグループ秋田では，経営安定対策に対応するために，2006年度に「集落型経営体等育成運動」を展開し，集落営農組織を中心とした担い手づくりを展開してきた。

まず，集落営農組織の運営・会計事務支援として，専門支援部署の設置と専任担当職員を各JAに配置させ，独自に開発した経理支援ソフト「一元」を有償提供（1つ5,000円弱）して会計事務支援や，経営安定対策の加入に係る事務を代行する体制を整えた。

次に2006年と07年の2カ年間にわたって，全農秋田県本部の職員8名を地域振興局単位でその地域で最も規模の大きいJAに出向させ，JAと秋田県中央会とのパイプ役として連絡調整と進捗管理を行わせた。

さらに2006年度は「担い手育成支援対策事業」として1億1,000万円を用意した。同事業は，①JAへの支援対策（5,000万円）と②集落営農組織への支援対策（6,000万円）とに大別される。①JAへの支援対策として，水田生産基盤流通対策支援事業に4,700万円，担い手育成に向けた地域の人材活用支援事業に300万円の事業費を設けた。前者は多様な担い手育成事業（事業費4,000万円）と営農指導機能強化事業（同700万円）があり，集落営農の組織化を推進するためにJAの支援体制を整備するための助成である。後者は 集落営農を組織化するための指導的人材の活用や養成にかかわる費用の負担助成である。②集落営農組織への支援対策は，集落型経営体等組織化促進支援事業に5,000万円，大規模経営体等支援事業に1,000万円を確保した。前者は集落営農組織を新たに立ち上げ，集落ビジョンの策定や経営安定対策に加入した場合につき，当該組織に運営費の一部として 10 万円を助成するものである。後者は，経営面積が200ha以上で経営安定対策に加入し，かつJA出荷する組織に対して200万円を助成するものである。

こうして秋田県では集落営農組織が2005年に335組織だったものが07年には526組織となり，経営安定対策には483組織（91.8％）が加入することとなった。ただし，92.4％が任意組織であり，今後は5年以内に法人化できるかが課題であった。また，政策要件に対応することが優先されたため，実態は個々の農家が経理のみを一元化した枝番管理型の集落営農組織が多かった。

2．集落営農組織の法人化支援

経営安定対策の加入要件である5年以内に法人化を図る必要があったこと，個々の農家が経理のみを一元化した枝番管理型の組織から，作業共同化に取り組む組織への移行が求められたこと，および集落営農の経営体質を強化することが課題となったため，2007年度から3年間は「集落営農法人化等育成強化運動」を展開している。

法人化の育成目標の設定などの具体的な推進計画を策定し，法人化支援のためJA出資などを含めた事業方式や目標達成に向けた戦略づくりを行った。また，法人化対応に向けたより高度な相談機能が求められるとして，専門指導員の養成等担い手育成部署の設置と，JA職員集落担当制やJA職員OB活用による集落営農アドバイザー制の導入を図った。また本所，支所，営農センター間および管理・経済・信用等部署横断的連携体制を強化し，法人化支援の総合的相談活動や事業方式を整備した。

さらに2008年から2011年まで「集落型経営体の法人化促進に向けたモデル経営体等指導・支援事業」を行った。モデルとなるJA・経営体を設定し，当該JAとJA秋田中央会が連携を図りつつ，自立できる法人育成に向けた指導・支援を集中的に行うことが目的である。この事業を推進する過程で蓄積したノウハウを活用し，他の集落営農組織の法人化を加速させることも目的とした。具体的な取り組みは，①モデル経営体実態調査，②事業実施JA担当者会議の開催，③事業実施JA担当者・モデル経営体リーダー研修会の開催，④事例集のとりまとめ，である。モデル経営体の指導のために各JAに対し，事業推進費として単年度50万円を助成した。このモデル事業は2008年度に2JA2組織，2009年度は3JA3組織，2010年度は3JA3組織，2011年度は2JA2組織に対して実施され，現在までに8組織が法人化している。

ところで，2007年に設立された集落営農組織は2012年までに法人化する目標であったため，JA秋田中央会としては2012年を集落営農組織の法人化支援の1つの区切りとし，これ以降は法人組織への経営改善提案といった法人支援に支援内容をシフトしていった。

3．農業経営支援の取り組み

JA秋田中央会は，担い手の経営改善または安定経営にむけて，農業経営データや関連情報をもとに個々の実情に応じた支援を展開することを目指した「担い手の農業経営支援」の方針を2011年に定めた。担い手が安定経営を継続し，自立可能な農業経営体として確立できるよう支援するこの経営支援は，①農業経営指導支援，②集落営農組織の法人化支援，③JAの支援体制の整備・人材の育成，の３つの柱で構成されている。

①は経営データに基づいて経営改善支援や事業提案を行うものである。まずは取引記録や決算書，税務申告書から経営データの収集・蓄積を行うため，記帳・申告を支援する。次にデータに基づいて経営分析・診断を行い，経営目標や計画設定の支援を行う。担い手が農業経営を実践するなかで経営目標や計画達成に向けた支援・提案を行い，最後に目標・計画のチェックと見直しを行ったうえで，新たな経営目標や計画を設定するべくフィードバックするものである。

記帳・申告支援に取り組んでいるJAは2013年度で，「臨税」[4]による支援が4JA（支援者597人），税理士協会協議派遣による支援が10JA（876人）である。JA取引データを活用した記帳代行の取組JAは3JAにとどまっている。

担い手経営体の経営改善支援・事業提案は記帳・申告支援により得られる経営データ・情報の蓄積・データベース化が前提であり，取組強化が求められている。さらに，米・畑作物の収入影響緩和対策（ナラシ）が収入保険制度となることが検討されているが，その対象者を青色申告者に限定するという動きもあり，今後の制度の導入を視野に入れ，青色申告者の拡大を目指している。

②は，法人化計画を有する集落営農組織をリスト化したうえで，優先・重点支援組織を定めて法人設立支援にあたるものである。稲作を主体とする集落営農法人では，当期利益の確保を通じた経営の安定化が課題となっており，法人経営の診断・分析・経営改善支援の手法を確立することが目指されている。法人ニーズの把握や法人への事業提案にとって法人連絡組織化は効果的であるため，JAでは法人の組織化を進めている。2013年度では組織経営体を対象とした連絡組織を設置しているJAは8JAで，法人を対象とした組織化を図っているJAは4JAとなっている。

③は，これまでの農家支援は縦割り機構で対応してきたが，農業経営の合理化・効率化，さらには政策転換や多様な担い手への対応を図るためには，各事業に横串を指した総合的な経営指導・支援が求められるようになってきた。そこで「農業経営アドバイザー」を核として営農指導員，担い手金融担

当者，TAC等を配置した専任担当部署を設置して総合的な経営指導・支援を行う体制整備が必要となっている（図4-1)。担い手の経営形態の多様化や高度・専門化するニーズへの対応方策として，経営指導を専門に担当する農業経営指導のスペシャリスト「農業経営アドバイザー」を配置して体制を整備することとした。アドバイザーは農業経営に関する広範かつ専門的な知見が必要であり，農業経営指導支援を推進するためには，その業務を専門的に担う職員の養成が急務であり，養成研修会の開催や，JA職員資格認証制度で農業経営アドバイザー級を設定している。アドバイザー級になるためには，JA業務に10年以上従事し,年間5回開催される研修会で全10科目を受講した，上級・中級・営農指導員級のいずれかの資格をもち，監査士の資格をもつものに受験資格が与えられる。試験科目は農業経営から2教科，農業関係税務から3教科，農業経営分析・診断から2教科，関係法規から2教科で，このうち4科目8教科の試験をクリアしなければならない。2014年度で資格を持っている人は，県内全JAの中では46名である（JA秋田しんせいが8名と最も多い)。

図4-1　農業経営指導支援事業の展開

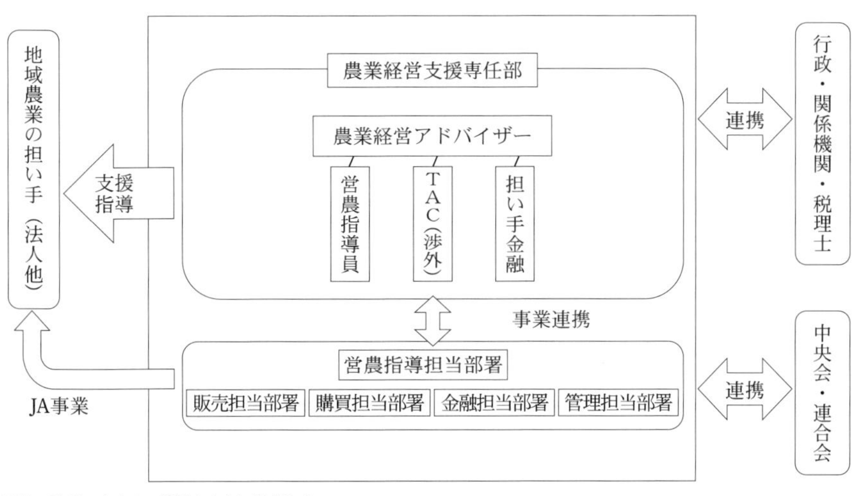

資料：JA秋田中央会の資料をもとに筆者作成。

4．小括

JA秋田中央会の担い手支援は，集落営農の立ち上げから法人経営に展開するまで，段階に応じて3つのステップがある。ステップ1は，集落営農を立ち上げ，安定させるまでの組織化支援である。ステップ2は，集落営農の法人化に向けての支援（法人化支援）であり，ステップ3は，法人化後の経営を安定させるための支援である法人支援である。現在，課題として取り組まれているのが，ステップ2の法人化支援とステップ3の法人支援である。JA秋田中央会の担い手支援は，集落営農組織の設立に向けた支援から，法人化支援さらには法人支援へとシフトし，担い手に出向く形での支援体制を整備していることが大きな特徴である。

次節では，JA秋田中央会の担い手支援の方針に迅速に反応しているJA秋田しんせいの担い手育成・支援の取り組みをみていくことにする。

第3節　JA秋田しんせいの担い手支援

JA秋田しんせい管内は，秋田県の中でも集落営農組織が多く展開している地域の1つであり，県内集落営農組織の18.6％を占め，集落営農組織の育成に力を入れてきた。また，担い手に出向く形での支援体制の整備にむけて，JA農業経営アドバイザー級の研修に積極的に職員を派遣している。2011年度から2014年度までにJA農業経営アドバイザー級の研修を終了したJA職員は秋田県全体で63名いるが，JA秋田しんせいはそのうちもっとも多い15名を研修に参加させ，8名の資格取得者を出している。

JA秋田しんせいは1997年に1市10町の11JAが合併して誕生した。現在，由利本荘市と，にかほ市を管内としている。管内の総農家数は6,594戸，経営耕地面積は1万3,958haで，ともに県内の1割を占めている。

1．担い手支援の取り組み経緯

2005年3月に営農振興課に担い手育成の業務が加わり，JA秋田しんせいの「担い手育成方針」を検討することとなった。この当時は，秋田県（地域振興局）は認定農業者を育成，増やす方針であったが，JAとしては小規模農家も含めた担い手を育成しなければならないと考え，集落営農組織により担い手育成を図ることを目指した担い手育成方針を策定した。この方針に従ってJA管内の全450集落を対象とした「集落検討会」を開始し，集落内の話し合いにより方向を決定することとし，集落営農組織を100組織，品目横断的経営安定対策のカバー率50％以上を目標に設定した。

2006年には営農振興課を担い手支援対策課に課名変更した。管内全450集落を5段階にランク分けして進捗管理を行った。進捗管理はどの担当者が集落に赴いても話し合いが進むようにとの狙いがあった。これにより8月までに集落営農組織が30組織設立され，12月末で設立数が100組織を超過した。2007年3月には126組織の集落営農組織が設立され，全組織が品目横断的経営安定対策に加入した。認定農業者も含めると管内対象農地の69％が経営安定対策の加入となった。

2007年9月には，経営安定対策の加入申請や交付申請，集落営農組織の経理指導や経理受託，法人化支援を主な業務とする「担い手支援センター」を担い手支援課内に設置した。この支援センターの設置に際しては由利本荘市と，にかほ市から数百万円の支援があった。

2009年4月にはJA秋田しんせい法人化支援事業を設定した。同事業は，法人設立に係る話し合いや研修会などの事務的支援や費用支援（1組織20万円）を行うものである。

2．2015年度の担い手支援方針

JA秋田しんせいでは，急変する農業政策への的確な対応と大規模経営の育成などによる低コスト化および高収益作物等の生産拡大を図ることで所得向上を目指すとともに，JAの総合力を発揮して地域の実情にあった多様な担い手を育成・支援するとしている。そのために，地域農業の維持発展に向けた取り組みの強化を図っている。

JA秋田しんせいでは対象となる担い手を1）個人担い手，2）集落営農組織，3）法人組織，4）新規就農者に区分し，金融支援も含めてそれぞれに対応した支援を行うとしている。以下，それぞれの支援内容をみていくが，先取りすれば集落営農の組織化の支援はなくなっていることが特徴である。

（1）個人担い手への支援

個人担い手への支援は，①記帳代行業務の支援，②青色申告への誘導，③農畜産物の生産基盤拡大，④経営診断，⑤認定農業者の育成の5つがある。

①記帳代行業務の支援は，青色申告者の記帳代行業務への取り組みとともに，2014年1月から白色申告記帳義務化に伴い，白色申告の記帳代行業務にも取り組むものである。②青色申告への誘導は，白色申告者の記帳義務化に伴い青色申告へ誘導するものである。③農畜産物の生産基盤拡大は，個々の営農実態を把握し，営農生活部・営農センターと担い手戦略室との連携により，農畜産物の生産基盤拡大の提案と技術指導を実施するものである。④経営診断は，青色申告者を対象とした経営診断の実施と経営改善の相談を実施するとしている。⑤認定農業者の育成では，新規認定農業者の育成とともに，既存認定農業者への青色申告推進と農業経営基盤準備金等の制度活用による営農基盤の維持・発展への支援を行う。

（2）集落営農組織への支援

集落営農組織への支援は，①組織検討会の支援，②法人化に向けた検討会の開催，③法人化支援，④農畜産物の生産基盤拡大，⑤経理支援，⑥構成員の記帳代行業務の6つである。

①組織検討会の支援は，集落営農組織を対象とした農地維持・集積に関する検討会の開催や，人・農地プランへの位置づけ，農地中間管理機構による農地集積など新たな政策への対応を支援するものである。担い手と多様な農業者の明確化による農地維持のための再編計画の作成支援を行う。②法人化に向けた検討会の開催は，行政と連携して法人化検討会を開催するものである。③法人化支援は，法人化を決定した集落営農組織に対して設立に向けた準備等の支援や，法人登記申請支援である。④農畜産物の生産基盤拡大は，個々の営農実態を把握し，営農生活部・営農センターと担い手戦略室との連

携により農畜産物の生産基盤拡大の提案と技術指導を実施するものである。⑤経理支援は，経理研修会を開催するとともに，経理受託業務も行う。⑥構成員の記帳代行業務は，集落営農組織の構成員の白色，青色申告記帳代行業務の実施である。

（3）法人組織への支援

法人組織への支援は，①相談機能の強化，②記帳代行業務，③経営指導，④JA による出資，⑤複合作物導入，⑥農地集積，⑦資金活用と，支援内容が充実している。

①相談機能の強化は，あぐりパートナー（TAC）による恒常的訪問活動による相談機能の強化，ニーズに応じた情報提供と提案活動の実施，法人組織の営農ビジョン策定支援を行う。最低でも 1 組織あたり月 1 回以上は訪問することを目指している。②記帳代行業務は，記帳代行業務および記帳代行業務データを活用にすることによる経営診断と対応策の提案を行う。2015 年度は 1 組織が利用している。③経営指導は，安定した経営のための生産基盤拡大，低コスト化，設備投資，雇用等の経営分析および経営計画作成支援を行うとともに，研修会や金融セミナー等の開催による情報提供を行う。④JA による出資は，運転資金拡充と，経営の維持・発展のために JA の組合員加入と出資による支援を行う（要望により出資金額の 25%，100 万円以内の JA 出資）。法人に出資することで法人の総会に JA が参加できるため，その場で情報収集できるメリットがあるという。出資は JA 側から全ての法人に要請し，承諾した組織のみが JA からの出資を受けている。2015 年 8 月時点で 14 法人が JA からの出資を受けている。⑤複合作物導入は，所得の向上を目指した複合作物の導入と営農指導員による栽培技術指導を行うものである。⑥農地集積は，地域の担い手として農地中間管理事業の活用による農地集積の支援や，担い手経営体の連携・調整による農業経営の効率化と農作業受託の実施を支援する。⑦資金活用は，農業メインバンク相談機能強化による経営・管理指導の充実と，部署横断体制による補助事業の活用支援を行うとしている。

（4）新規就農者への支援

新規就農者への支援は，①新規就農支援事業の継続，②複合作物への新規参入支援の2つである。①新規就農支援事業の継続は，秋田県の就農促進総合対策事業に参加する人に，研修先までの交通費として月額1万円を交付するものである。②複合作物への新規参入支援は，新規作付希望者の各青果部会講習会への参加支援や，認定就農者に対して資金や営農指導の支援を行う。また新たな研修制度（園芸就農者支援制度）の活用による担い手の育成もこれに含まれている。

3．担い手支援専門部署の設置による支援体制の強化

JA秋田しんせいでは，担い手支援に機能や資源を統合した専門部署を設置し，担い手支援の強化と担い手の所得向上を図るために2015年3月に担い手支援戦略室を立ち上げた。

（1）体制

担い手支援戦略室（以下，担い手戦略室）はすばやくニーズに対応するため組合長直轄の部署となっている。担い手戦略室を立ち上げた背景には，担い手ニーズの多様化およびJA離れがある。担い手戦略室の設立以前は，営農経済部担い手支援課の中に担い手支援センターがあった。管内には認定農業者が約500経営体と，集落営農組織があり，これを9名の担当者で分担して訪問していたが，ニーズに応えることができなかったという。とりわけ金融部門におけるJA離れが顕著であり，担い手戦略室はこれを補うべく金融関係のアドバイザースタッフを揃えている。

担い手戦略室は9名で構成され，経営規模や販売額で訪問先を絞り込み，出向いている（表4-1）。このうち担い手に出向くアグリパートナー（TAC）は6名で，専門はそれぞれ園芸，法人，稲作，金融，畜産，特産品と異なっている。9名のスタッフのうち担い手支援センターからそのまま戦略室に異動になったのは2名（アグリパートナー1名と経理事務1名）のみで，各エリアの営農センターや専門部署に配置されていたアグリパートナーを担い手戦略室

表4-1　担い手戦略室の体制（2015年8月）

氏名	役職	前部署	JA農業経営アドバイザー級	担い手支援	経営支援	渉外業務	営農指導	企画・他
A	室長	東部エリア統括部長						
B	課長	園芸販売課長	○	企画立案		あぐりパートナー（園芸）	農林産物拡大	農政・営農企画
C		担い手支援センター長	○	集落営農・法人・経理指導	税務指導	あぐりパートナー（法人）	記帳代行	
D		中央エリアアグリパートナー		集落営農・法人・経理指導	税務指導	あぐりパートナー（稲作）・市場調査	記帳代行・経営安定対策	補助事業
E		支店融資担当		金融支援・認定農業者・経理指導	税務指導・経営コンサル・債権対策	あぐりパートナー（金融）	記帳代行・経営安定対策	金融企画
F		畜産振興課長		認定農業者・経理指導	税務指導・経営コンサル・債権対策	あぐりパートナー（畜産）	記帳代行・経営安定対策	畜産関連事業
G		担い手支援センター事務		集落営農・法人・協議会事務局	税務指導	集落営農経理受託	記帳代行・経営安定対策	
H		経理電算課		経理支援		データ管理	記帳代行・経営安定対策	部署経理・庶務
I		西部エリアアグリパートナー	○	集落営農・法人・経理指導	税務指導・債権対策	あぐりパートナー（特産品）・市場調査	記帳代行・経営安定対策	補助事業

資料：JA秋田しんせい作成資料に聞き取り調査をもとに加筆

に集約した形となっている。

（2）担い手戦略室の事業内容・取り組み

事業内容は，①ニーズに対応した事業提案，②経営コンサルの態勢強化，③税務対策支援態勢の整備，④金融支援の一層強化の 4 つである。

①ニーズに対応した事業提案では，あぐりパートナーによる訪問活動で，新技術による生産や販売ルート，加工などの提案によるニーズ対応を行う。アグリパートナーは恒常的に出向く活動を通じて，担い手の要望に応じた情報の提供や課題の解決に努め，担い手との信頼関係を深めながら事業の向上と改善を目指している。アグリパートナーの取り組みは，月に 1～2 回担い手への訪問活動を行い，意見や要望を聞き取るとともに，情報提供も行う。そして担い手とのコミュニケーションを深め，ニーズを把握し関係部署と連携しながら迅速な対応で JA 利用度の向上を図ることが目指されている。出向く先となる担い手は 350 経営体で，月に 1～2 回の訪問を行っている。訪問先の基準は農畜産物販売額 500 万円以上の経営体，農業法人，集落営農組織，販売・購買事業の未利用者・低利用者である。②経営コンサルの態勢強化は，経営分析（再生）支援で，経営の健全化や所得向上についての支援を行うこととしている。③税務対策支援態勢の整備では，経理に係わる記帳代行やデータの収集により優遇（特例）税制の活用，節税による税務対策を強化する。④金融支援の一層強化については，セミナーの開催やファンドによる出資の活用，運転資金の提案，新規就農者の支援など担い手ニーズに即した金融支援を行うべく金融に従事する職員を配置している。

恒常的に出向く活動を通じて，地域農業の担い手・組合員個々との信頼関係を深めながら農業メインバンク機能を強化し，経営実態に応じた金融支援活動を行うことを目指している。さらに，JA の総合機能を発揮し，事業提案や支援により所得の向上を目指し農業経営の改善を図るとしている。

4．小括

秋田県の JA の担い手支援は担い手の育成支援から，担い手の経営支援へと舵をきっており，JA 秋田しんせいでも近年は出向く支援に向けた体制づくりや，そのための人材育成に重きをおいていた。担い手に出向いたうえで，経営指導や融資，新たな作物の導入に関する提案など，関係部署と連携しながら迅速な対応を図っていくことが目指されていた。

第 4 節　法人側からみた JA の担い手支援

前節で確認した JA の取り組みに対して，担い手経営にとってはどのような効果があったのか，JA 管内の 2 法人（農事組合法人 A，農事組合法人 B）の実態調査（2015 年 12 月実施）から明らかにする。調査法人の経営内容は表 4-2 の通りである。

表 4-2　調査法人の経営内容

<table>
<tr><th colspan="3"></th><th>A 法人</th><th>B 法人</th></tr>
<tr><td rowspan="3">地域概要</td><td colspan="2">構成集落</td><td>1 集落</td><td>1 集落</td></tr>
<tr><td colspan="2">農家数</td><td>14 戸</td><td>29 戸</td></tr>
<tr><td colspan="2">農地面積</td><td>40ha</td><td>50ha</td></tr>
<tr><td rowspan="4">集落営農</td><td colspan="2">設立年月</td><td>2007 年 1 月</td><td>2005 年 8 月</td></tr>
<tr><td colspan="2">構成農家数</td><td>13 戸</td><td>27 戸</td></tr>
<tr><td colspan="2">集積面積</td><td>20ha</td><td>38ha</td></tr>
<tr><td colspan="2">対象作物</td><td>米，大豆</td><td>米，大豆</td></tr>
<tr><td rowspan="10">法人</td><td colspan="2">設立年月</td><td>2015 年 2 月</td><td>2008 年 3 月</td></tr>
<tr><td colspan="2">構成農家数</td><td>10 戸</td><td>26 戸</td></tr>
<tr><td colspan="2">経営面積</td><td>20ha</td><td>42ha</td></tr>
<tr><td colspan="2">対象作物</td><td>米，大豆</td><td>米，大豆，ミニトマト</td></tr>
<tr><td colspan="2">機械装備</td><td>なし</td><td>トラクター，田植機 2 台，コンバイン 2 台</td></tr>
<tr><td colspan="2">オペレーター</td><td>いない</td><td>2 名</td></tr>
<tr><td rowspan="4">作業形態</td><td>耕起・代かき</td><td>地主</td><td>地主</td></tr>
<tr><td>田植え</td><td>地主</td><td>オペ</td></tr>
<tr><td>管理</td><td>地主</td><td>地主</td></tr>
<tr><td>収穫</td><td>地主</td><td>オペ</td></tr>
</table>

資料：聞き取り調査により作成

1．農事組合法人A

（1）地域概要

農事組合法人A（以下，A法人）があるS集落は，農地面積が85haで106戸の農家が存在している。S集落は上（かみ），中（なか），下（しも）の3地区に分かれており，A法人は下（しも）地区で活動している。

下地区には40haの農地があり，総世帯数は35戸で農家は14戸である。下地区にはA法人以外に12haの認定農業者，6haの認定農業者（米作業受託主体），ブルーベリー主体2haの農家，2haの認定農業者（養豚主体法人）がいる。

S集落は中山間地域等直接支払い制度の対象地域となっており，上地区は急傾斜であるが中地区および下地区は緩傾斜であり，中地区と下地区で1つの集落協定を結んでいる。

1996年から2003年にかけて県営の担い手基盤整備事業（受益面積400ha）が実施され，下地区では30～50a区画の農地に整備された。基盤整備の償還金は年間10a当たり8,000円である。

（2）集落営農組織の設立

下地区では2007年1月に品目横断的経営安定対策に加入するための要件クリアのためにA集落営農組合（以下，A組合）を13戸の農家で設立した。集落営農組織の設立に際しては，JA職員が話し合いに出向き支援を行った。また，規約のたたき台となるモデルの作成や，経理を一元化するソフト「一元」を使った経理の方法の指導も行っている。

集落営農に参加した農家は全て3ha以下であり，個別に経営安定対策の要件をクリアできた担い手は集落営農に参加していない。

A組合の経営面積（集積面積）は20haであり，対象作物は米と大豆であった。水稲作業は個別に機械を所有していたため，個別に行っていた（一部の構成員は1972年の集落農場化事業で育苗と田植えの共同化に取り組んでいた）。大豆作業については，中山間地域等直接支払いの交付金を使って中・下地区共同で大豆用コンバインを1台購入し，共同で利用していた。なお，下地区では12haの認定農業者が大豆の播種・中耕・収穫作業を一手に請け負った。収穫物は共同名義で販売していたが，その精算は個人の生産量ごとに行う枝番管理と呼ばれる組織化であった。

（3）法人組織の設立

個人所有の機械が古くなり，更新時期にさしかかってきたが，個別に更新することは困難であって，共同で機械を使用する体制に移行しなければ農業を継続できないとの判断から，2014年になってから法人化について10回以上の集落検討会を重ね，2015年2月にA組合を法人化し，A法人を設立した。集落営農がそのまま法人化する形となったため，法人の経営面積は集落営農の時と変わらない20haであったが，構成員数は13名だったものが，3名が高齢化（80代で同居の後継者がいない）により法人に農地を貸付けて離農したため，A法人の構成員は10名でのスタートとなった。

法人化についての集落検討会を行う際はJAが窓口となって，市や地域振興局にも検討会への参加を呼びかけたという。また，集落検討会への参加者1人あたり1,000円の日当ならびに会場使用料をJAが負担した。法人設立の際は，模範となる定款作成や法務局の登記申請でJAからの支援を受け，また法人の出資金の25％に当たる5万円をJAが出資している。

（4）現在の経営内容

A法人の経営面積は20haですべて借地である。小作料は10a当たり1万円である。小作料をもう少し低く設定したいと考えているが，基盤整備の償還金が8,000円であり，それよりも少し高く設定したとのことである。

2015年度の作付面積は，水稲16ha（主食用米12ha，備蓄用米4ha），大豆4haである（2014年度も水稲16ha，大豆4haと変化はないが，水稲の中身が主食用米12ha，加工用米4haであった）。JAのカントリーを利用しており，販売先も全てJAである。法人では肥料や農薬は全てJAから購入しており，農産物の販売も全てJAを通して行っており，JA利用率が高い。

法人設立直前である2014年の10〜11月時点ですでに肥料や農薬の注文を終えていたため，2015年2月に法人を立ち上げた時に肥料・農薬の統一ができなかった。したがって法人設立1年目である2015年度は，集落営農の時と同じように枝番管理による対応となったが，2016年度からは枝番管理方式を解消し，プール計算を行う予定である。

現在，法人所有の機械はないため，法人にオペレーターはいないが，県の補助事業の申請を行っており，コンバインの導入を計画している。また，法人化の際は農地中間管理事業を使って集積した（面積は法人化前後で変化はない）ため，地域集積協力金の申請を行っており，協力金が交付された暁にはそれを使って機械を購入する計画である。法人で機械を導入したら，オペレーターを2名程度に固定し，機械作業はオペレーターに任せ，地権者に管理作業をお願いすることにしている。

（5）今後の展開方向

米価が大幅に下落しておりじり貧になっていると感じており，複合作物の導入を図っていく方針で，今後の展開としては，法人で小菊栽培に取り組む予定である。栽培面積は12aを予定している。構成員に小菊農家がいるため，技術面での支援が可能であること，少ない投資で始められることが理由である。導入した場合の経費や経営収支の見込み，どういった資材が必要かなど，JAの園芸販売課に園芸の技術相談をしながら小菊栽培の準備を行っている。

2．農事組合法人B

（1）地域概要

農事組合法人B（以下，B法人）はB集落をベースに展開している集落営農法人（認定農業者）である。集落の農地は50haで，総世帯数は60世帯，農家数は29戸である。26戸がB法人に参加しており，5ha規模の認定農業者（55歳）と2ha規模の自己完結型農家（62歳），50aの作業委託農家（70代）が法人に参加していない。B法人は集落の農地を42ha集積している。B集落では水稲と転作大豆が主な作付作物となっており，B法人でも水稲と大豆が基幹作物である。

1989年から94年にかけて県営の基盤整備事業（受益面積は400ha）が実施

され，これにより10a区画から30a区画へと整備された。B集落の農地50haのうち, 32haが中山間地域等直接支払制度の対象農地（緩傾斜）となっている。

（2）集落営農組織の設立

2005年8月にB集落営農組合（以下，B組合）が設立された。2005年の経営所得安定対策大綱により国の政策がこれまでの全農家を対象とする施策から担い手に対象を絞った施策へ転換する方針が出され，その対象になるべく組織化したものである。集落営農の設立に際しては中心的メンバー数人が市やJAの担当者を交えて相談を重ね，組織化に至ったという。

B組合の構成員は27戸で，経営（集積）面積は38haであった。1.4haの野菜専業農家（当時67歳）を除けば全員が兼業農家で，構成員の経営面積は5haが1戸，2〜3haが5戸，1〜2haが12戸，1ha未満が9戸であった。

集落営農では個別に所有している機械で自分の農地を作業し，共同名義で販売していたが，その精算は個人の生産量ごとに行う枝番管理と呼ばれる組織化であった。したがって，B組合では法人化するまでの間，JAの経理受託制度を活用しており，経理一元化をJAに任せていた。

（3）法人組織の設立

B組合では稲の栽培は各農家に任されており, 肥料や農薬の統一もできず，登熟，品質にバラツキがあり，収穫作業の効率が悪かった。これを解決するために法人化することが目指された。2007年3月頃から1年間，計15回ほど法人化について話し合いを重ね，2008年3月に25名で法人化した。法人になったことで，肥料や農薬，稲の品種など統一できたという。

法人設立に関するJAからの支援は, 話し合いの支援以外にはなかったという。この当時，JAは法人設立に関わっていく方針をまだ出してはおらず，法人化支援の取り組みはまだ進んでいなかった。JAが法人化支援の方針を出す前の早い段階で法人化したため，B法人は主に県や市の指導によって法人化した。定款作成や登記のサンプル作成は県が行ったという。

法人化当時の構成員は25名で，集落営農の時から2名が減った。1名は

60代後半で体が弱く法人に農地を貸し付けて離農し，もう1人は生前贈与を受けていたことから加入を断念した。後に要件緩和があり，2013年から法人構成員となっており，2015年現在の法人構成員は26名である。構成員の平均年齢は62.5歳で，40代が1名，50代が8名，60代が12名，70代が5名である。法人の理事は代表，副代表，会計の3名で，年齢はそれぞれ65歳，51歳，61歳である。副代表と会計の2名が法人の主たる従事者であり，農業専従者である。

法人化してすぐ田植機2台とコンバイン2台を購入した。その際，構成員が所有している個々の機械は処分することになった。機械の処分については，JAに買い取ってもらったとのことである。機械を処分した人には，機械売却代金に上乗せする形で，法人から金銭が支払われたため（この原資は品目横断的経営安定対策の交付金），田植機とコンバインは全ての構成員が処分することができたという。機械を売却できたことで，共同作業につながっている。

（4）現在の経営内容

B法人の経営面積は42haで，2015年度の作付面積は水稲（すべて主食用米）30ha，大豆12ha，育苗ハウスでミニトマト6aである。ミニトマトは法人化してから取り組んだ作物である。集落でトマト栽培の技術やノウハウをもっている農家がいなかったが，JAの技術指導があったから取り組むことができたという。トマト栽培は育苗ハウスの有効活用にもつながっている。

法人になってすぐ，県やJAから融資を受けて機械を購入した。県の融資申請書類はJAが代理作成してくれたという。こうして導入した田植機2台とコンバイン2台の機械作業は2名の農業専従者が固定のオペレーターとして担当している。その他の構成員は，法人に預けた農地で，肥培管理，水管理，畦畔の草刈りなどを自ら行う。

法人化により，構成員の機械を処分し，オペレーターによる機械作業ができたこと，B法人が構成員から借地することで，構成員の所有地にかかわらず，作付地の団地化が可能になっている。また肥料や農薬も統一することで収穫作業も構成員の農地のこだわらず作業できるようになったことで，効率的な作業を実現できている。

B法人は，2014年度の米価下落と米の直接支払交付金半減をうけ，県からの無利子融資（3年償還）である「稲作経営安定緊急対策資金」を660万円受け資金を確保した。この融資でなんとか構成員への配当を確保したが，JAから受けた融資の返済を1年猶予してもらうことができていれば，県からの融資は受けなくてもよかったという。その一方で，2015年度には地代や労賃，管理料を大幅に下げる対応をとっている。具体的には地代を10a当たり1万2,400円（2014年）から9,000円（2015年）に，オペレーター賃金も日給1万1,240円から9,000円に，地権者が行う耕起・代かき作業に対する委託料は10a当たり8,000円から4,000円に，水田管理料も10a当たり1万4,000円から8,500円へと切り下げた。

「米価が下がったことに対して地代，労賃を下げることでしか対応できない」。あと3年で小作料の契約期間が終了するため，「他法人で地代の高い組織があったら，法人から農地を引き上げ，脱退する構成員もでてくるかもしれない」と心配している。

（5）今後の展開方向

今後はハウス1棟をミニトマト専用にしてミニトマト栽培を拡大していくことで，米価が低い分の収入を補える仕組みを作っていかないと経営がもたないと感じている。

3．担い手支援内容と評価・期待

（1）支援内容

A法人，B法人ともに集落営農の組織化，法人化，法人経営と，経営展開の各段階でJA支援があった（表4-3）。

集落営農の組織化に際しては，A法人，B法人ともに話し合いの開催についてJAからの支援を受けた。またA法人は規約モデルの提示や，経理指導支援を受ける一方で，B法人は経理受託の支援を受けている。

集落営農組織を法人化する際には，B法人は法人化した年がJA秋田しんせ

表 4-3　JA による支援の整理と特徴

	A 法人	B 法人
集落営農の組織化支援	話し合いの開催 規約のモデル作成 経理指導（一元の使い方）	組織化の相談 経理受託（法人化するまで）
法人化支援	法人化の制度メリット等の説明 登記申請の指導 定款作成支援 集落検討会の補助（参加者，会場使用料）	法人化の話し合い 構成員の機械買取
法人支援	JA 出資 リース事業の情報提供	新規作物の提案・技術指導 経営相談 県の融資申請書類代理作成 機械購入の際の融資
特徴	A 法人は集落営農の組織化や法人化の時期が JA 支援体制が整っている段階であったため，JA 支援を十分にうけている。法人支援は法人化が 2015 年のため，あまりうけていない。	B 法人は JA 秋田しんせいの法人化支援事業が実施される前に法人化ししており，法人化支援は少ない一方，法人になって一定の時間が経過しており，法人経営支援で多くの支援を受けている。

資料：聞き取り調査により作成

いの法人化支援事業が実施される前であり，JA からの支援は法人化の話し合いに関する支援と，JA による機械の買取りにとどまっている。一方の A 法人は集落検討会の開催に係る費用の援助や，法人化の制度説明，登記申請補助など，JA による法人化支援事業を十分にうけての法人化であった。

法人化したあとの支援では，A 法人は法人になって間もないため，JA による法人への出資と，JA アグリパートナーの訪問で，リース事業のパンフレットなど情報提供を受けるにとどまっている。一方の B 法人は，法人になって一定の時間が経過しており，これまで新規作物の提案や機械購入の融資，経営相談等の支援を受けている。

（2）支援の評価と期待

JA の支援に対する評価は，A 法人では法人組織を設立する際に JA からは法人化のメリット，デメリット，意義などを説明してもらうことで理解を深めることができたという。また，法人化の際に登記が必要になるが，JA の指導があったことで司法書士に頼ることなく対応できたため，司法書士に登記申請を依頼した場合の依頼料（20 万～30 万円ほど）がかからなかった。A 法人には経理に精通している構成員がおり，法人で経理記帳を行っている。しかし，一般的には経理記帳は大変であり，JAによる代行は有効な制度であると評価している。他方で，JA出資については，これからもJAと関わっていくので了承した形だが，今のところメリットはないという。

B法人では，集落営農組織では法人化するまでの間，JAの経理受託制度を活用しており，経理一元化をJAに任せていた。手数料はそれほど高くはないため，経理の手間が省けて助かったという。また，肥料，農薬などの生産資材はすべてJAから購入しているが，生産履歴で重要となる成分表示などがJAだと信頼できると評価している。

今後，JAの支援に期待することとして，A法人は，アグリパートナーに対して各種情報提供を期待している。また，機械を購入する場合に，国や県の補助事業を活用するが，残りの自己負担分については，融資も含めて相談したいと考えている。将来的に小菊導入に関する栽培技術指導を含めた支援や，融資に関する支援を受けたいと考えている。

B法人は，経理を税理士に任せているが，税理士では部門ごとの経費や収支がわからないという。部門ごとに経営分析を行うことで，経費削減を図っていきたいと考えており，JAによる経営相談・経理指導を求めていた。また，2014年の米価下落に対して，返済計画を1年先送りし，この年だけでも返済を猶予してもらえたら，県からの無利子融資がなくても自己資金だけでも対応できたとの経緯から，JAからの融資では毎年の返済額が法人の経営実情に応じて変更できないか検討してほしいとのことであった。

第5節　新たな農業政策下における担い手支援とJAの対応方策

1．新たな農業政策下で予想される事態

政府の方針により，2014年度から米の直接支払い交付金が半減され，2018年度から廃止になることが決定している。その結果，法人経営では経営基盤強化準備金をはじめ，機械更新の積立金が減る可能性がある。法人経営にとっては資金面でJAの支援が強く要請される場面が増えると予想される。加えて，

2015 年度から経営安定対策（畑作物の直接支払い交付金，米・畑作物の収入減少影響緩和対策）の見直しが行われ，経営安定対策の対象が認定農業者と集落営農組織に限定された。それにより経営安定対策の対象となるべく，集落営農の組織化が今後も続いていく可能性がある。また，行政による主食用米の生産数量目標の配分をなくすというコメ政策の転換もひかえており，米価下落の可能性とともに，土地利用型農業の経営改善や経営転換が必要な場面もでてくると考えられる。

2．担い手支援の対応方策

以上のようなことが予想される中，JA の担い手支援は次のような対応が求められる。

第 1 に，集落営農の組織化を引き続き支援していく必要性である。秋田県の JA の担い手支援の取り組みをみると，JA の担い手支援は集落営農の育成支援から，法人化支援さらには法人経営体への経営支援にシフトしており，集落営農の組織化支援の取り組みは小さくなっているようである。しかし，新たな経営安定対策の対象に集落営農組織が含まれていることを考慮すれば，集落営農の組織化は引き続き支援していく必要があると考える。

第 2 に，JA 利用率の高い法人が JA から離れないためのサポートが重要である。JA の利用度が高い法人にとって，メリットがより多く享受できるような仕組みを作っていかなければ，JA 離れを招く恐れがある。JA 離れを起こさせないためには次の 3 つのサポートが有効であろう。①税理士に経理を委託している法人に対する経営分析・アドバイスである。現在のところ経営相談は税理士が対応できておらず，税理士に経理を委託している法人であっても，JA に経営相談や経営のアドバイスを求めており，JA の強みを活かした対応が求められる。②機械購入などで JA から融資を受けた法人に対する返済猶予措置である。JA から融資を受け，返済途中である場合に，収量変動や価格の大幅下落などによって単年度の返済が困難な場面において，返済猶予などの措置を要望していた。とりわけ，JA 利用率が高い担い手には融資の返済猶予などの特例措置があってもよいのではないだろうか。③新規作物導入への支援や販路開拓支援などの一層の拡充である。米価が低いため土地利用型部門のみでの経営展開が厳しさを増している。集落営農法人では園芸作の導入や拡充など米以外の作付拡大による経営対応が目指されており，JAとしては訪問事業を通して，新規作物導入への支援や販路開拓支援などの拡充がより一層求められている。

注

1）田代（2014），p.153。
2）安藤（2016），p.77。
3）李（2014），pp.84-93。
4）臨時税理士のことで通称「臨税」と呼ばれている。税理士以外にも税務書類作成・税務相談の対応を臨時的に認める制度のこと。

参考・引用文献（50音順）

【1】安藤光義「集落営農に対する経営所得安定対策の役割」『農業と経済第82巻第1号』昭和堂，2016年。
【2】李侖美「JAによる法人化支援の諸相」『農業と経済第80巻第6号』昭和堂，2014年。
【3】田代洋一『戦後レジームからの脱却農政』筑波書房，2014年。
【4】椿真一・佐藤加寿子「秋田県における水田経営所得安定対策への対応と担い手の組織化－県南地域の事例を中心として－」『土地と農業No39』（財）全国農地保有合理化協会,2009年。
【5】椿真一「東北における政策対応型集落営農組織の展開と農地集積」『農村経済研究第33巻第2号』東北農業経済学会，2015年。
【6】西川邦夫「品目横断的経営安定対策と集落営農－『政策対応的』集落営農の実態と課題」『日本の農業あすへの歩み245』農政調査委員会，2010年。

付記

本稿は「平成26年度JA研究奨励費助成事業」の研究成果である「新たな農業政策下におけるJAの担い手経営体育成・経営支援等に関する研究」を加筆・修正したものである。

第5章　集落営農法人における組織間連携の可能性と課題 －秋田県内の事例から－

渡 部　岳 陽

1．背景と課題

東北地域，なかでも秋田において，2007年に施行された経営所得安定対策へ対応するために集落営農組織が急増し，その多くが，いわゆる「共同化」の内実を持たない「枝番管理」と呼ばれる組織であることは広く知られている。こうした組織は，「補助金の受け皿組織」（谷口 2007），「ペーパー集落営農」（田代 2012）と評されており，共同労働，栽培協定，機械共同利用といった「実質的作業共同化」に移行できるか（椿 2011），さらに「真の農業経営体へ発展」することができるか（橋詰 2012）が課題であると指摘されている。

そこで，あらためて秋田県内の集落営農組織の動向に目を向けると，全国平均を下回っていた法人化割合が近年は急速に伸びており（図5-1），今日では3割の集落営農組織が法人化している（以下，法人化した集落営農組織を集落営農法人と呼ぶ）。この数字から，法人として経営体の内実を備えた集落営農組織が秋田県内において増加していると見ることができよう。とはいえ，米価急落やTPPの大筋合意等，農業をとりまく環境は不透明感を増しており，集落営農法人も多くの課題を抱えている。図5-2によれば，「後継者となる人材の確保」「設備投資等のための資金面」「農産物等の販路」「オペレーター等の従業員の確保」「農産物等の品目，生産技術」等を，現在の課題として問題視する集落営農法人が多いことがわかる。

図 5-1　集落営農組織の法人化割合の推移

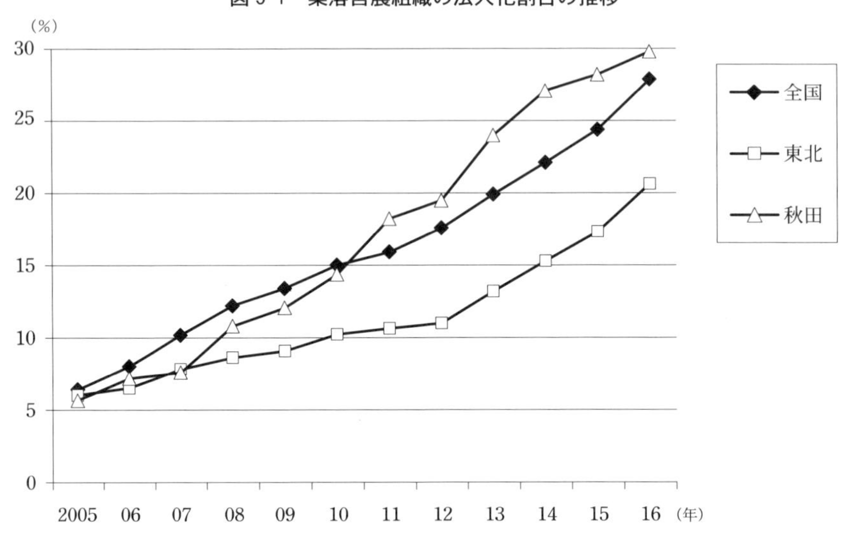

資料：農林水産省「集落営農実態調査報告書」各年度版より作成。

図 5-2　集落営農法人の現在の課題

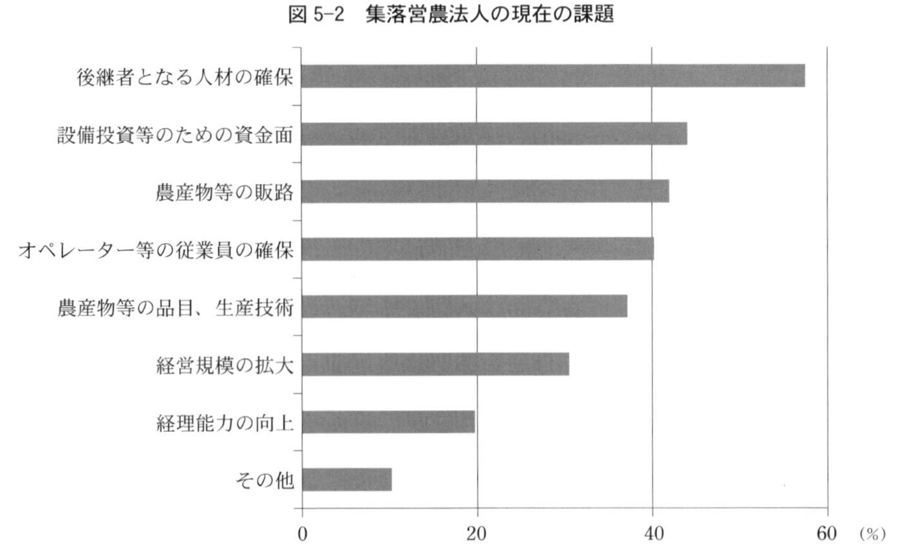

資料：農林水産省「平成 27 年集落営農実態調査報告書」より作成。
注：複数回答。

このように,東北地域や秋田において存在感を増している集落営農法人は,「ヒト」(経営後継者やオペレーターの確保),「モノ」(農機具・設備の確保),「カネ」(資金面の融通や販路確保),「チエ」(生産技術) の側面において問題を抱えており，それをどのようにクリアしていくかが課題となっている。そうした中で，全国的に近年注目を集めているのが，集落営農組織の広域化の動きである。高橋 (2016) は「広域化が求められるのは，集落を超えた規模拡大やコスト削減の必要性 (土地結合単位の広域化)，機械・施設利用の作業単位の確保の必要性 (機械結合単位の広域化)，そして，リーダーや農作業労働力の確保の必要性 (人的結合単位の広域化) が背景にある」と指摘しており，広域化の方向性を「集落営農の合併」と「集落営農のネットワーク組織化」の2つに整理している。集落営農組織の広域化については，既往の研究により西日本の事例を中心に多数紹介されているが (秋葉 2014，谷口 2008，森本 2012，棚田 2010，吉岡ら 2013 など)，組織そのものの発展に研究の焦点が当てられてきた東北地域の取り組みについては研究蓄積がほぼ皆無である。しかしながら，東北地域における集落営農の現段階を分析した中村 (2014) は「圃場分散 (中略) を克服するためには，近隣の集落営農との連携や合併も選択肢の1つになろう」「今後,一定程度の経営資源を集積している集落営農の多様な連携がますます重要になる」と指摘し，さらに安藤 (2007) は「『集落営農の合併，連携から地域営農システムの構築』というのが，ポスト集落営農政策となる」と述べているように，東北地域に多数存在する集落営農組織や集落営農法人についても，組織間連携が有力な発展方向の1つになると十分考えられる。

そこで本稿では，まず秋田県内における集落営農法人がどのような状況におかれ，何が課題となっているのかについて，秋田県農業試験場が 2015 年に実施したアンケート調査結果をもとに分析する。その上で，秋田県内の集落営農法人において組織間で連携しているほぼ唯一の事例であるT地区農事組合法人協議会を構成する4つの集落営農法人の取り組みを分析し，組織間連携の経緯や具体的な内容について明らかにする。最後に以上の分析結果をまとめ,集落営農法人における組織間連携の可能性と課題について考察する。

2．秋田県における集落営農法人の現状と課題

本項では，秋田県農業試験場が行ったアンケート結果をもとに，秋田県内の集落営農法人の概況とその課題についてみていく。調査対象は秋田県内の集落営農法人であり[1)]，アンケートの実施時期は2015年7月から8月，アンケート配付数は226，回収率88％（回答数199）である。紙幅の関係上，一部を除き図表は省略する。

まず取り組んでいる作目について（有効回答数198，複数回答）。取り組み割合の多い順に，主食用米（96％），大豆・小豆等（56％），加工用米（56％），露地野菜（45％），新規需要米（36％），麦類・雑穀類（20％），施設野菜（17％），花き・花木（10％），であり（注2），ほぼ全ての集落営農法人が主食用米に取り組んでいる。米，麦，大豆，飼料作物といった土地利用型作目以外の労働集約型作目に取り組む法人も60％存在しており，法人構成員の就業機会創出に取り組む法人も少なくない。とはいえ，最も売上額の多い作目が主食用米と回答した法人割合が84％を占めており（有効回答数180），米による転作に取り組む割合が大きいことをふまえても，秋田県内の集落営農法人の経営に占める米のウエートは，低米価期の今日においても依然として高いといえよう。そしてそれは，法人のほとんどが戸別所得補償等の政府から支給される交付金に依存していることも示している。

続いて，農業生産関連事業の取り組みについて。図5-3に示すように，91％の法人が作業受託に取り組んでおり，以下，消費者直販，加工業者・商社との直接取引，飲食店との直接取引，農産物加工（自宅），と続いている。農家レストラン，農家民宿，観光農園は一握りの法人しか取り組んでいない。ちなみに，農産物加工やサービスの提供といった，いわゆる6次産業化に取り組んでいる法人割合は合計しても12％にすぎず，対して直販・直接取引に取り組む法人割合の合計はその3倍の37％にのぼる。このように失敗のリスクがついてまわる6次産業化については一部の法人の取り組みにとどまり，収益向上に直接つながる作業受託や販売先確保へ取り組む法人が多いといえよう。

次に集落営農法人が抱える経営課題について。図5-4に示すように，回答割合が高い順に，収益の確保，経費削減，後継者の確保，労働力の確保，新

図 5-3　集落営農法人の農業生産関係事業への取り組み状況

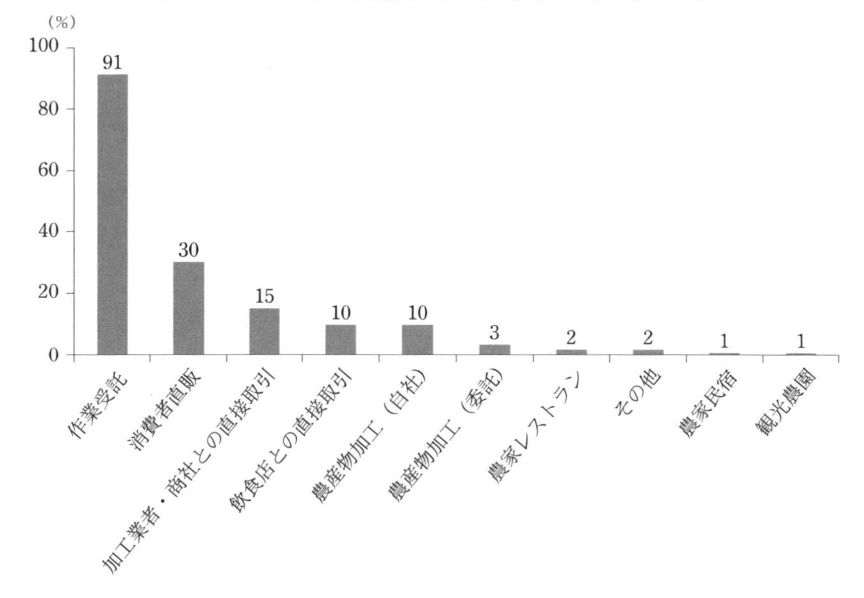

資料：秋田県農業試験場アンケート結果より筆者作成。
注 1）複数回答。
　2）有効回答数 186。

規作目の導入，機械利用の効率化，となっており，「ヒト」「モノ」「カネ」「チエ」の全ての面において，多様な課題を集落営農法人が抱えている様子がうかがえる。さらに集落営農法人における後継者の確保状況について詳しくみると，「次の経営者候補（後継者）が決まってない」と回答した法人割合は69%（199 法人のうち 138 法人）にのぼり，後継者確保が大きな課題となっている法人が少なくない。そうした中で，今後の人材確保の意向について示したものが図 5-5 である。「集落内の人材に限定しない」「農家出身であることにこだわらない」の 2 つの回答が 6 割を超えている。また，「近隣の農業法人や集落営農と人材を融通しあう」「近隣の農業法人や集落営農と合併する」という回答割合はともに 21%とそれほど高くないが，少なくともどちらかを回答した割合でみると 33%となり，3 分の 1 の集落営農法人が近隣の農業法人や集落営農との連携・協力関係の構築を模索している。

図 5-4　集落営農法人の経営課題

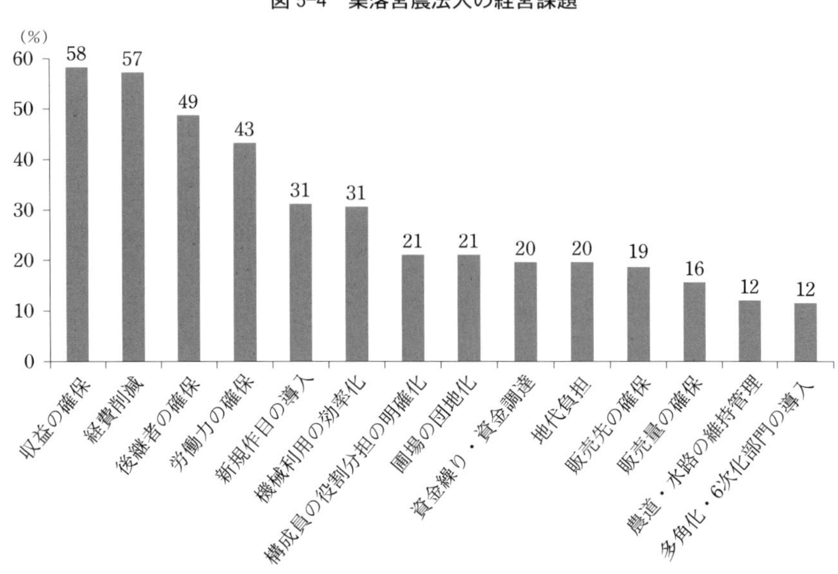

資料：秋田県農業試験場アンケート結果より筆者作成。
注：1）回答方法は上位 3 つの項目を記入。
　　2）有効回答数 199。

図 5-5　集落営農法人における今後の人材確保のあり方

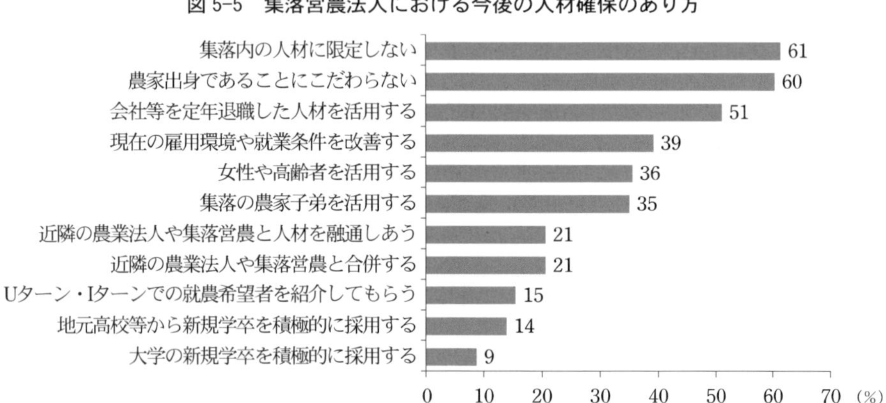

資料：秋田県農業試験場アンケート結果より筆者作成。
注：1）複数回答（当てはまるもの全て）。
　　2）有効回答数 194。

3．集落営農法人における組織間連携の取り組みーT地区農事組合法人協議会を事例にー

本項では，秋田県内の集落営農法人において組織間で連携しているほぼ唯一の事例であるT地区農事組合法人協議会を構成する4つの集落営農法人の取り組みを分析し，組織間連携のあり方を探る。以下では，各法人の経営概況やその特徴について紹介した後に，組織間連携の具体的な経緯やその内実に迫りたい。

（1）各法人の経営概況

1）A法人

A法人は秋田県北秋田市（旧鷹巣町）の平地農業地域で活動する農事組合法人である。他の3法人も同地域で営農を展開しており，営農範囲はほぼ隣接している。旧鷹巣町は，地形的には奥羽山系と白神山系に囲まれた盆地を形成しており，平地と中山間地域を抱える地域である。豊富な水量に恵まれ，秋田県内有数の米の産地である。

A法人の前身は，圃場整備事業を契機として1995年に設立された転作組合である。組合設立後，大豆中心のブロックローテーションによる集団転作に取り組んできた。機械更新や組合員の高齢化・兼業化への対応から2006年にA集落内の農家54戸中43戸を構成員とした農事組合法人を設立した。法人設立後は，ブロックローテーション（稲2年，大豆2年）を行いつつ，枝豆導入による地域内労働力の活用やネギ栽培にも取り組んできた。

2015年現在の経営概況を整理すると，組合員47戸，経営面積54ha（主食用米23.5ha，飼料用米2ha，大豆26.7ha，枝豆171a，ネギ70a），地代は10a当たり16,000円。役員5名（代表理事68歳），水稲・大豆部門への出役は24名（このメンバーで水稲および大豆作付田の日常管理作業を担当），ねぎ栽培は高齢女性が担当している。

法人設立後10年になるが，役員や組合員の顔ぶれにほとんど変化はなく，高齢化が進展し，現在の中心メンバーは60代後半である。代表も含めて組合員は全て兼業農家である。組合員所有の農機具も活用しつつ，積極的に施

設への投資も行っており（ミニライスセンターなど），ハード面での装備は充実している。時給換算で組合員が出役する形で農作業が行われており，集落の農地を全員で管理するというスタイルは設立当初から変わっていない。最近は組合員以外からも農地を頼まれるようになっている。

労働力は組合員間で融通している（2015年現在でオペ賃金時給1,000円，一般作業時給800円，日常管理作業費は水田の場合，春作業込みで10a当たり14,800円）。兼業の合間をぬっての出役，高齢者の出役が中心である。法人で雇用はしておらず，法人の後継者も決まっていない。

2）B法人

B法人のある旧鷹巣町B地区は9つの集落からなり，小規模な兼業農家が多数を占める地域であった。2002年から始まった大区画圃場整備事業を契機に，受益範囲の6集落において話し合いが重ねられ，2007年に6集落65名，経営面積63.4haの農事組合法人B法人が設立された。2015年時点では組合員67名，経営面積81ha（主食用米27.4ha，飼料用米30ha，大豆23haなど），組合員地代10a当たり5,000～1万8,000円となっている。役員（理事7名・監事2名）と6名の推進役員で役員会を構成している（代表理事74歳）。日常管理作業は組合員への再委託が基本であるが，実際に行っているのは25名である（管理作業費は10a当たり8,000～1万円）。オペレーターは60代以上の5名が担当しているが，他にも数名オペをこなせる人材は存在している（オペ賃金時給1,000円，一般作業時給700円）。

法人設立初期に育苗ハウス団地，ミニライスセンター，大豆関連機械を導入するとともに，水稲機械については構成員所有のものを借り上げて対応した。2008年から，生産した大豆を利用した豆腐加工・販売に取り組み，2012年からは弁当の宅配事業に乗り出している。

その豆腐・宅配部門では雇用者がいるが，農業生産においては組合員の共同作業が基本であり，組合員の次の世代を含めて作業への参加を呼びかけている。次期の経営後継者についてはまだ決まっておらず，A法人と同様，組合員の顔ぶれは設立以来，ほとんど変化していない。

3）C法人

C法人の活動拠点となるC集落は平地から山間地まで120ha余りの水田が広がる地域である。C法人は80haの水田を経営しているが，平地と山間地それぞれ半々であり，水の確保が難しく基盤整備も行われていない山間地の水田においては，大豆を作付けるなど転作で対応している。

C法人の代表（55歳）は，組織設立前は経営規模20ha（作業受託含む）の大規模専業農家であった。経営所得安定対策対応のために2007年に設立された前身組織であるC組合（いわゆる枝番管理組織）の構成員であったが，同じ草野球チームの仲間と法人を立ち上げようという話になり，ライスセンター導入も見据えて，2009年に農事組合法人C法人が設立された（同年にライスセンターも竣工）。設立時の組合員は16名（現在は18名），専業農家は代表のみであり，他は全て兼業である。中心メンバーの組合員の年齢は50代半ばで比較的若い年齢構成である。日常管理作業は組合員に10a当たり1万円で再委託している。2016年の作付は，主食用米28ha，飼料用米10ha，加工用米3ha，ハイブリッド米2ha，大豆27ha，枝豆5ha，ごぼう30a，にんにく50aなどである。

法人としての業務は基本的に4～11月の8カ月間行い，12～翌年3月は行っていない。その間，代表や従業員は個人で除雪作業を請け負ったり，土建業に働きに出ていたりしている。月給制従業員2名（手取り20万円），日給月給制従業員5名（男性は時給900～1,000円，女性は時給750～800円）を雇用している。年間雇用実現を見据えて，2016年からにんにく栽培をスタートしているが，冬期には所得の高い除雪もあるので，儲かるかどうかわからない事業に無理にチャレンジしようとは代表は考えていない。

4）D法人

D法人は旧鷹巣町平坦部で日当たりも良い水田地帯で経営を展開している。集落内農地は80haあり，モデル地区として近隣では最も早く30a区画圃場整備が行われた。経営安定対策に対応するため。2007年に前身組織である任意組織を設立した（組合員13戸）。その後，規模拡大加算の取得や施設・農機具導入に伴う補助金獲得を目的として2010年に農事組合法人化した。

2015年時点の経営概況は，組合員13戸（集落内農家戸数22戸），経営面積54ha，役員3名（代表理事64歳，兼業［造園会社経営］）である。作付は主食用米29.9ha，加工用米10.4ha，大豆6.9ha，枝豆2.8ha，ネギ1.8ha，野菜（たまねじ，じゃがいも等）1.6ha，山の芋0.3ha，そば0.3haである。地代は10a当たり7,000円から2万4,000円と幅があり，最も多いのが1万6,000円である。

D法人では正社員を4名雇用している。そのうち2名が10代と20代である。組織設立後は複合部門に力を入れ，収益確保を目指している。ネギについては毎年1回取り放題イベントを開催しており，400名の来場者を数える大きな催しとなっている。イベントを通じて知り合った地元のラーメン屋や学校給食にも野菜を直売するようになっている。

正社員4名（月給15万～25万円，福利厚生あり）の他に，臨時雇用2名（時給940円），パート9名（時給750円）を雇用している。正社員と臨時雇用の合計6名が主な作業を担っている。稲作付田の日常管理作業については組合員に再委託している（水管理は10a当たり3,000円，草刈りは10a当たり2,000円）。若い従業員は先輩の従業員のもとでノウハウを学んでおり，いずれは彼らに法人を継承していきたいと代表は考えている。また，彼ら以外にも集落外から若者をどんどん雇っていきたいという意向もある。

（2）組織間連携の展開と到達点

1）T地区農事組合法人協議会の設立とその活動

以上のように，近隣関係にある4つの法人は，A法人（2006年），B法人（2007年），C法人（2009年），D法人（2010年）の順に，設立された。また，近隣にあったこともあり，各法人代表同士，顔見知りの関係にあった。秋田県からの指導もあり，A法人の代表が，「A，B，Cの3つの法人で情報交換できれば」と考え，C法人が設立された2009年に情報交換の場としての協議会設立へ向けて動き出した。その後，協議会設立をしようとした矢先にちょうどD法人が設立され，D法人代表から協議会への参加を打診され，2010年2月に4法人で構成される「T地区農事組合法人協議会」（以下，T協議会）が設立された。

T協議会の規約において，協議会の目的は「厳しい農業情勢に鑑み地域内の農事組合法人が情報交換･交流を行う集落営農の向上に資するものとする」となっている。年会費は2万円（その後，3万円に増額）。T協議会の役員（会長，副会長，庶務会計，監事）は各法人から2名ずつ選出されている。この2名は各法人の代表と事務方という構成が一般的である。ちなみに会長は，設立呼びかけ人でもあるA法人の代表が設立以来かわらずに務めている。

T協議会の活動としては，初年目（2010年）は役員会が3回開催され，4法人の組合員同士の交流会が1回開催された（7月）。2年目（2011年）になると，役員会（4回開催）においては，各法人の年度事業計画や作柄実績などが協議されるとともに，もみ殻暗渠製造機（モミサブロー）共同購入に向けた検討が行われた。交流会は7月と11月の2回開催され，それは今日まで継続している。3年目（2012年）は，役員会開催数が5回となった。モミサブローが共同で購入され，それを各法人がリース料を支払い使用することにした（リース料は協議会の収入となる）。また，人・農地プランをテーマとした研修会も開催した。4年目（2013年）は，4法人合同での視察研修（視察先：岩手県における集落営農組織の先進事例）が行われ，視察研修を通して4法人による共同事業開始に向けた機運が高まり始めた。それを受けて，秋田県が取り組むことになった「園芸メガ団地育成事業」（以下，メガ団地。詳細は後述）の説明会を実施した。5年目（2014年）は，秋田県内で既に取り組まれている園芸団地を視察するとともに，バイオマス発電の廃熱利用の説明会を行った。6年目（2015年）は，にんにく栽培の説明会の他，メガ団地導入に向けた話し合いが役員会において精力的に行われ，導入品目として想定されている枝豆について視察研修を行った。

以上のT協議会の年間活動日数を示したのが図5-6である。設立以降，徐々にT協議会の年間活動日数は増え続けていることがわかる。そこでは法人間の単なる交流や意見交換のみならず，新たな事業導入に向けた視察研修会が開催されるなど，組織間の連携が深まっている様子がうかがえる。

図 5-6　T 協議会の年間活動日数

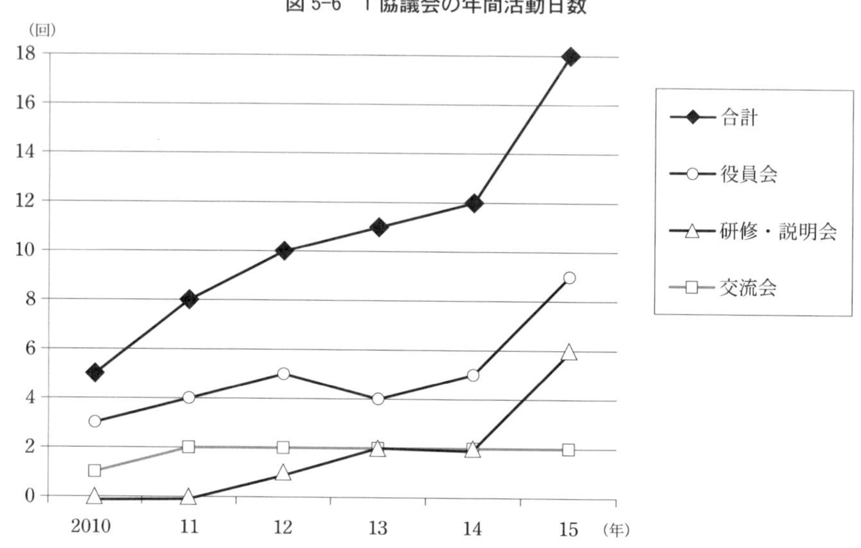

資料：聞き取り調査より筆者作成。

2）組織間連携深化の実態

T 協議会の活動を通じて，法人間の信頼関係が深まることはもちろん，各法人の経営実態や作付動向，年間事業計画等の情報が共有化されるようになった。そして，他の法人の取り組みを参考にしたり，励みにしたりと，切磋琢磨する関係が築かれた。次の段階で生じた動きが，法人同士の「助け合い」である。

2013 年あたりから自然発生的に生まれた動きの具体例を紹介しよう。4 法人の中でも A 法人は農機具や施設を豊富に取りそろえていることから，残りの 3 法人は A 法人に様々な作業を依頼している。B 法人は大豆を大規模に作付けしているにもかかわらず，汎用コンバインを 1 台しか所有しておらず，例年，先に収穫作業を終えている A 法人に大豆収穫作業を頼むことが多い(オペレーター付きで 10a 当たり 5,000 円の委託料を支払う)。C 法人も 2015 年，同様の作業を A 法人に依頼している。反対に B 法人の所有する馬力数の高いトラクターをもみ殻暗渠施工の際に A 法人がレンタルすることもあった。また，農薬散布用のラジコンヘリはC法人のみが所有しており，C法人が他法人の農薬散布を請け負うこともある。その他に行われているのが水稲苗の融通である。苗の準備・使用状況については法人間で日常的に連絡をとりあっており，苗が余った場合，不足した場合に柔軟に融通しあっている。この他にもトラックや防除機など，多様な農機具の融通が法人間で盛んに行われている。

3）新事業立ち上げに向けた新たな連携関係の構築

既述したように，2013年の法人合同視察を行った頃から，徐々に4法人での共同事業立ち上げへの機運が高まっていた。そうした時期に秋田県が取り組みを開始したのがメガ団地である。メガ団地とは，秋田県が園芸生産を飛躍的に拡大させるために，秋田県の園芸振興をリードする大規模団地を整備し，そこで園芸作に取り組む経営体を育成する事業である。メガ団地は2014年度からスタートし，県は施設整備費や機械購入費の半額を助成する。

4法人による共同事業の立ち上げをメガ団地と絡めて行うことを積極的に提案したのが，比較的大きな面積で枝豆栽培に取り組んでいたC法人とD法人である。A法人も枝豆に取り組んでおり，B法人も栽培体系がほぼ同じである大豆栽培に取り組んでいたことから，枝豆によるメガ団地に協力して取り組めないか協議が行われることになった。当初は話し合いの域を超えなかったが，枝豆の洗浄や出荷・調製を行う施設建設用の土地をC法人が提供することを決めてから，事業導入に向けた具体的な協議へ進んだ。2016年6月時点で，事業計画・施設導入計画を作成し，予算の見積りを行っており，2017年度から事業に取り組む方向で最終調整に入っている。事業計画によれば，2017年度から取り組みをスタートし，2年後2019年度には，A法人5ha，B法人15ha，C法人15ha，D法人20ha，合計55haの枝豆栽培に取り組む予定である。秋田県内のメガ団地の事例の多くにおいて事業実施主体がJAとなり，JAが取得した施設を営農主体に貸し出す方式をとっている。しかし今回のケースにおいては地元JAがメガ団地への関わりに消極的なことから，4法人で協力して農機具や施設を整備することになり，各法人や各法人の構成員が出資し，枝豆事業に専門的に取り組む新たな事業体である株式会社 T

ファームを立ち上げることになった。

以上の枝豆メガ団地の取り組みについては，各法人から，①事業として魅力的か（儲かるのか），②労働力は足りるのか，③枝豆繁忙期が終わった後に余った労働力をどうするのか（特に冬期），といった問題点が提示された。特に①については，法人組合員の多いA法人，B法人において新たな投資を必要とする今回の事業に対して，懐疑的な意見をもつ組合員が存在するとのことであった。そうした中で，枝豆産地化による法人収益の維持・拡大以外に，各法人の代表らがメガ団地へ期待しているのが機械・施設の導入である。昨今では大規模な法人といえども，個々の取り組みでは機械・施設の導入や更新において補助金が簡単に支給されなくなっている。今回取り組むことになったメガ団地では枝豆栽培に関連する機械・施設導入に対して多額の補助を受けることができ[3)]，トラクター，プラウ，レーザーレベラー等の農機具については幅広い活用が期待されている。

4）法人間連携に対する各法人の意向

まだメガ団地の取り組みが開始していない段階ではあるが，現時点における各法人の組織間連携に対する意向を簡単に紹介したい。

まずA法人。T協議会の会長も務める代表は，組合員から懐疑的な目を向けられているメガ団地を強力に推進する意向を持っている。ただ，A法人の現状を鑑みると，組合員の高齢化も進み，メガ団地に対して新たに振り向けることのできる労働力には限界があることも認識しており（それ故に面積も4法人の中では最少の5ha），具体的な対応を今後検討していくつもりである。メガ団地への取り組みを通じて立ち上げられる新会社が，ゆくゆくは4つの法人をまとめあげていくことを展望している。現在4つの法人それぞれがライスセンターを保有していることから，それらを作目毎に特化し，より効率的な大規模経営を営むことが可能と考えている。その中でA法人としては，次の経営後継者が確保できていないことから，新会社の作業班として機能していくこともありうると構想している。

B法人としては，メガ団地については，個々の法人で栽培していると効率が悪いので，4法人で協力して取り組めればと考えている。組合員数も多く，独自の加工・宅配事業に取り組んでいることもあり，近いうちに4法人を1つにすることは想定しづらいが，一緒になるとすれば各法人の出資金の扱いが問題となると指摘している。

C法人はメガ団地において整備する農機具・施設に大きく期待している。新会社で購入するハード設備を各法人でも活用するとともに，現在法人間で行われている農機具やオペレーターの融通を通して，作業の効率化やコスト削減を図っていきたいと考えている。今回取り組むメガ団地は枝豆のみであるが，取り組みが軌道に乗った場合は他の作物においても4法人の共同事業として取り組んでいきたいと考えている。

D法人はメガ団地の取り組みを発展させ，各法人が出資して新たな販売会社を立ち上げ，ゆくゆくはその会社が4法人を統合していくという将来を描いている。4法人の経営面積を合計すれば250haとなり，それを会社として経営・管理していくには，部門制を確立していくことが必要となる。その中で中心的な役割を，現在の若い従業員に果たして欲しいと考えている。その部門は農業にとどまるものではなく，福祉部門を取り入れるなど，農業のみならず農村社会の生活に密着した事業を行い，「農協」的な役割を果たす存在になることも想定している。

4．まとめと今後の展望

本項ではこれまでの分析結果をまとめ，秋田県における集落営農法人による組織間連携の可能性と課題について考察する。

まず，秋田県内における集落営農法人の現状と課題を整理すると，集落営農法人の多くが様々な経営課題を持つとともに，経営後継者難に見舞われており，組織間連携や合併の意向を有している法人が一定程度存在していることが明らかになった。その上で，秋田県内の集落営農法人において組織間で連携しているほぼ唯一の事例であるT地区農事組合法人協議会を構成する4つの集落営農法人の取り組みを分析した。

T協議会は，設立当初は法人間での情報交換を目的としていたが，交流を進めるにつれて法人間の信頼関係が醸成されるとともに，互いの経営状況や事業計画についても共有されていった。そして，農業機械の相互利用や作業受委託が各法人の必要に応じて取り組まれるようになり，現在ではメガ団地に共同事業として取り組もうとしていた。こうした取り組みから示唆されるのは，「組織間連携」には段階が存在することである。情報交換を通じた信頼関係構築が第1ステップであり，その後にお互いの経営状況を知らせ合い（相手に自分の強みや弱みを教える），機械を融通し合うのでないだろうか（第2ステップ）。信頼の上に，互いが互いを気に掛け，何かあった際に連絡し助けを求める関係ができあがり，そうした関係をふまえて，農機具やオペレーターの融通といった「ヒト」や「モノ」の連携が行われると考えられる。T協議会の取り組みは，今日，メガ団地という新たな投資を必要とする「カネ」の連携が絡むものへと発展しようとしている（第3ステップ）。構想から実現に到るまで3年の時間を経過していることをふまえると，「助け合い」的な「守りの連携」に比べて，新たな事業に乗り出すという「攻めの連携」を行うことは格段に難しくなるといえるだろう。これが実現した後に，次の段階である法人合併による共同経営（第4ステップ）が展望されよう。

以上より，集落営農における法人間連携は一定のニーズがあり，今後取り組みが必要になるケースも増えてくると考えられるが，様々な連携を模索していくためには，情報交換（=「チエ」の連携）がそのスタートになると考えられる。連携を希望する相手先の機械利用状況，作付状況，農業労働力賦存状況など，経営に関する基礎的な情報を把握できていなければ，農機具やオペレーターの融通といった連携を結ぶことは困難だからである。「チエ」の連携は各法人にとって有益な情報を取得するという側面もあるが，むしろ連携を希望する相手先の経営情報をきちんと把握し，より深い組織間連携に進むために必要な過程である。この「チエ」の連携を土台として，組織間連携は次の段階である「ヒト」「モノ」「カネ」の連携構築へと踏み出すことができる。以上をふまえて，どのように組織間連携を結ぶかについて，「ヒト」「モノ」「カネ」「チエ」という経営資源の連携としてイメージ化したのが図5-7である。全てが重なる中心部分が，法人による共同事業であることは言うま

図 5-7　集落営農法人における組織間連携のイメージ図

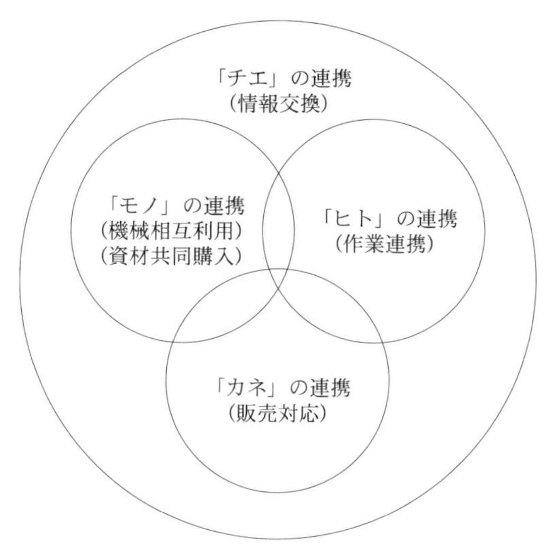

資料：筆者作成。

でもない。

最後になるが，秋田県において集落営農法人の組織間連携を進めようとするならば，関係・指導機関は集落営農法人同士が気軽に情報を交換できる「チエ」の連携の場を用意することが必要である。その先の「ヒト」「モノ」「カネ」の連携に進むためにも，各組織が抱えている問題点やニーズを洗い出し，互いに把握しなければならないからである。例えば，そうした情報を地図上に落とし込み「見える化」するだけでも，集落営農法人間の新たな連携を探る第一歩になると考えられる。

注

1）アンケート調査対象とした集落営農法人の定義は以下の通りである。1集落あるいは複数集落を単位として，対象地域の全農家のうち概ね過半の参加，または，対象地域の水田の相当部分の面積集積を目標に，農業生産活動を実施する農業生産法人（1戸1法人を除く）とする。なお，相当部分とは，①集落，地域の農用地の過半をすでに集積していること，②集落，地域の農用地の過半を集積する目標が定められていること，③集落，地域の生産調整面積の過半をすでに集積していること，④集落，地域の生産調整面積の過半を集積する目標が定められていること，⑤20ha 以上の農地をすでに集積していること，とする。

2) この他にも，菌茸類（7%），果樹（2%），山菜（2%）等がある。

3) この事例においては，国の事業も活用しており，補助率は国から 5 割，秋田県から 2 割，市から 1 割の合計 8 割である。

引用文献

秋葉節夫（2014）「集落営農法人の連携と再編」，『広島大学大学院総合科学研究科紀要. II，環境科学研究』第 9 号，pp. 29-40。

安藤光義（2007）「「集落営農」とは何か(3)集落営農の展開方向(1)合併と連携」，『現代農業』第 86 巻第 3 号，pp. 346-350。

橋詰登（2012）「集落営農展開下の農業構造と担い手形成の地域性」，安藤光義編著『農業構造変動の地域分析』農山漁村文化協会，pp.28-56。

高橋明広 (2016)「集落営農組織の広域化：合併と連携」，『農業と経済』第 82 巻第 1 号，pp.50-57。

谷口憲治（2008）「経営所得安定対策下における集落営農の展開：島根県における集落型農業法人連携を中心に」，『山陰研究』第 1 号，pp.27-40。

谷口信和（2007）「日本農業の担い手問題の諸相と品目横断的経営安定対策」，『日本農業年報 53 農業構造改革の現段階』農林統計協会，pp.23-54。

田代洋一（2012）『農業・食料問題入門』大月書店。

椿真一（2011）「水田・畑作経営所得安定対策が東北水田単作地帯に与えた影響－個別的土地利用から集団的土地利用へ－」，『農村経済研究』第 29 巻第 2 号，pp.28-35。

森本秀樹（2012）「進む営農組織の連携と再編：生産性の向上と担い手の確保に向けて」，『農業と経済』第 78 巻第 5 号，pp.75-84。

中村勝則(2014)「東北における集落営農の現段階と地域農業：秋田県平坦水田地帯の動向から」，『農業問題研究』第 45 巻第 2 号，pp.23-31。

棚田光雄（2010）「集落営農法人の広域的連携による地域支援システムに関する考察：中国中山間地域における大豆作での取組事例を対象として」，『農業経営研究』第 48 巻第 1 号，pp.73-77。

吉岡徹・市川治・發地喜久治（2013）「集落営農組織による組織間連携の可能性に関する一考察－K 集落営農連合協同組合を事例に－」，『農業経営研究』第 51 巻第 3 号，pp.19-24。

第6章　条件不利地におけるJA出資型農業生産法人の事業展開と課題

李　侖美

1. はじめに

日本農業における担い手の高齢化や不足，耕作放棄地面積の増加という問題は，長い間続いている。こうした問題を克服するための方策の一つとして，2009年12月に「農地法等の一部を改正する法律」が施行され，一方では一般企業が賃貸借を通じて直接に農業参入することが認められるとともに，他方では「農業協同組合法」が改正され，担い手が不足する地域などにおいて，JAもまた農地の賃貸借により直接に農業経営の事業を行うことが可能になった。さらに，青年新規就農者を毎年2万人定着させ，持続可能な力強い農業を実現するため，2012年度から「新規就農総合支援事業」も実施されている。

以上のように担い手不足，耕作放棄地増加などの問題を解決するために，相次いで制度改正や事業の新設が行われているが，このような上からの政策ではなく，単協の自主的な取り組みとしてJA出資型農業生産法人（以下ではJA出資型法人と略記する）が全国各地で設立されている。

「現場における」危機意識から「自主的に」設立されたJA出資型法人は，しばしば地域の他の担い手との競合関係や赤字経営が多いことなどが問題として指摘されてきたが，2016年8月末の現在数に関する推計によれば，578法人が設立されていることが判明している[1)]。

秋田県におけるJA出資型法人の設立状況についてみると，2016年8月現在，JAからの出資割合が50％以上の主導型が5法人，出資割合が50％未満の非主導型が19法人となっており合計24法人が設立されている。

出資割合が50％未満の19法人のうち，15法人はJA秋田しんせいが出資した法人で，JAによる法人化支援として，法人化した集落営農へJAの出資が行われた事例である。設立年をみると，2010年2法人，2011年1法人，2012年2法人，2013年5法人，2014年4法人，2015年1法人となっており，比較的近年に設立されていることがわかる。

主導型法人の設立状況については表6-1に示した。A法人とB法人がそれぞれ2004年と2006年に設立されてから，6年後の2012年にC法人，2013年にD法人，2015年にE法人が設立されている。有数の米産地であり，これまでは家族労働力や集落営農を中心とした農業経営を行ってきたこともあり，積極的にJA出資型法人を設立しようとする意識は弱かったのではないかと考えられる。

しかし，秋田県においても個別農家や集落営農だけでは地域農業の維持が厳しくなる地域が出現するようになり，徐々にJA出資型法人が設立されてきたと見られる。

本章では，表に示した5つの法人のうち，最も早く設立されたA法人と2012年に設立されたC法人の事例を取り上げることにした[2)]。これらの法人は秋田県の中でも比較的条件が厳しいところに設立されている面で共通している。2つの法人の設立背景，経営内容，抱えている課題を整理し，地域農業においてJA出資型法人が持つ意義について考察する。

表6-1　秋田県内のJA出資型法人

法人名	設立年月	JA出資割合(%)
A	2004.07	58.1
B	2006.04	99.7
C	2012.08	98.5
D	2013.08	99.5
E	2015.07	98.5

2．最後の受け手としてのJA出資型法人

（1）地域の概要と法人設立の背景

出資を行ったJAは1999年にK市旧AN地域の4JA（AK町，MY町，AN町，KM村）が合併して誕生したJAである。

当JAは秋田県の北部に位置し，立地する地域は地形が盆地となっているため，気温の日較差が大きく，とくに米の作付けに恵まれているところで，JAの販売額の約6割を米が占めている。この6割のうち，9割以上が「あきたこまち」で，日本穀物検定協会の食味ランキングでは2004年度から6年間連続で特A産地に認定されている。また，米だけではなく，秋田比内地鶏の産地としても全国に知られている地域である。

しかし，秋田県は高齢化率が2014年現在32.6％と全国で最も高く，とくに，当JA管内は秋田県内でもさらに高齢化率が高いところで，K市40.0％，KM村50.2％となっており，高齢化はもちろん過疎化も進んでいる。

管内では，年間約100戸のペースで米農家の離農が続いており，地区によっては農地の受け手が全くいない集落もあるほどだった。

このような高齢化と過疎化の進行は最近のことではなく，1990年代半ばから深刻化していることから，農家から農地委託希望が増加するようになった。そこで，当地域では，合併前の旧JA AK町が1996年に農地保有合理化法人の資格を取得して農地の斡旋などの事業を開始した。

農地保有合理化事業は他のJAでも数多く取り組んでいる事業である。その仕組みは，「出し手」と「受け手」の間にJAが入り，調整を行うことであるが，旧JA AK町では，賃借料や農地の貸出先について全てをJAに委ねることを原則として農地委託を受け付けるようにした。いわゆる「白紙委任」方式である。

農地保有合理化事業のスタートと当時に，「白紙委任」された農地の受け手として，認定農業者を中心とする受託部会をJA内に設立した。貸し出し農地については，受託部会による利用調整を行って集落内の担い手に農地を配分する仕組みである。

このような原則と仕組みによって農地の面的な集積が可能となり，また，

最適な受け手に貸し出すことが実現した。

しかし，農地の利用集積が進む故の新たな悩みとして，大規模農家がリタイヤした時に大面積の再委託農地が発生することや条件不利地への対応などが課題となってきた。

以上のような課題を解決するため，JAでは2001年にJA営農部と県中央会，県地域振興局と4町村の参加により「JA出資型法人ワーキング・グループ」を設置し，13回の検討会を重ねてきた。

2002年1月に行ったアンケート調査ではJA出資型法人の設立について賛成する意見が87％に達することが判明し，2004年6月の総代会で承認されて，A法人が7月に設立されることになった。

（2）出資と社員の構成

設立に当たってはJAが2分の1を出資する形で4町村（AK町，MY町，AN町，KM村）それぞれに出資を要請したが，首長の段階では合意に至らず，1町が議会で否決され，2町1村とJAが出資を行って設立されることになった。後にこれらの3町とTS町が合併してK市となったが，出資はそのままで事業を続けている。

法人の出資総額は930万円で，JAが540万円（58.1％），K市が180万円（19.4％），KM村が90万円（9.7％）を出資している。残りは法人の代表取締役社長が80万円（8.6％），取締役専務が40万円（4.3％）を出資している。

法人の役員および社員の構成についてみると，代表取締役社長は元JAの営農部長であり，2014年5月に就任した。取締役専務も元JAで農業機械を担当していた人である。代表取締役社長の主な業務分担は事務関係と耕種部門であり，取締役専務は耕種部門を全て担当している。

正社員は全部で9人おり，耕種部門に5人，比内地鶏部門に3人，事務関係に1人となっている。経営面積の増加により，2015年に2人を採用することになった。比内地鶏事業は3人の社員が担当しているが，1人は元比内地鶏加工会社のパートをしていた人で，2人はそれぞれ村の試験場の従業員と建設会社の社員で養鶏とは関係ない仕事に勤務していた人である。そのうち，

1人は2009年12月から年間雇用という形でパートとして働いているが,2013年4月から正社員となった。また，2011年5月から契約社員1人が耕種部門の作業に携わりながら，冬期間除雪作業を主に行っている。そして，農繁期である田植期間と収穫時期だけ2人のパートを時給750円で，大豆とそばの収穫作業がある10〜12月の3カ月間は時給1,250円で8人のパートを雇用している。

（3）経営の内容

当法人が設立開始計画のなかで取り上げた事業は大きく分けて「地域農業支援事業」「担い手確保支援事業」「モデル経営事業」の3つである。

第1の地域農業支援事業とは，地域の農業者が安心して経営を維持できるように，または，離農者が安心して農地を任せられるように法人が体制づくりを進め，地域農業のサポート機能を発揮するものである。すなわち，経営規模縮小農家や離農する農家の農地の受け皿機能と，条件不利地などで作業を請け負う担い手が見つからない場合に耕作放棄地につながる可能性があるので，当法人がそのような農地の委託を受けて代行管理する事業である。

第2の担い手確保支援事業は，地域の担い手確保のために，法人が担い手育成の手助けをする事業で，のれん分けにより就農や独立を支援したり，比内地鶏生産に新規に取り組む農業者の養成・研修事業を行うものである。

第3のモデル経営事業は農業経営，法人経営の実証モデルとして，施設園芸，露地野菜，水田作，比内地鶏などの実証と研修事業を実施したり，大豆団地での作業実証により，集団化への取り組みを推進する事業である。では，法人の経営内容についてみていこう。

1）作付面積の推移と農地の状況

まず,「地域農業支援事業」と関連して，農地引き受けの仕組みについてみておこう。

JAが1996年から取り組んできた農地利用集積円滑化事業（当時は農地保有合理化事業）で引き受けた貸出希望農地は前述したJA内の農地受託部会で利

用調整を行っている。

農地の配分ルールは，第1順位が委託された農地の隣接圃場または，最も近い圃場を有する同集落の担い手である。第2順位は隣接集落の担い手となっており，それでも受け手が確保できない農地については，当法人が最終的な受け皿として位置づけされている。受託部会で受け手がいない条件不利地を当法人が引き受けることから，農地利用集積円滑化事業による未貸付農地はなく，管内に耕作放棄地が発生しないように取り組んでいる。

表6-2は，農地利用集積円滑化事業と当法人が設立当初からの引受面積の推移を示したものである。これから読み取れるのは，2010年以降に急速に引受面積が増加していることである。2011年は前年に比べて約2倍となった。それに伴って当法人の引受面積も当然増加して2011年度と2012年度は16haずつ引き受けることになった。

2013年度は前年度に比べ引受面積の増加が約4ha減少したが，2014年度は再び16haを引き受け，2015年度には一気に31.0haを引き受けることになった。2007年には管内全地区に35の集落営農組合が組織され，貸出農地の受け皿として機能してきたが，高齢化の進行と後継者不足により，集落営農でもカーバー仕切れない農地を当法人が引き受けた結果である。では，当法人

表6-2　農地利用集積円滑化事業と当法人引受面積の推移

（単位：ha）

年度	件数	面積	累計面積	当法人の引受面積	増加面積
2005	38	21.7	200.4	2.0	
06	22	13.5	213.9	8.3	6.3
07	109	53.9	267.8	16.7	8.4
08	75	38.5	306.3	23.0	6.3
09	41	18.5	324.8	24.3	1.3
10	108	54.4	379.2	28.0	3.7
11	205	109.0	488.2	44.7	16.7
12	189	120.4	608.6	61.0	16.3
13	128	75.1	683.7	72.0	11.0
14	－	－	－	88.0	16.0
15	287	157.1	940.8	119.0	31.0

表6-3　作付面積の推移

（単位：ha）

区分	2005年	06	07	08	09	10	11	12	13	14	15
主食用米	1.0	1.7	2.4	3.0	2.3	3.7	6.7	11.6	14.2	19.2	10.2
飼料用米	－	－	－	－	－	5.0	14.8	11.5	15.0	11.0	40.9
加工用米	－	－	－	－	－	－	－	－	－	6.0	－
大豆	1.0	5.0	9.2	10.0	17.3	16.0	19.6	29.3	31.9	33.4	41.8
その他	－	1.6	5.1	10.0	4.7	3.3	3.6	8.6	11.6	18.7	26.0
計	2.0	8.3	16.7	23.0	24.3	28.0	44.7	61.0	72.7	88.3	118.9

が農地利用集積円滑化事業として引き受けた面積がどのように利用されたのか，その内訳についてみていこう。

表6-3は2005年度から2015年度までの作付面積の推移を品目別に示したものである。作付は米と大豆が主となっており，その他には菜の花，牧草，そば，馬鈴薯，ゼンマイ，トマトなどが含まれている。

2010年度からは主食用米だけではなく，飼料用米の作付を始め，2015年度には40.9haの作付を行った。主食用米はあきたこまちで，飼料用米は多収米品種として育成された秋田63号である。大豆は雨や日照量，冬の積雪により収穫量の変動幅が大きいことがネックになってはいるが，毎年作付面積を伸ばして2015年度には41.8haを作付した。

次に，当法人が地権者から借り入れている農地の状況について表6-4に示した。

2015年現在，248人の地権者から農地を借入れており，契約期間はほぼ6年である。借入農地は1筆当たり平均12.5aと零細で，20a未満の農地が57.7%に及んでいる。また，片道で1時間もかかるところの農地も引き受けており，経営の効率性からみると厳しい状況におかれている。

先述したように，当法人の設立前からJAの農地保有合理化事業のスタートと当時に，「白紙委任」方式で農地利用を調整してきているが，地域の担い手を優先していることから，条件が良くない農地や遠距離の農地を引き受けている状況になっている。このように，厳しい条件の下に置かれているが，依頼がある農地については基本的に全て引き受けている。ただし，広範囲にわ

表 6-4　借入面積の状況

（単位：ha，%）

区分	筆数	面積	割合
30a 以上	50	20.6	17.4
20～30a	122	29.5	24.8
10～20a	284	39.8	33.4
5～10a	319	24.1	20.2
5a 未満	171	4.9	4.1
計	946	118.9	100

たる水田の水管理は法人の社員だけでは困難なので，水管理については，地権者やその地域で管理できる人に10a当たり300円を支払って委託している。

地代は農地条件に応じてJA独自に決めているが，この決め方は，合併する前の4JA（AK町，MY町，AN町，KM村）で実施してきたものである。

農地は1筆ごとにAからEまでランク付けされており，地権者の自己申告となっている。地区ごとに若干の差はあるものの，単収が10a当たり600kg以上はAランク，480kg～600kg未満はBランクのような決め方である。地代は2014年度までは10a当たり，Aランクは1万9,000円で，Bランクは1万5,000円，Cランクは9,000円，Dランクは7,000円，Eランクは5,000円となっていたが，米価の下落や法人の経営効率性を考え，2015年度から20%減額することにした。

2）周年就業確保のための対策と比内地鶏事業

周年就業確保は法人経営にとって欠かせない重要な課題となっている。そこで，当法人の事情からみていこう。JA出資型法人を設立するために立ち上げた「ワーキング・グループ」では，経営のあり方をめぐって多様な意見が交わされたが，やはり，冬季の収入確保が最も重要な課題として指摘された。結局，議論の末に，まずJAが所有していた機械銀行の装備などを活用し，初期投資を低く抑えることにした。

次いで，JAが行っていた肥料・堆肥散布，大豆・そばの播種作業から刈り取り・乾燥・調製作業まで，そして水稲種子温湯消毒作業などを当法人に移管させることにより，できるだけ法人の収入増大につながるような措置をとった。

そこで，表6-5によって作業受託の内容と実績についてみてみよう。

作業受託の中で大きな割合を占めているのは大豆とそばの刈取である。これらの作業は農家や集落営農組織が多額の機械投資をしないで済むようにJAが汎用コンバインを取得して，当法人が作業受託する仕組みを取っている。借入農地による大豆やそばの生産だけでなく，その上に作業受託が加わることにより，秋から翌年2月中旬まで，刈取と乾燥・調製作業が連続的に行われることになり，冬季作業を延長することが可能になった。

水稲作業受託は肥料のばら散布や防除作業が大きな面積を占めているが，耕起，代かき，田植は2007年度に約40haで決して少ない面積ではなかったが，毎年減少を続け2015年度は17.8haとなっている。

水稲3作業のうち，刈取作業はそもそも地域の生産組織がカントリーエレ

表6-5　作業受託の実績

(単位：ha)

区分	作業内容	2007年度	08	09	10	11	12	13	14	15
水稲	耕起	13.8	7.8	9.0	4.3	6.0	7.7	5.5	4.5	3.8
	代かき	5.2	7.1	5.9	4.2	7.9	4.9	4.6	3.7	3.8
	田植え	20.0	19.1	19.4	12.4	14.6	14.4	16.6	12.1	10.2
	稲刈り	−	−	−	−	−	20.2	18.5	16.7	20.9
	畦塗	13.2	16.3	17.2	26.5	27.0	22.6	17.4	23.7	17.7
	ばら散布	260.5	116.8	138.8	163.7	110.0	101.5	148.2	89.4	68.8
	防除作業	−	−	−	412.9	508.9	495.2	933.0	1346.5	1063.6
大豆	耕起	15.0	18.4	9.9	6.7	6.5	4.0	5.1	27.3	41.7
	ばら散布	76.0	87.0	84.8	65.8	33.8	13.0	30.2	1.6	4.5
	堆肥散布	156.3	148.6	184.8	147.8	99.6	41.8	36.5	40.1	64.6
	播種	27.8	25.5	24.0	17.9	14.5	13.4	14.8	15.3	17.5
	防除	36.1	25.5	34.4	19.9	5.0	6.3	−	−	12.1
	刈取	187.3	148.7	164.4	147.6	95.8	121.8	133.5	42.0	32.5
	乾燥調整(t)	93.0	72.0	135.5	62.0	38.9	29.6	11.5	58.2	84.9
そば	播種	2.5	9.8	11.3	25.5	24.2	13.2	12.8	21.1	21.7
	刈取	64.9	77.8	69.5	104.7	99.3	165.3	161.6	1617.4	1280.2
	乾燥調整(t)	64.9	77.8	58.9	57.4	40.7	79.0	57.5	46.7	51.7

ベーターの下部組織として機能しているため，当法人では行っていなかったが，2012 年度からは当法人が引き受けて作業を行っている。

さらに，土地利用型経営だけではなく，古くから秋田県の北部，比内地方で飼育されてきた比内地鶏と関連した事業を経営の土台とし，収益部門に位置づけることにした。2001 年に JA 出資型法人の設立について議論された際に，比内地鶏 20 万羽処理場の施設取得が決まったので，その運営を法人に委託させる計画を立てたのである。

比内地鶏事業は組合員向けのヒナ供給事業が中心となっている。当初は飼育に関する技術がなかったので，畜産試験場の OB を JA の技術顧問として迎え，週 2 回，2 年間指導してもらったこともあり，毎年順調に拡大して 2009 年度には約 6 万羽までの実績を挙げたが，2010 年度から減少する傾向がみられる。

その理由としては，鳥獣による被害，当初に比べて確かに技術向上はしたのだが，まだ熟練技術が不足していること，そして比内地鶏事業を担当している社員が，耕種部門の経営面積が拡大するのに従って耕種部門の作業に携わる時間が増加したことが指摘された。しかし，2012 年以降は，法人の経営面積増加にともなって社員の増員が行われたこともあり，社員が比内地鶏に専念できる状況が確保され，2015 年度には初生ヒナ 3 万 60 羽，肉鶏（メス）7,035 羽，肉鶏（オス）7 万 7,195 羽，合計 4 万 4,290 羽の飼育に取り組んでいる。

3）勤務体系と周年就業の成立

次に，役職員の勤務・労働条件について検討を行うことにしよう。

社員は 20 代 1 人，30 代 5 人，40 代 1 人と年齢的には若い職員が働いていることがわかる。また，正社員ではないが，パートとして年間雇用されている 3 人も 20 代 1 人，30 代 2 人で構成されている。勤務体系についてみると，社員の勤務時間は原則として 8：00〜17：00 で，週 5 日勤務，有給休暇は年間 20 日であるが，農繁期には残業もある。給与は勤務年数や仕事の能力により異なり，ボーナスは年 1 回である。

表6-6　職員ごと月別労働時間の推移（2015年度）

	A	B	C	D	E	F	G	計	1カ月平均
1月	215.0	182.5	217.5	183.5	240.5	221.0	233.0	1,493.0	213.3
2	224.0	184.0	188.0	184.0	236.0	220.0	228.0	1,464.0	209.1
3	217.0	180.0	180.0	180.0	218.0	210.0	206.0	1,391.0	198.7
4	188.0	195.5	212.0	180.0	220.0	212.0	218.0	1,425.5	203.6
5	228.5	223.5	226.5	226.0	220.0	212.0	284.0	1,620.5	231.5
6	311.0	381.0	284.5	353.0	238.0	222.0	240.0	2,029.5	289.9
7	227.5	234.5	224.5	235.5	206.0	210.0	210.0	1,548.0	221.1
8	227.0	200.5	190.5	203.0	228.0	226.0	204.0	1,479.0	211.3
9	228.0	223.0	224.0	235.0	224.0	220.0	218.0	1,572.0	224.6
10	268.0	295.0	250.5	284.5	228.0	220.0	224.0	1,770.0	252.9
11	242.5	282.5	264.5	284.5	226.0	232.0	236.0	1,768.0	252.6
12	212.0	213.5	212.0	214.5	242.0	220.0	242.0	1,556.0	222.3
年間労働時間	2,788.5	2,795.5	2,674.5	2,763.5	2,726.5	2,625.0	2,743.0	19,116.5	2,730.9

注：網掛け部分は1カ月200時間未満の月である。

表6-6は社員ごとに月別・労働時間を示したもので，残業時間が含まれている。これによれば，耕種部門担当の職員A～Dの場合は，1カ月200時間未満である月は1～4月であるが，土地利用型農業法人でよく見られる冬季の農閑期の存在が明瞭には示されていないことがわかる。米に加えて大豆の生産や作業受託が影響しているからである。比内地鶏事業はオールイン・オールアウト方式で飼育される体系となっており年間稼働となる。比内地鶏部門に従事しているE，F，Gの3人は農閑期などにも大きく左右されることなく，比較的に均等な労働時間で周年就業が確保されている。

（4）経営収支と今後の課題

設立翌年と2010年度から2015年度までの売上高の内訳を表6-7に示した。売上高当期利益率は決して高いものではないが，設立以来12年間のうちで2014年度のみが赤字となっており，JA出資型法人のなかでも希にみる優秀な事例だといえよう。職員が法人への就業を職業として選択し，長年にわたって勤務を続けていくことができるためには，何よりも法人の経営が安定することが前提となる。JA出資型法人に限らず，経営体が目指している方向が見

表 6-7　売上高の内訳

（単位：%）

内訳	2005年度	10	11	12	13	14	15
農地受託管理	6.7	24.1	33.3	39.4	40.1	42.4	54.0
作業受託	47.2	40.1	42.5	34.0	32.3	33.2	25.1
集荷作業受託	6.1	1.1	1.1	1.3	1.2	2.1	1.1
その他作業	0.0	4.6	1.1	1.4	1.5	0.0	0.0
比内地鶏	39.9	30.1	21.9	23.9	24.9	22.3	19.8
合計	100	100	100	100	100	100	100
売上高当期地益率	0.3	4.0	4.7	0.6	0.0	-2.5	1.4

事に実現されていることについては高く評価されるであろう。

売上高の内訳をみると，売上高の重心が作業受託から農地受託管理（農作物の生産・販売）に着実に移行していることがわかる。農地受託管理の売上高の割合は 2005 年度の 6.7%から 2015 年度には 54.0%にまで増大する一方，作業受託の割合は 47.2%から同年 25.1%まで減少しているからである。

設立当初は当法人が地域の担い手の農作業を補完する機能を想定したが，農作物の生産・販売を行う農業経営体として成長していることが明らかである。

次に，売上高における比内地鶏部門のシェアは 2005 年度に 39.9%になったあと徐々に低下して 2015 年度には 19.8%となったが，これはとくに比内地鶏の売上高が減少したわけではなく，農地受託管理の増加による比内地鶏の割合の減少である。

今後の課題としては，過疎化と高齢化が一層進行することにより，2011 年度から農地の貸し出し希望が多くなっていることへの対応が指摘される。もちろん，法人では農業機械の償却と更新をしながらできる範囲で対応しているが，無制限に農地を引き受けるのは現実的には不可能だと判断している。しかも貸し出される農地は法人の所在地から遠隔地にあることや中山間地域が多いことが問題となっている。

3．複合経営モデルとしての JA 出資型法人

（1）地域の概要と法人設立の経緯

1963 年に 11JA が合併してできた当 JA は，行政の枠を超えた大型合併であった。その当時は JA の合併が進行する前で，珍しいこともあり他県から視察にくることもあった。当地域は中山間地域であり農業の耕作条件が厳しく，赤字 JA が多数発生するなど，JA 間の格差をいかにして解消するのかが課題となっており，その解決策として合併が進められたのである。

現在 JA が管轄している地域は，KZ 市と KZ 郡の KS 町であるが，秋田県でも耕作放棄地が多く発生している地域である。2010 年の耕作放棄地率が秋田県全体 6.0％であったのに対し，KZ 市は 14.1％，KS 町は 12.0％に及んでいる。

2010 年の農業従事者の平均年齢は 56.2 歳となっており，秋田県の農業従事者の平均年齢 57.1 歳よりも低いにも関わらず，耕作放棄地率が秋田県平均よりもはるかに高い背景に中山間地域が多いことが挙げられるだろう。

JA の 2013 年度農畜産物取扱高の内訳をみると，豚が 67.1％で最も多く，米 17.2％，野菜 8.7％，果実 3.5％，肉用牛 1.6％，花き 1.1％，その他 0.8％となっており，秋田県の米の平均割合 64.1％に比べて，米が占める割合が著しく低いことが特徴である。当法人が設立されるようになったのは，やはり農業後継者の不足とこれに伴う離農や耕作放棄地の拡大があり，このままの状態では地域全体の農業生産が衰退していくことが懸念されていたことが指摘される。

従来取り組んできた認定農業者や集落営農組織だけでは農業に対する希望が見えず，新規就農者の発掘も進まない状況であった。このような背景を踏まえ JA としても自ら農業生産に参入し，法人などの担い手と連携して施設園芸を主体とした周年農業の拡大や淡雪こまちの地域ブランド化による産地づくりの複合経営モデルとして JA 出資型法人を設立することになった。

2012 年 8 月に設立された当法人の出資と社員の構成は次のとおりである。

（2）出資と社員の構成

法人の出資構成についてみると，JA からの出資が 985 万円（98.5％）となっており，代表取締役，取締専務（2 人），総務課長がそれぞれ 5 万円ずつ出資し，出資総額は 1,000 万円となっている。代表取締役社長と監査役 2 人は非常勤で，専務取締役 2 人は常勤となっている。専務取締役の 1 人は元 JA の営農部長で，もう 1 人の専務取締役は市内で建設業を営みながら実家の農業に携わっていたが，JA の知人から誘いを受け，一般公募により当法人の取締専務となったものである。

次に，社員の構成をみると，正社員は総務課長 1 人，社員 3 人，季節社員 2 人とパート事務員 1 人となっており，社員以外に農作業を行うパート 27 人が登録している。総務課長は元 JA の臨時職員であり，その後は JA 関連団体に勤務していた。

業務内容は，正社員 1 人は園芸部門を担当しており，正社員 2 人と季節社員 2 人が稲作部門を担当している。パートは園芸部門で 10 人，稲作部門で 17 人となっている。

季節社員の勤務期間は 4 月から 11 月となっており，給与は日給であり，男性は 6,400 円，女性は 5,600 円である。パートの作業時間は午前 5 時半から午前 9 時半の部，午前 8 時から午後 3 時の部，午後 4 時から午後 7 時の部に分けられている。労働力は不足している状態であり，パート職員の募集を継続的に行っている。

（3）経営実績と新しい栽培技術の導入

当法人の事業内容は大きく水稲関係，施設野菜に分けられる。表 6-8 に水稲関係の作付面積の推移を示した。2013 年度は主食用米を 14.4ha を作付したが，2014 年度は借入面積の増加により，主食用米と加工用米，飼料用米をそれぞれ 12.0ha ずつ作付した。2015 年度は飼料用米を作付せず，主食用米 22.0ha と加工用米 16.3ha を，2016 年度は加工用米をやめて主食用米を 30.3ha，飼料用米 12.5ha を作付した。

借入面積は 2013 年度の 14.4ha から 1 年後の 2014 年度には 36.0ha となり，

表6-8　作付面積の推移

（単位：ha）

区分	2013年度	14	15	16
主食用米	14.4	12.0	22.0	30.3
加工用米	–	12.0	16.3	–
飼料用米	–	12.0	–	12.5
稲WCS	–	–	–	5.0
計	14.4	36.0	38.3	47.8

1年で21.6haも増加したが，2015年度は38.3haと2014年度に比べ2.3haの増加にとどまっている。これは，地権者から貸付依頼が減ったわけではなく，法人の経営的な判断から意図的に引き受けを断った結果である。借入面積は2016年度には47.8haにまで伸びている。

法人の設立背景で述べたように，「淡雪こまち」の地域ブランド化による産地づくりに取り組むことが法人の役割として位置づけられている。淡雪こまちは，うるち米ともち米の中間の性質を持っており，うるち米に比べて粘りが強く，食感はもちもち・ふっくら・柔らかく時間が経ってもご飯の水分が蒸発しにくいため，冷めても・電子レンジで加熱しても，美味しいのが特徴である品種である。栽培方法としては，直播栽培となっており，田植えより直播による栽培が，出穂時期を遅らせる事で品種の特性を最大限引き出せるという。また，丸ビン乾燥という送風乾燥方式による準自然乾燥調製方法を採用して販売しているのが特徴で，このようなKZ市のみの特徴ある米を売り出すために，国，秋田県，KZ市から乾燥施設設備の3分の2の補助を受けている。補助金の交付条件のため主食用米以外の米の乾燥が乾燥量全体の3分の1を超えることができないという事情があった。そのため，2015年度は飼料用米を栽培することができなかったが，2016年度には経営面積全体を拡大し，加工用米生産をやめて飼料用米生産に切り替えることで，飼料用米12.5haを栽培することができた。

2016年度の水稲作付内訳をみると，淡雪こまち（直播）は14.3ha，あきたこまち（移植）16.1ha，飼料用米はふくひびき（移植）で12.5haとなっており，稲WCSはあきたこまち3.3ha，ふくひびき1.7haとなっている。稲WCSは

2016年に初めて作付したもので，収穫は外部委託している。

次に，水稲以外に施設野菜を生産している。2014年から発砲スチロールに培土を入れて苗を植え，そこに溶液を点滴灌水するトロ箱溶液栽培システム「うぃずOne」栽培方式を行っている。これは慣行栽培に比べて土壌病害になりにくく，品質が均一，果肉がしまっていて重量があるなど，秋田県ではこれまでに大玉トマトでうぃずOne栽培方式が使われた例はない。29棟のハウスのうち，3棟のハウスでこの栽培方式を取り入れている。他のハウス栽培は11月半ばまでの出荷であるが，この栽培方法により，12月半ばまでの出荷が可能である。トマト栽培の面積は2014年度から2016年度まで0.6haとなっており，施設野菜の中心となっており，トマト収穫後はムカゴ，ほうれん草，ネバリスター，小かぶ，長芋などを栽培し冬季の収入源確保に取り組んでいるが，冬季は本格的な農作業は少なく，季節社員やパートなどの季節限定の雇用によって労働力をまかなっている。

また，雪かきなどの農作業以外の仕事も含め，できるだけ冬期の雇用をつくることが課題となっている。

（4）農地の条件と地代設定

農地の利用権設定期間は6年となっており，JAの農地利用集積円滑化事業によってJAを通して行われている。2016年現在49人から農地を借りている。当法人では5地区から農地を引き受けているが，地域の範囲が広いため，事務所からは最大で20km離れており，機械類はトレーラーを使って移動させている。

表6-9に2016年度の借入面積の状況について示した。1筆の平均面積は18aとなっており零細である。30aの農地は全体の16.5％にとどまり，20～30aが38.7％，20a未満は44.8％を占めている。農地が零細であるだけではなく，最初農地を引き受けた時は，雪が積もっていて圃場の状況が良く分からなかったが，実際に作付けを始めてみると，条件が悪くて地権者に返却したこともあった。先述したように，当地域は中山間地域であることもあり，水持ちが悪い，排水口まで水がつかない，湛水日数がかかるといった農地も多く

表6-9　借入面積の状況

（単位：ha, %）

区分	筆数	面積	割合
30a以上	23	7.9	16.5
20～30a	75	18.5	38.7
10～20a	134	19.5	40.8
10a未満	28	1.9	4.0
計	260	47.8	100

法人の経営は決して楽ではない。

農地が遠隔地にあるだけではなく，零細なものが散在したままでは，機械投入に制約が加わり，経営的には不採算性が高まる。そこで，当法人では，水管理・草刈の再委託と農地条件による地代格差を設定し，なるべく経営の効率性を高めようとしている。

地権者が水管理や草刈を行う場合は，10a当たり4,000円，用水管理は10a当たり2,000円を支払っている。2015年現在，地権者が水管理している面積は13.0ha，草刈は11.0haとなっており，それぞれ農地全体の33.9%と28.7%を占めている。農地を借り入れる際は，具体的な基準値は設けていないが，用水が入るか入らないか，畦畔が多いか，2tトラクタが進入できるか否かの3つを基準にして地代を設定しており，最も高いところは10a当たり14,000円から最も低いところは5,000円までの幅がある。

（5）経営収支と抱えている課題

2013年度から2015年度までは赤字経営となった。2013年度は経営面積が多くなかったこともあるが，特に秋の台風による被害面積が2.3haで，減収量も推計7.2tとなり，大きな影響を受けた。経営面積の拡大とトマト栽培技術の向上により毎年赤字の幅は減少しており，2016年度は僅かではあるが黒字経営となる見込みである。

当法人が抱えている課題としては，第1に，冬季の仕事が少ないことがあげられる。現在はトマト収穫後に，ムカゴ，長芋，ほうれん草，小松菜，ネバリスター，小かぶなどの中で 1～3 品目程度を作付しているが，まだ定着しておらず，収入も多くはない。

第2に，法人設立に当たって，秋田県次世代法人育成事業により秋田県とKZ 市からの補助金と国の強い農業づくり交付金事業により，ライスセンター，作業所，トマトハウス団地などが整備されたことにより，農業政策に変更があっても国等に提出した当初の事業計画に沿った経営が求められ，法人経営において制約が生じていることである。

法人としては，飼料用米作付面積を増やしたいと思っているが，ライスセンターは主食用米と加工用米向けに使用されるという計画となっていることから，国が作付面積の拡大を推進した飼料用米を主とした乾燥調製施設の利用は認められない。また，先述したように，淡雪こまちという品種の普及を目指している JA の方針の受け皿として当法人が位置づけられており，20ha の淡雪こまち（直播）の作付が目標とされている点である。淡雪こまちは直播に適しているとはいえ，当法人が経営している農地は中山間地域が多く，収量が低いのがネックになっている。

第3に,これまで引き受けている農地は中山間地域を中心としている上に,KZ 市内の広範囲にわたって点在しており，耕作のための移動に手間と時間がかかることが課題である。しかも，条件不利地を中心にして依頼が増加していることが指摘される。JA の子会社であることもあって，貸付依頼を断りにくい面があるので,効率の良い計画を立て,経費を抑えることが急務となっている。

4．おわりに

本章では，秋田県における JA 出資型法人のうち，比較的に高齢化率が高いところと中山間地域が多いところに設立された2法人を取り上げて，法人の設立背景と経営内容，そして抱えている課題について検討を行った。

2つの法人の共通点としては，第1に，秋田県内でも比較的に条件が厳しいところで設立されている点である。こうした地域的条件の厳しさの故に法人の設立時期が早かったと考えられる。

しかし，事例で取り上げた2法人以外の D 法人，E 法人（表 6-1 参照）が設立された地域は，典型的な水田地帯でこれまで個別農家や集落営農で維持してきた地域である。こうした地域でもJA出資型法人が設立されたということは，やはり農業後継者の不足が全ての地域で大きな問題となっていることを示している。

第2に，冬季は寒さと降雪により，仕事確保が困難になっていることから，法人設立当初から冬季の仕事確保のための取り組みが行われてきたことに共通点がある。A法人は，JAが行っていた肥料・堆肥散布，大豆・そばの播種作業から刈り取り・乾燥調製作業まで，そして水稲種子温湯消毒作業などを移管させることにより，できるだけ法人の収入増大につながるような措置をとった。また，比内地鶏の産地目標の達成に不可欠な素びなの確保のため，JAから委託を受けて素びな供給施設の運営を任されている。

C法人の場合は，施設ハウス団地を造成し，淡雪こまちのブランド化と新しいトマトづくりに挑戦している。A法人は設立されてから12年が経っており，経営的にも安定している方であるが，C法人は，淡雪こまちやトマトの栽培が安定するまではもう少し時間が必要と思われるが，JAとしても技術向上に向けて指導員を派遣するなど積極的に支援を行っている。

第3に，条件不利地や分散・零細農地までも引き受けることが求められるという特別の制約性の下に置かれているなか，しかも，こうした農地が毎年急増していることが問題となっている[3)]。一般経営と比べると，JA出資型法人ならではの特有の条件により規模拡大は場合によっては経営の採算性悪化につながりやすいという問題が存在しているのである。両法人は，組合員の協力の下に，地代の引き下げや水管理と草刈の再委託を通じて経営を展開しているが，相変わらず，条件不利地の借入増加は大きな問題として残されている。

こうした問題を抱えながらも，A法人は徐々に規模拡大を進め100haを超える大規模経営にまで発展してきた。C法人は乾田直播栽培に適した「淡雪こまち」の栽培やトロ箱栽培方式「うぃずOne」による大玉トマトの新しい栽培方式により，まだ完全には安定していないが，設立4年目である2016年度は黒字経営を見込んでいる。

以上のように，両法人は，条件が厳しい状況のなかでも地域農業の担い手として農地の管理・維持に加え，地域特産物の産地づくりにも取り組みながら地域農業全体を支えており，こうした点は評価すべきであろう。

注

1) 農業生産法人に該当する出資型法人578と直営型経営36を合わせて614のJAによる土地利用型経営が存在している。
2) 2006年度に設立されたB法人は，農地の借入による農業経営より，農作業受託が中心になっているので分析の対象には含めない。
3) 2014年8月に実施したJA全中の全国アンケート調査によれば，JA出資型法人が抱える問題のうち，「ほ場分散が激しいことや条件不利地が多いため，効率が悪い」と答えた法人が最も多い167法人（76.6%）となっている。

第Ⅲ部　土地利用型作物の挑戦

第７章　耕畜連携の経営行動と資源循環

－飼料用米の生産と利用－

鵜川　洋樹

2015年は，2004年に設定された米（主食用米）の生産数量目標が初めて達成された年次になった。主食用米の作付面積は2014年147万haから2015年141万haへ減少し，転作作物としての飼料用米は同じく3万4,000haから80千haへ大きく増加した。飼料用米の面積が増加した要因は2014年の米価下落（主食用米）と数量払いの導入（飼料用米）にあった。2016年も生産数量目標の達成が確実視され，主食用米は138万ha，飼料用米は9万1,000haと見込まれている。米の生産調整としては主食用米の消費量が減少する分（年間8万t）だけ飼料用米の生産量が増加すれば十分ともいえるが，地域条件のあるところでは，飼料用米を耕畜連携の契機とし両者の生産性（生産力）を高めるような取り組みに発展させることが重要である。それは中長期的にみても飼料用米生産に不可欠な交付金とその国民的理解にとって，飼料用米の生産性向上・低コスト化が必要と考えられるからである。

ここで耕畜連携とは耕種経営と畜産経営が連携して，飼料と畜産物を生産・利用することであり，例えば，水田作経営が生産した飼料用稲を肉用牛経営が利用して子牛や肥育牛を生産することである。したがって，飼料用米の生産・利用はそれ自体が耕畜連携に当てはまるとみなすことができ，高額交付金を前提に，耕種経営が飼料用米を生産し，畜産経営がこれを利用（給与）することには経営行動としての合理性がある。他方，耕畜連携にはもう1つの含意がある。それは耕種経営が生産した飼料を畜産経営が利用することに加え，畜産経営で生産された堆肥の耕種経営への供給による資源循環である。このような資源循環が耕種経営と畜産経営における生産力の高度化につなげることができる。この点では，飼料用米は直ちに耕畜連携に該当するとは限らないが，地域条件のあるところでは，耕畜連携の構築に取り組むことが重要であり，その条件を拡大することも求められる。

本章では，2015年に急拡大した飼料用米の「本作化」条件を生産主体と利用主体である耕種および畜産経営の行動原理と資源循環の視点から明らかにする。飼料用米の生産・利用の実態を地域に定着している稲WCSと比較しながら分析し，耕種経営における飼料用米生産の定着条件を明らかにするとともに，畜産経営における飼料用米利用の展開条件を検討する。

第1節　耕畜連携の経営行動 －耕種経営と畜産経営の不平等契約－

農業経営は，農産物や生産資材の価格変動，技術開発，行政支援など経営環境の変化に応じて経営資源の最適な組合せを検討し，経営組織を絶えず再編成することによって，存続することができる。近年の主食用米価の変動（低落）と転作奨励金（交付制度）の変更は水田作経営にとって経営環境の大きな変化であり，経営組織（転作部門）の見直しを引き起こすことになる。なかでも，飼料用米や加工用米，備蓄用米など「コメによる転作」は主食用米からの転換や相互の転換が比較的容易であることから，転作作物の選択では，水田作経営は助成金を含めた収益性に敏感に反応し，飼料用米の作付面積の変動要因になっている。既述のように，飼料用米面積は2015年に大きく増加したが，2012年から2013年にかけて急減するなど変動が大きく，その要因は加工用米と備蓄用米価格の上昇にあった[1)]。

耕種経営が転作作物として飼料用米を生産する行動原理は，主食用米価格の低落と飼料用米生産に対する高額交付金という経営環境のなかで，農業所得（あるいは純利益）の最大化のために飼料用米を選択したものである。主食用米と加工用米，飼料用米の農業所得を2015年の秋田県（JAあきた北央）の販売価格と平均単収（524kg/10a），カントリーエレベータ利用を前提に試算すると（表7-1），飼料用米「秋田63号」の販売価格は1,200円/60kg（玄米20円/kg）と見込まれることから，収入は1万480円/10aになる。飼料用米の経営費は主食用米に準じた栽培で，本田防除を1回のみとすると6万8,209円/10a，流通経費としてカントリーエレベータ利用料などが1万1,013円/10aになる。助成金は，戦略作物助成8万円/10aと産地交付金（多収性品種と堆肥散布）1万8,000円/10aがあり，所得は2万9,258円/10aとなる。これは，同じように計算した主食用米の所得2,984円/10a，加工用米の所得1万176円/10aよりも明らかに高い。このように，2015年の主食用米価格はやや回復したが，飼料用米の収益性は地域平均的な単収水準でも，主食用米や加工用米よりも高いことがわかる。なお，この試算には主食用米の収入減少影響緩和対策（ナラシ対策）の補填金は含まれていない。仮に2015年産米の補填金額が2014年産米程度（約2万円/10a）であっても飼料用米の収益性が最も高いことは変わらない。

一方，飼料用米の収益性が最も高いからといっても，すべての水田に飼料

表7-1　飼料用米生産の収益性（試算）（2015年）

		主食用米	加工用米	飼料用米
栽培品種		あきたこまち	ゆめおばこ	秋田63号
販売価格（円/60kg）	①	9,700	6,000	1,200
単収（kg/10a）	②	524	524	524
収入（円/10a）	**③=①×②/60**	**84,713**	**52,400**	**10,480**
流通経費等（円/10a）	④	13,982	11,013	11,013
手取りⅠ（円/10a）	**⑤=③-④**	**70,731**	**41,387**	**-533**
戦略作物助成（円/10a）	⑥	0	20,000	80,000
産地交付金（円/10a）注1)	⑦	0	20,000	18,000
米の直接支払交付金（円/10a）	⑧	7,500	0	0
手取りⅡ（円/10a）	**⑨=⑤+⑥+⑦+⑧**	**78,231**	**81,387**	**97,467**
経営費（円/10a）注2)	⑩	75,247	71,211	68,209
所得（円/10a）	**⑪=⑨-⑩**	**2,984**	**10,176**	**29,258**

資料：JAあきた北央
注：1）加工用米：複数年契約，飼料用米：多収性品種，堆肥散布が要件
2）飼料用米の栽培は主食用米に準じるが，本田防除は1回

用米を作付けることにはならない。それは，主食用米価格が変動（上昇）したときのリスク対応として主食用米を一定程度残すことになるからである。また，専用品種（多収性品種）で飼料用米を栽培した水田で主食用米を作付けするには，コンタミ防止のため，1年間空けることが求められる。JAあきた北央管内の飼料用米生産農家（56戸，2015年）における主食用米と飼料用米の作付構成をみると（図7-1），飼料用米のみを作付ける農家も少数みられるが，大多数の農家は主食用米と飼料用米の両方を作付けしている。また，その場合でも，飼料用米よりも主食用米の面積が大きい農家が多数を占めるが，中には面積の逆転している農家も少数みられる。

畜産経営が飼料用米を利用する行動原理は，栄養価が同等とされる輸入トウモロコシの代替になるかどうかであり，そこでの最も重要な指標は価格条

図7-1　飼料用米と主食用米の作付面積（2015年）

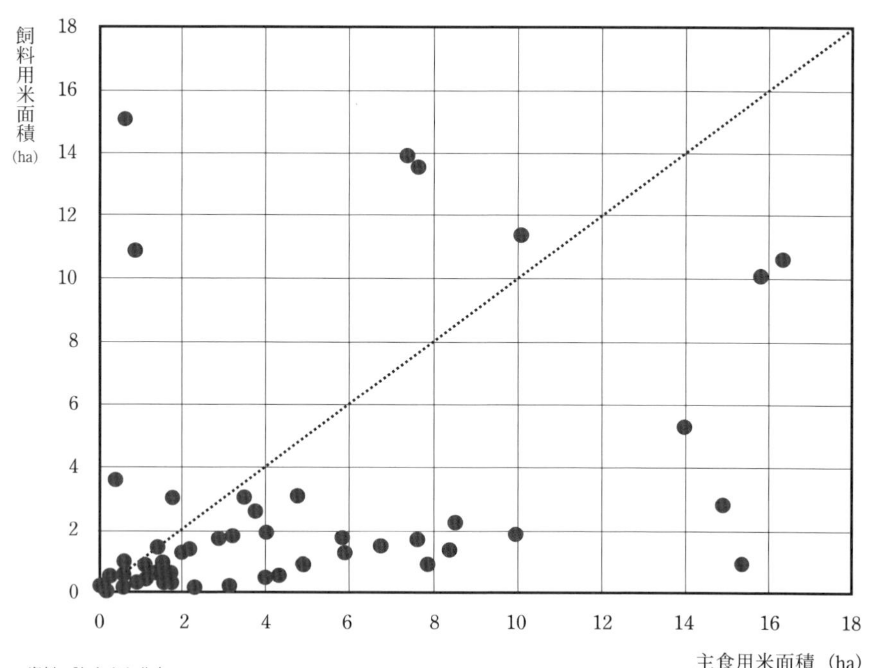

資料：JAあきた北央

件である。その他にも，国産飼料利用を基盤とする畜産物のブランド化や地域貢献などもあるが，その場合でも価格条件の重要性は変わらない。畜産経営が飼料用米を利用する具体的な条件は，飼料用米価格がトウモロコシと同程度かそれ以下の水準であることである。したがって，飼料用米の流通では，輸入トウモロコシ価格が建値になる。一般に飼料用米の栄養価はトウモロコシと同程度とされ，中小家畜や大家畜を用いた試験研究機関の飼養試験でもトウモロコシと差異のない成績が得られている。ただし，「飼料用玄米の粗タンパク質含量は圧ぺんトウモロコシより低い傾向にあり，品種や栽培条件で違いが認められる」[2)]。この場合は，これを補うための補助飼料（大豆粕など）が必要となり，その分だけ飼料用米の価格低下が求められる。

飼料用米価格は畜産経営にとっては購入価格であり，耕種経営にとっては販売価格になる。既述のように，飼料用米の価格形成では輸入トウモロコシ価格が建値になることから，畜産経営にとってはどの地域にあっても，輸入トウモロコシ程度の価格水準になるが，耕種経営においては地域によって価格水準（手取り価格）は大きく異なる。それは，建値となるトウモロコシ価格は飼料用米の取引場所における価格水準のことであり，取引場所までの飼料用米の流通経費は耕種経営が負担することになるからである。ここでの流通経費とは，飼料用米収穫後の乾燥調製，運搬，保管経費を指し，32～40円/kg程度とされている[3)]。耕種経営における飼料用米の手取り価格は「トウモロコシ価格－流通経費」になり，耕種経営の立地条件により手取り価格は異なってくる。例えば，地域内の畜産経営と取引できる耕種経営では流通経費が少なく，飼料用米の手取り価格は高いのに対し，全国流通を前提とする「全農スキーム」では，遠隔地の飼料工場も取引場所になるため，流通経費が多くなり，手取り価格は低下する。2015年から買い取り方式になった「全農スキーム」では飼料用米の手取り価格は流通経費の平均値で精算される。

このように飼料用米における耕畜連携の経営行動は，いずれのサイドにおいても合理的といえるが，そのメカニズムに，耕種経営では米生産調整と高額交付金を前提とする「転作の強制」があるのに対し，畜産経営では輸入トウモロコシとの比較有利性があり，飼料用米の取引における両者の関係は平等とはいえない。飼料用米は耕種経営にとっては転作作物の１つであり，畜産経営においても購入飼料の１つという点では同等であるが，その不平等性は飼料用米価格の形成において輸入トウモロコシ価格が建値になっていることに表れている。

第２節　耕畜連携の資源循環－高度化なき資源利用－

資源循環による生産力の高度化は土地利用型畜産の目指す姿である。それは，「土－草－家畜」の資源循環とも云われ，家畜ふん尿問題に対しては環境調和的であり，耕作放棄地なな ど未利用資源に関しては地域資源利用としても位置づけられる。未利用資源の利用はそれ自体が生産力の新たな構築といえるが，ここでの資源循環の高度化とは家畜部門と草（飼料）部門の生産力が高まることを指している。具体的には，家畜生産が高度化するような飼料を草部門が生産し，草部門が生産する飼料を高度に利用できるような畜産部門とすることであり，「飼料」を媒介に両部門が連携して，ともに高度化することである。したがって，「堆肥」と「飼料」が一方通行するだけでは，生産力の高度化に結びつくような資源循環とは呼べない。

個別経営における資源循環の高度化は比較的容易に進めることができる。例えば，土地利用型酪農生産では自給飼料の品質が牛乳生産量に直接的に影響することから，草（飼料）部門と家畜部門は密接に関係し，家畜部門は飼料品質を高めるような草（飼料）部門の高度化を求める。一方，家畜部門では品質の高い飼料で安定的に牛乳を生産できるような高度化が求められる。また，草（飼料）部門の生産では自然条件の影響が避けられないことから，飼料品質の変動に対応できる家畜部門の高度化も求められる。このように，１つの経営内に草部門と家畜部門がある場合は，１人の経営者が両部門の状況を把握あるいは管理していることから，両部門の連携・高度化を進めることに大きな障害はない。

畜産経営の規模拡大が進み，例えば，都府県酪農では購入飼料依存型，北海道酪農では飼料生産の外部化が進展してきた。こうした対応を資源循環の視点からみると，都府県では地域複合として資源循環を再編し，北海道では外部化を包摂しながら土地利用の共同化が進んでいる。地域複合は耕種経営の稲わらと畜産経営の堆肥などの副産物を相互に利用して，資源循環を目指す取り組みである[4]。1970年代に始まり，継続的実施されている地域も少なくない。こうした堆肥と稲わらの交換方式では，環境調和的で未利用資源の利用には貢献するが，生産力の高度化機能はない（図7-2）。他方，北海道酪農における飼料生産作業の外部化は1990年代から始まり，今日ではTMRセンターが作業委託農家の農地を借りて，これを集積し，飼料生産部門の協業化に進展している[5]。この方式では，畜産経営はTMRセンターから「飼料」を購入することになり，「飼料」を媒介に両部門の高度化を進める経路はあるが，両部門の経営主体が異なることから，連携のための契機は弱められていると考えられる。

飼料用稲に関わる耕畜連携では，稲WCSの取り組みが先行してきた。稲WCSでは収集作業を畜産経営集団が受託することが一般的であることから，地域内利用が支配的で，堆肥の還元も多くみられる。ここでは畜産経営は耕種経営からWCS用稲を購入することになるが，多くの場合それは形式的で

図7-2　経営展開と資源循環

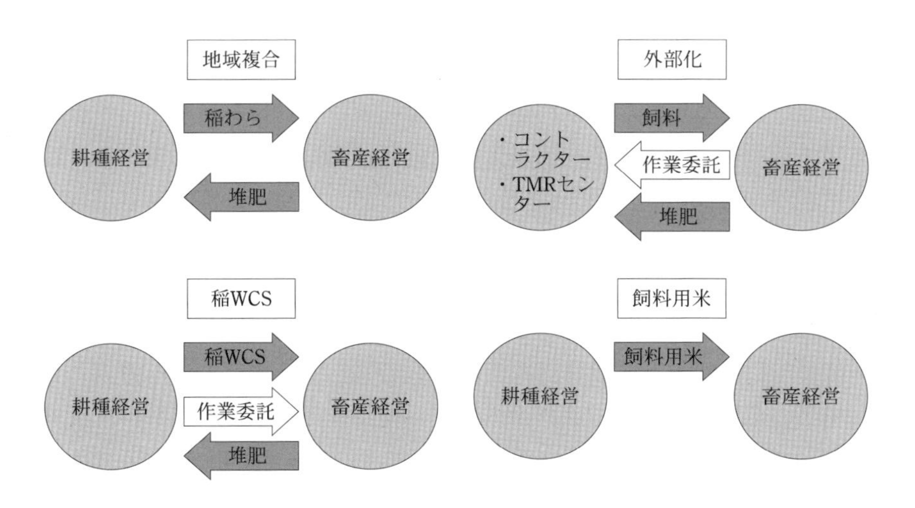

ある。ここでも資源循環の経路は確保されているが，両者の経営主体が異なることから，高度化の契機は弱い。一方，飼料用米では地域内利用と広域流通の両方がみられるが，いずれの場合も資源循環の経路はほとんどみられない。それは，広域流通では物理的に難しく，地域内利用の場合でも飼料の生産工程に畜産経営が参画していないことが堆肥還元を消極的にさせていると考えられる。

このように耕畜連携としての飼料用米の取り組みは，地域（国内産）資源の利用としての機能はあるが，資源循環やその高度化という経路は持っていない。

第3節　耕種経営における飼料用米と稲 WCS の生産方式

耕種経営における飼料用米と稲 WCS の位置づけの違いを 2 つの事例経営から分析し，飼料用米生産の定着条件を検討する[6)]。

1）飼料用米生産経営

飼料用米を生産する A 経営は，秋田県湯沢市 A 集落の担い手 5 名により，2000 年にダイズ集団転作の作業受託組織として設立され，2003 年に農地集積を進め地域農業の担い手となるため農事組合法人となり，2012 年に株式会社となった。組織の設立当初から転作ダイズを主体としていたが，連作障害の回避と収益向上のため，飼料用米や加工用米との輪作を進め，ネギやエダマメ，キャベツなどの野菜を取り入れた複合経営にも取り組んでいる。2012 年に飼料用米を導入し，経営全体の面積 149ha（2014 年）のうち飼料用米の作付面積は 15ha である。飼料用米の売上高は 112 万 2,000 円（2013 年）で，飼料用米の栽培から収穫・調製まで行っている。その他の作付面積は主食用米・酒米・加工用米 83ha，ダイズ 42ha，野菜 5ha，牧草 4ha である。

A 経営では転作ダイズの連作障害が課題であったため，その回避策として 2012 年から輪作作物として飼料用米の生産に取り組み始めた。飼料用米導入前のダイズの単収は，条件不利田の影響もあり，10a 当たり 30kg と極めて低かったが，飼料用米導入後のダイズの単収は，2012年は10a当たり75kg，2013年は10a当たり62kgと飼料用米導入前の2倍以上の単収となっている。

現状（2013年，以下同じ）の飼料用米の契約先の中心はNG飼料（山形県の飼料会社）である。NG飼料ではA経営で生産された飼料用米（籾米）を1kg当たり7.5円（玄米換算）で仕入れ，「ふっくらライス」に加工し，販売している。2014年からはA経営が籾すりしてから，出荷するため，1kg当たり12円で取引される。またA経営では，2014年から地域内のO酪農協と試験的に飼料用米の取引を始め，2t（約30a）の販売を予定している。その場合も籾米での出荷で，宮城県の飼料工場で加工しO酪農協に販売される。販売価格は1kg当たり15円（玄米換算）であるが，O酪農協の飼料用米の仕入単価は1kg当たり46円となる。

A経営における飼料用米の作付面積は，2013年は32haであったが，2014年は15haと半減している。この要因としてダイズの面積を増やしたことが挙げられる。A経営ではダイズと飼料用米の輪作を行っており，2〜3年に1回のローテーションで飼料用米を生産することになる。また，2014年から飼料用米の助成金が数量払いになり，現状の10a当たり8万円の水準を保つことができるかを見極めながら生産を行っていることも面積減少の一因となっている。主食用米との栽培方式の違いとして飼料用稲専用品種である「べこごのみ」の導入と価格の安い肥料の利用，条件不利水田での栽培が挙げられるが，この他に栽培方式において違いはない。単収に大きな違いはなく2013年の主食用米の単収は10a当たり480kg，飼料用米は490kgであった。この他に直播栽培も行っており，主食用米の「あきたこまち」，飼料用米の「べこごのみ」を合わせて2.5haで取り組まれている。

2013年の10a当たりの売上高は，主食用米は10万4,000円であるのに対し，飼料用米は4,000円と格差が大きい（表7-2）。助成金を加えても主食用米11万9,000円に対して，飼料用米は8万4,000円と低い。同じ転作作物であるダイズの販売収入は12万7,000円で最も高い。10a当たり所得を試算すると，ダイズが6万1,000円で最も高く，主食用米は4万1,000円，飼料用米は4,000円であり，3作物の中で飼料用米の経済性は最も低い。

表 7-2　耕種経営における作物別売上高と所得（2013 年）

（単位：1,000 円／10a）

	A 経営			B 経営		
	飼料用米	主食用米等	ダイズ	稲 WCS	主食用米等	ダイズ
売上高	4	104	61	12	122	8
助成金	80	15	66	93	15	66
販売収入	84	119	127	105	137	74
生産費	80	79	66	81	135	81
所得（試算値）	4	40	61	24	2	▲7

注：所得は試算値で，販売収入から費用を引いて算出。売上高，費用は決算書（2013 年）より。費用の内訳は種苗費，肥料費，農薬費，農具費，諸材料費，動力光熱費，農業共済掛金（作物），荷受運賃手数料，雇人費（臨時雇用），作業委託費，地代家賃，乾燥調製費，修繕費，減価償却費，給料，雑費，販売費および一般管理費，租税公課である。役員報酬は費用に含まない。

今後の飼料用米生産については，飼料用米の助成金が数量払いとなるなかで，10a 当たり 8 万円という従来の水準を保つことができるかどうかを見極め，取り組んでいきたい考えである[7]。なお，現状の育苗施設ではこれ以上の規模拡大は困難である。加えてダイズとの連作障害の回避策として取り組まれていることもあり，飼料用米は畜産経営に対して必ずしも安定した供給が行われていないのが実態である。稲わらの提供や堆肥の利用といった耕畜連携の取り組みの拡大により助成金の拡大につなげることもできるが，稲わら収集に適した気候でないことから，積極的には取り組まれていない。

2）稲 WCS 生産経営

WCS 用稲（以下では稲 WCS）を生産する B 経営は，地域の担い手の減少や転作面積の増加，米価の引き下げといった農業情勢に対応するために設立された，秋田県湯沢市 B 地区の共同利用組合（1979 年設立）が母体となっている。農作業受託を拡大させ，協業による大規模経営を目指し，1987 年に農事組合法人として設立され，2013 年に株式会社に組織変更した。田植作業，刈取乾燥作業，防除作業といった農作業受託を中心とした経営を行っている。水稲（主食用米，もち米，酒米，稲 WCS）やダイズ，エダマメの生産と販売にも取り組み，主食用米においては有機米部会への加入や秋田県特別栽培米の認証登録を行っているほか，コスト削減のため直播栽培にも取り組んでいる。

稲WCSは2008年より導入され，経営全体面積63ha（2014年）のうち，稲WCSは4haに作付けされている。稲WCSは栽培管理までを行い，作業は8月までで終了する。その他の作付面積は主食用米・酒米・もち米34ha，ダイズ21.4ha，エダマメ1haである。

B経営における稲WCSは，行政の仲介により2008年からO酪農協との取引を開始したが，その背景には転作率の増加があった。稲WCSの導入前は転作田ではダイズのみを作付けしていたが，連作障害が発生していた。毎年ダイズのみを作付けた場合の単収は10a当たり100kgほどであるが，稲WCSとの輪作により10a当たり200kgに増加するとともに，品質も向上した。作付順序は，「稲WCS（3年）－ダイズ（3年）」の輪作が中心である。また，ダイズを作付した場合は，翌年その転作田に水稲を作付するには均平作業が必要となるが，稲WCSの場合，水田として利用でき，隣接している水田と一緒に管理できることも稲WCSの導入理由である。稲WCSの生産では，主食用米等と同様に4月中旬に育苗用の土づくり，4月下旬に播種，5月上旬から6月上旬まで春作業（耕起，代かき，田植え）を行う。ここまでの過程は主食用米等と同様であるが，主食用米等は管理作業が6月中旬から9月上旬まで行われるのに対し，稲WCSは8月までで終了する。9月以降の管理と収穫作業はO酪農協が行っている。これにより，9月以降は経営の中心である主食用米等や水稲の受託作業，ダイズの刈り取り作業に専念でき，年間の作業体系に適合していることから，稲WCSの生産を続けている。

B経営の稲WCSの作付面積は，2013年は5.69ha，2014年は4haとなっており，毎年4～5haで推移している。O酪農協とは面積で契約しており，毎年安定的な供給が行われている。稲WCSの品種は「たちすがた」や「クサノホシ」といった専用品種であり，管理は主食用米とはほとんど変わらないが，コスト削減のため，直播栽培に取り組んでいる。ただし，2014年は主食用米「あきたこまち」の苗が余ってしまったため，移植栽培とした。他にも稲WCSの肥料は尿素のみとしていることや，ヘリ防除を1回のみとするといった違いもある。稲WCSの単収は，2012年は10a当たり1,711kg，2013年は1,672kg，収穫量は，2012年は5.2haで89t，2013年は5.8haで97tであった。

既述のように，B経営における稲WCSの栽培管理は8月までで，9月以降の収穫・調製はO酪農協が行うため，貯蔵場所についてはB経営が確保する必要がない。稲WCSの販売価格は10a当たり1万2,000円の面積払いのため，捨てづくりの懸念があるが，管理が行き届かず品質が著しく劣っている場合は，O酪農協側からペナルティが発生するが，B経営ではその適用を受けたことはない。収穫はO酪農協が行うため，作業料金として10a当たり3万4,000円を支払っている。また，O酪農協から堆肥の提供を受け，耕畜連携助成（行政）として10a当たり1万3,000円を受け取っているが，散布料金として10a当たり6,500円を負担している。堆肥は完熟堆肥ではないため，臭いが強く，圃場周辺に住宅がある場合を考慮すると使い勝手の良いものではない。また，秋耕起を行う際に，すでに堆肥が散布されていると効率が良いが，堆肥の散布時期はB経営で決定できないことが難点である。

B経営における稲WCSの10a当たりの売上高は1万2,000円であるが（表7-2），主食用米等（特別栽培米，酒米，もち米）の売上高12万2,000円と比べ格差が大きい。同じ転作作物であるダイズの売上高は8,000円である。売上高に助成金を加えた販売収入を比較すると，主食用米は13万7,000円，稲WCSは10万5,000円となっている。同じくダイズの販売収入は7万4,000円で，10a当たりの売上高と同様に稲WCSの販売収入の方が高くなっている。10a当たりの所得（試算値）をみると，稲WCSは2万4,000円であるのに対し，主食用米は2,000円，ダイズはマイナス7,000円となっており，稲WCSの経済性は他の作物に比べ高い。なお，ダイズは販売が終了した時点で収入が確定するため，最終的な精算に2〜3年要し，1年単位の所得では赤字となっている。

3）耕種経営における飼料用米・稲WCS生産

耕種経営における耕畜連携のメリットを整理すると，飼料用米を生産するA経営では，飼料用米生産で受け取る助成金が大きいこと，転作作物の中心であるダイズとの連作障害の回避が挙げられる。稲WCSを生産するB経営でも，稲WCS生産で受け取る助成金が大きいことや転作作物のダイズの連作障害の回避に加え，稲 WCS 作業が 8 月までに終了し，9 月以降の主食用米やダイズの収穫期と競合せず経営全体の作業体系に合致していることや耕畜連携の助成金が得られることが挙げられる。また，10a 当たり所得では稲 WCS が最も高かったことも大きなメリットになっている。

次に，課題として，A 経営では，飼料用米の加工，運搬を県外の会社に委託しているため，費用がかかってしまうことや，2014 年から乾燥調製を自社で行うものの，玄米の保管場所がないこと，圃場が分散しているため作業効率化が図られないこと，助成金が数量払いになるため飼料用米生産による助成金が減る懸念を持っていることが挙げられる。B 経営では堆肥散布や稲わらの収集に作業料金がかかることや，堆肥の散布時期が作業体系に合致しないことが挙げられる。

今後の生産の展望として，A 経営は数量払いの影響を見極め，取り組んでいきたい考えである。一方の B 経営では，今後の生産にも意欲的である。それは作業体系に合致していることに加え，耕畜連携助成の対象となる取り組みを行っていることである。戦略作物助成以外のメリットを享受しているため，今後も生産を取り組み続けていきたいという考えを持っている。

以上のことから，事例とした耕種経営における耕畜連携と飼料用稲の位置づけについて次のように整理できる。

B 経営における稲 WCS の位置づけは，転作作物の基幹作物は省力的で転作面積をこなすことができるダイズであり，稲 WCS はこれを補完する位置づけにある。ここでは経営全体の作業体系において稲 WCS の作業が競合しないことが条件であり，この点において稲 WCS の作業は 8 月までで終了することから，適合性が高い[8)]。

一方，A 経営では，飼料用米は栽培から収穫，乾燥・調製まで行う完結した作物であり，飼料用米は転作作物として基幹的な位置づけにある。そのため，飼料用米の生産を続けていくためには，同じ基幹作物であるダイズと同等な収益性が不可欠である。その結果，飼料用米にはダイズの連作障害回避としての役割もあるが，飼料用米生産に交付される助成金によって，その作付面積は変動している。

第４節　畜産経営における飼料用米の利用方式

畜産経営における飼料用米の利用方式は概ね次の５つに区分できる。①全国流通の飼料用米（全農スキーム）を原料とする配合飼料を購入・利用する方式。②地元産の飼料用米（乾燥調製済み）を買取り，飼料会社に搬送して配合飼料の原料の１つとして利用する方式。③地元産の飼料用米（乾燥調製済み）を買取り，経営内でTMRに調製して利用する方式。④地元産の飼料用米（生籾）を買取り，SGS（籾米サイレージ）に調製して利用する方式。⑤自家産の飼料用米を経営内で乾燥調製して濃厚飼料として利用する方式。ここでは，地元産の飼料用米の利用を先行的に実践している秋田県の肉用牛経営の事例における飼料用米の調達・利用コストを分析し，畜産経営における飼料用米の定着条件を検討する[9)]。

１）飼料会社利用方式

C経営（秋田県能代市）は地元産の飼料用米を県外の飼料工場で配合飼料に加工し，利用している事例である。

C経営は大規模な黒毛和種肉用牛経営で，肥育牛の飼養頭数は，2013年は1,000頭，2014年は900頭，2015年は850頭と子牛価格の高騰に伴い減少傾向にある。その他に，県内の羽後町と由利本荘市に合わせて140頭の肥育牛生産を委託し，2010年には岩手県にCファームを設立し，子牛の繁殖を委託している。労働力は家族２人と事務（0.5人）を含め雇用５人の計７人である。また，Cファームでは0.5人を雇用している。

肥育牛の出荷頭数は，2013年は600頭，2014年は550頭であり，すべて食肉流通公社に出荷している。肥育素牛の素質にあった飼養管理を方針としており，枝肉の格付けは主に３等級，４等級である。雌牛は25〜28月齢で出荷，去勢牛は29〜30月齢で出荷している。１日１頭当たり飼料給与量は，濃厚飼料が8kg，稲わらが1.5〜2kg，育成前期には牧草を3kg給与している。

濃厚飼料は飼料会社Aで指定配合されたものを使用している。濃厚飼料に配合される飼料用米は全量地元の農協から購入している。農協から買い取った飼料用米は月に一度地元の運送業者に委託して石巻市にある飼料工場へ運ばれ，指定配合飼料に 7%の割合で配合される。飼料用米を加えた分だけ他の原料を相対的に減らしている。2014 年の飼料用米の利用量は 120t，購入価格は玄米で 30 円/kg である。粗飼料は自家産の乾牧草と宮城県から仕入れた稲わらを使用している。乾牧草の栽培のために，河川敷や元公共牧場の草地計 28ha を利用している。敷料にはもみ殻を使用しており，堆肥の半分は自家使用，もう半分は地元農家に販売している。

実際に飼料用米を配合した飼料を肥育牛に給与した結果，肉質や脂肪交雑には影響がなかったものの，甘みやうまみが欠け，さっぱりとした味になってしまった。これは飼料用米を 7%配合する際，トウモロコシの量を相対的に減らしてしまったことが原因であると考えている。飼料用米はトウモロコシの代替飼料として考えられていたが，その性質は麦に近く，これからは麦の割合を調整することで飼料用米による影響を抑えていく方針である。

C 経営では，飼料用米を利用することの意義は地域の農家と連携することにあると考えている。そのため，飼料用米を購入し，その運搬・保管を地元の業者に委託することで地域にお金が落ちるように心がけている。飼料用米の価格設定も宮城県の飼料会社が地元の飼料用米を 28 円/kg で取引しているのを参考に，少し高めの 30 円/kg で購入している。全体の飼料費からみたら飼料用米はそう大きな金額ではないという点も強調されていた。しかし，稲作農家との堆肥のやり取りなど，個人では対応が難しい部分があり，そういった点を農協に支援してもらいたいと考えている。

2）自家生産利用方式

D 経営（秋田県湯沢市）は自家生産の飼料用米を経営内で乾燥調製し，自家配合飼料として利用している事例である。

D 経営は黒毛和種の繁殖肥育一貫経営で，2015 年の家畜飼養頭数は繁殖牛 20 頭と肥育牛 16 頭の計 36 頭である。労働力は経営主（38 歳）と父（77 歳）の 2 名で，雇用は行っていない。2014 年から飼料用米の栽培を開始し，主食用米を 0.3ha，飼料用米を 1.5ha 栽培した。2014 年の飼料用米栽培の作業は全て委託していた。2015 年は水田 2.2ha の全てで飼料用米を栽培しており，品種は「べこごのみ」である。2015 年に中古トラクターを購入し，代かきや除草など一部作業を自家作業で行っている。

肥育牛の出荷頭数（2014 年）は，黒毛和種が 10 頭で，格付けは A5 が 5 頭，A4 が 5 頭である。10 頭のうち，8 頭が去勢，2 頭が雌である。その他に交雑種を 3 頭出荷している。出荷先はすべて秋田県食肉流通公社であり，地元ブランドである「三梨牛」として販売されている。和牛 10 頭の平均販売価格は 110 万円であった。

粗飼料として利用する稲わらは自家収集している。例年 5ha 収集しているが，2014 年は 7ha となっている。また，稲 WCS を湯沢市の I 牧場から 1 ロール 2,500 円で 50 個購入し，地元産の牧草ロールも購入している。濃厚飼料として，飼料用米の他に近所の精米所から米ぬかを無料で調達し，また，地元稲庭うどんメーカーから本来廃棄されるうどんの端材を無料で調達し，利用している。その他に，大豆粕や圧片大麦，ビタミン，ミネラルを購入している。2015 年では飼料用米を全て自家産のものを使用しているが，2014 年は飼料用米（粉砕）7.8t を 35 円/kg で購入した。

肉用牛は「三梨牛」として出荷するため雌・去勢ともに 30 カ月齢で出荷している。また，A4 ランク以上であることも「三梨牛」の条件である。肥育牛の飼料給与量は，1 日 1 頭当たり肥育前期は濃厚飼料（自家配合，以下も同じ）を 2kg，粗飼料を 4kg 給与している。成牛になるにしたがい，濃厚飼料を増やし，粗飼料を減らしている。肥育後期には濃厚飼料が 9kg，粗飼料が 1.5～2kg になる。2014 年では飼料用米は籾を粉砕したものを濃厚飼料に 20～30％の割合で配合していた。2015 年からは飼料用米を 50％程度配合した濃厚飼料を用いている。濃厚飼料（自家配合）の原料割合は，飼料用米 54％，うどん 20％，米ぬか 14％，その他（大豆かす・ビタミン・ミネラル・糖など）である。繁殖牛の飼料給与量は 1 日 1 頭当たり稲わら 4kg，牧草・稲 WCS 3～4kg に加え，子牛が付いている繁殖牛には市販されている繁殖用配合飼料 1kg と濃厚飼料（自家配合）1kg を給与している。

ふん尿は完熟堆肥にして 1 割を自家使用している。残りの 7 割は地域の農家に販売し，2 割は稲わらと交換される。販売価格は 2t ダンプ一台分 7,000 円である。堆肥は年間 2t ダンプ 40～50 台分生産される。

自家産の飼料用米は乾籾の状態で粉砕して攪拌機によって他の濃厚飼料と混ぜて使用している。飼料用米の栽培管理は，2014 年は主食用米と同じだったが，2015 年からより多く実をつけさせるために堆肥散布量を 10a 当たり 3t に増やした。また，化学肥料はコスト低減のために「一発肥料」を使用せずに単肥（尿素，硫安）で施用し，追肥も行っている。2014 年の収穫量は 10a 当たり 720kg（玄米）で交付金は 10 万 4,000 円となっている。なお，「あきたこまち」の収穫量は 10a 当たり 450kg だった。

D 経営では飼料用米を濃厚飼料に 20～30％（2014 年）と多く配合していることが特徴である。D 経営では自家配合を長年自ら行っているため飼料配合のノウハウを習得しており，飼料用米を配合する際に配合飼料全体におけるタンパク質の不足などを，大豆粕を多く用いるなどしてカバーしている。2014 年は，20～30％の飼料用米を配合した飼料を牛に給与した結果，食いつきや肉質などへの大きな変化は感じられなかった。しかし，2015 年から配合割合を 50％に増やしたところ，牛の食い付きが悪くなってしまった。これは，籾の粉砕が細か過ぎて飼料が粉末状になり牛の食欲が低下してしまうことがあったためであり，その後は籾の粉砕を粗くするように調整している。

D 経営が飼料用米を利用する理由の 1 つは飼料の低コスト化である。市販されている肉用牛配合飼料の平均価格は 70 円/kg であるのに対して D 経営が使用している自家配合飼料は 35 円/kg となっている。これは飼料用米を自家栽培し，交付金によって大きく飼料費が軽減されていることと，濃厚飼料中に地域で廃棄されるうどんの端材や米ぬかを無料で引き取り用いているためである。2 つ目の理由は飼料自給率の向上である。D 経営ではかねてから国産牛へ給与される配合飼料の原料が主に外国産の原料により製造されていることに違和感を覚えており，飼料も国産のものを使用した国産牛を育てたいと考えていた。そのため，飼料用米の配合割合を高くした飼料作りを行っている。

3）TMR 利用方式

E 経営（秋田県東成瀬村）は村内で生産調製された飼料用米を TMR（混合飼料）原料として利用している事例である。

東成瀬村における飼料用米は 2013 年度から S 会社との取引が始まったことをきっかけに，村全体を挙げて生産に取り組むようになり，2015 年では 40 戸の耕種農家が生産している。栽培品種は概ね「あきたこまち」となっており，肥培管理・単収ともに主食用米と変わらない。単収は平均 528kg/10a であるが，山間部では 400kg/10a 前後になる。

飼料用米は収穫後，自家乾燥あるいは村内に 4 つある米生産法人が所管するミニライスセンターで乾燥調製が行われる。乾燥後，村営の「米利用施設」に搬入され検査を受けた飼料用米は S 会社などによって買い取られる。S 会社によって買い取られた飼料用米 215t（2015 年）のうち 168t が県外の飼料会社に運搬され，配合飼料に加工され S 会社の子会社（養豚経営など）で利用される。残りの 37t は「米利用施設」で保管，粉砕されてから，E 経営で利用される。S 会社の飼料用米の買取価格は 1kg 当たり 40 円であり，この価格が後述の村単補助の条件となっている。

E 経営は東成瀬村が畜産公共事業（2012～2015 年度）で整備した「赤べこの里」の指定管理者として，牧場施設の運営を行っている。牧場内の施設や機械のうち，肥育牛舎以外は東成瀬村が所有しており，その事業費 8.7 億円のうち 5 億円を東成瀬村が負担している。肥育牛舎は E 経営の所有で，事業費 1.7 億円のうち 8,000 万円を E 経営が負担している。

東成瀬村では米の粉砕や製粉，備蓄を行うことができる「米利用施設」を 2014 年に建設した。貯蔵施設の容量は 90t 程度で，15℃の定温貯蔵が可能となっている。ここで E 経営が利用する飼料用米 37t の貯蔵と粉砕を行っている。E 経営では TMR 原料として飼料用米を使うため，その都度使用する分だけ粉砕し搬入している。

東成瀬村では S 会社に飼料用米を買い取ってもらうにあたって，40 円/kg 以上という条件で，20 円/kg の補助金を出している。これは，この価格で購入してもらうことで耕種農家の収入を補助金と合わせ，主食用米を生産した場合の所得に近づけるためである。東成瀬村ではかつて新興農産物の生産および販売を強化するため，野菜の販売に数量払いの助成（例：エダマメ32円/kg）を実施し，低予算で効果を発揮した経験から今回の飼料用米の助成制度を発案，S会社の参入も相まって村内の飼料用米作付面積を大幅に増加させている。

E経営はS会社の子会社であり，東成瀬村に牧場を構えることをきっかけに設立された，短角牛の繁殖・肥育一貫経営である。飼料には東成瀬村産の飼料用米を使用するほか，同系列の会社のエコフィード工場から，廃棄されたリンゴやパンくずなどを原料とするエコフィードを購入し，コストの削減に取り組んでいる。

労働力は正社員4名である。繁殖牛舎（300頭規模）と肥育牛舎（200頭規模），家畜排泄物処理場を有しているが，肥育牛舎を除き所有者は東成瀬村となっている。また，2016年に飼料調製貯蔵施設が建設予定である。飼料の調製に使われるミキサーや運搬に用いられるフォークリフトを複数台利用しているが，所有は東成瀬村である。

2015年の飼養頭数は短角種の肥育牛が220頭，繁殖牛が140頭で，これはE経営が所有している。ほかに，黒毛和種の繁殖牛10頭を預託牛として飼養している。公共牧場ではマキ牛も飼養しており，繁殖牛の季節繁殖に利用されている。牧場の敷地面積は3.2haである。牧場から離れたところで150haの公共牧場も管理しており，東成瀬村の黒毛和種40頭とE経営の短角種70頭を放牧している。

2015年6月から肥育牛の出荷が始まり，11月までに33頭を出荷しており，12～翌年3月までの出荷予定頭数は61頭となっている。出荷先は秋田食肉流通公社とAフードパッカーであり，格付けはA-2，B-2がほとんどとなっている。枝肉単価は1,400～1,600円/kgである。短角牛の取引先であるレストランで牛肉を恒常的に使用するために，年間を通して出荷する必要があるが，短角牛が季節繁殖であるため，肥育牛の出荷月齢は25カ月齢から35～36カ月齢の個体までとバラツキがある。枝肉重量はすでに出荷済みの個体の平均で500kgに満たない程度である。

粗飼料として利用するコーンサイレージなどはS会社の子会社であるSコントラクターから全量仕入れている。濃厚飼料として配合飼料を購入しているほかは，飼料用米やダイズ皮，パンくず，リンゴジュース屑，コーンサイレージなどを使用し，牧場内のミキサーで撹拌しTMRに調製している。

肥育牛の1日1頭当たりのTMR給与量は前期で20kg程度，後期で25～26kg程度である。E経営では配合飼料の割合を抑え，エコフィードを使用することでコストを抑えるように給与メニューを組んでおり，前期では1～5%，後期では5～10%の配合飼料が使用されている。飼料用米は前期に0.7kg/日，後期に1～1.4kg/日給与されている。

ふん尿は処理施設で撹拌，発酵を行い，2割をE経営での戻し堆肥，4割をS会社系列の酪農牧場での戻し堆肥，残り4割を地域の水田に還元している。E経営は参入して間もなく，堆肥の成分分析が済んでいないため水田へは無料で散布を行っている。また，一部は村内の10戸の農家を対象に稲わらと交換している。

既述のように，E経営で使用する飼料用米はS会社が購入したもので，「米利用施設」で粉砕，保管している。飼料用米の粉砕・保管・運搬料は1kg当たり15円程度である。S会社の飼料用米の実質購入価格は20円/kgであることから，E経営の飼料用米（粉砕）調達価格は35円/kgになる。飼料の混合は自社牧場で行い，できあがったTMRの費用は1日1頭当たり約500円，TMRの1kg当たりの費用は21.6円となっている。

4）SGS利用方式

F経営（秋田県由利本荘市）は地域で生産された飼料用米をSGS（籾米サイレージ）に加工・利用・販売する事例であり，畜産経営がこれを購入・利用している。

F経営は大きく2つの事業を行っている。1つは飼料用米をSGSに加工する事業，もう1つは由利本荘市の公共牧場である「ふれあい牧場」の指定管理者としての運営事業である。

SGS加工用に耕種経営と契約している面積は，2014年40ha，2015年38ha

で，ほかに稲WCSの契約面積が25haある。稲WCSは2015年から取り組み始めた。これは2016年稼働予定のTMR製造の原料として利用することと，2015年に耕種農家と契約した飼料用稲面積63haを全てSGSとして加工するのは作業時期的に難しく，加工しきれない分を稲WCSに回したためである。また，経営耕地として水田5haがあり，飼料用米4haと主食用米1haを作付けしている。SGS部門の労働力は臨時雇用のみで，SGS製造に6名，稲WCS刈り取りに3名である。

ふれあい牧場には放牧地が23ha，採草地が50haあり，F経営の肥育牛200頭と地域の繁殖牛の放牧預託60頭を飼養している。肥育牛の出荷は2015年から始まり，10月までに5頭出荷されている。

飼料用米のSGSへの加工手順は，耕種農家が飼料用米の収穫後，トラックで作業場（カントリーエレベータ）まで運搬し，飼料用米（生籾）は破砕機（プレスパンダー）によって粉砕された後，飼料用米重量の15％相当の水とともにフレコンバッグへ投入される。発酵時の膨張に備えて，二重に密封され，2カ月の貯蔵を経て給与可能な状態となる。

SGS利用のメリットは，飼料用米を生籾のまま耕種農家から受け取るため，耕種農家における乾燥調製の手間とコストがかからないことである。また，発酵飼料であることから家畜の嗜好性に優れ，消化吸収の効率もよいため家畜の増体に効果がある。一方，保管時のネズミやカラスなどからの被害が大きく，夏の高温によりフレコンバッグに損傷が起きることが課題である。SGS製造は生籾を使用するため，加工時期が限られてしまうため，生産量も限定されてしまうことも課題である。

飼料用米は４円/kgで耕種経営から買い取っているが，耕種経営側は助成金さえあれば無料で提供してもいいという農家や，より高値で取引を求める農家など様々である。結果的には，SGS販売価格（40円/kg）から逆算してこの価格に設定した。SGS（40円/kg）の内訳は飼料用米買い取り代４円/kg，加工経費20円/kg，保管費用，利益，ロス見込みとなっている。基本的にSGSはF経営の構成員である畜産経営とふれあい牧場で利用されている。

F経営の代表を務めるG経営は黒毛和種の繁殖・肥育経営であり，F経営からSGSを購入・利用している。G経営の労働力は経営主1人と兄1人，息子1人，障がい者雇用1人，パート1人の計5人である。飼養頭数は肥育牛70頭，繁殖牛50頭で，2015年は50頭を出荷し，1頭当たり100万円～140万円で取引され，上物率（A4以上）は75％であった。ふん尿は全量堆肥として処理し，全製造量のうち3分の1を自家利用，残りは地域で販売している。

肥育牛の飼養管理は，購入後20カ月肥育したものが地元ブランドである「秋田由利牛」の要件であることから，去勢，雌ともに30カ月齢以降のものを出荷している。その他の要件として，格付けがA4等級以上であることと，出荷半年以前から1日当たり1kg以上の米を給与していることである。給与飼料のなかの配合飼料の一部をSGSに置き換えており，繁殖牛では配合飼料2kgのうち2割，肥育牛では子牛のうちから200g～500gのSGSを給与し，成牛になるまでには最大で1日当たり2kg給与し，これは飼料全体の約15％に相当する。発酵飼料であるSGSは他の飼料に比べ食い付きが良く，消化吸収効率が良いため増体に繋がるのではないかと考えている。ただし，初めて給与する際には馴致が必要であり，また一定量以上給与しないと効果が現れない。

5）飼料用米の利用方式とコスト

4つの事例経営における飼料用米の利用量をみると，F経営が最も多く，次いでC経営が多くなっている（表7-3）。これはF経営が加工を主業としているためである。一方，F経営は生籾の状態で加工を行うため，加工時期が限られ，318tという生産量にとどまっている。まだF経営との契約を望む地元耕種農家は多くいるため，今後は玄米処理した飼料用米をTMRへ調製する事業の展開を進めている。D経営ではC経営やE経営に比べ，飼養頭数がかなり少ないにも関わらず年間利用量が10tを超えている。これはD経営が自家配合により成分を調整することで2014年において配合飼料中に20～30％の飼料用米を利用することに成功しているためである。また，2015年は飼料用米の配合割合を50％にまで引き上げたが，牛への大きな影響もなく給与を行うことができている。

表 7-3　飼料用米の調達・加工方式とコスト（2014 年）

	利用方式	飼料会社	自家生産	TMR	SGS
	事例経営	C	D	E	F
調達	利用量(t)	120	10.8	37	318
	調達方式	農協から購入	自家生産	地元農家と契約	地元農家と契約
	状態	玄米	生籾	玄米	生籾
	調達コスト(円/kg)	30	▲ 4	20（補助金含む）	4
加工	加工方式	粉砕・外部	粉砕・自家	粉砕・地域内	発酵
	給与形態	配合飼料	配合飼料	TMR	SGS
	加工経費(円/kg)	5.4＋α	62.6	15	16.4
	加工後コスト(円/kg)	35.4＋α	58.4	35	20.4
	同上乾物換算(円/kg)	41.6＋α	68.7	41.2	29.1（SGS 価格）

注：1）補助金や交付金を加味して計算。加工経費に関わる機械施設には補助金が交付されている。
　　2）C 経営の α は粉砕手数料

調達方式と調達コストについてみると，E 経営では東成瀬村から村内産の飼料用米購入に対し助成金が出ていることから 20 円/kg と安価な取引を行っている。F 経営では耕種農家側に乾燥調製作業を必要としない生籾の状態で取引しているため，さらに安価な 4 円/kg で買い取っている。D 経営については自家生産かつ自家消費であり，さらに飼料用米栽培に対する交付金を控除することで生産費のみであればマイナス 4 円/kg の調達コストとなるが，後述するように，補助事業を利用して購入した乾燥機や粉砕機，加工施設の償却費を加えた，乾燥調製後のコストは 58.4 円/kg になる。

次に，飼料用米の給与段階におけるコストをみると，C 経営の飼料用米の加工後コストは 35.4 円/kg である。これには玄米の粉砕費用が含まれていない。これを乾物当たりに換算すると 41.6 円/kg になる。D 経営は飼料用米の生産を行い，助成金も交付されていることから加工後コストは最も低いが，2014 年に購入した乾燥・粉砕施設の費用＝加工経費が高く，加工後コストは 58.4 円/kg と最も高い。E 経営では村の補助金があることから，玄米利用であるが，加工後コストは 35 円/kg と低い。F 経営は生籾利用で耕種農家と直接取引を行っていることから，乾物換算の加工後コストは 29.1 円/kg と最も低い。

第 5 節　耕畜連携の展開条件

これまで耕畜連携のメカニズムを経営行動の合理性と資源循環の高度化の 2 つの視点から検討し，飼料用米の生産と利用の事例経営を分析してきた。耕畜連携の展開条件は合理的な経営行動が資源循環の高度化に結びつくような経営環境を形成することである。ここでは，耕畜連携の経営行動において優位性をもつ畜産経営の飼料用米の利用方式別に展開条件を検討する。

はじめに，第 4 節の事例経営が利用する飼料用米の流通範囲とコスト（乾物当たり加工後コスト）を図 7-3 に整理した。事例経営（利用方式）における飼料用米の利用条件は次のように考えられる。

C 経営（飼料会社方式）は地域外の飼料会社へ飼料用米の加工と配合を委託していることからコストが高くなっている。一方，こうした飼料会社方式は経営や地域内に加工施設がなくても成立し，利用量の多少にかかわらず飼料用米の利用が可能となる。

D 経営（自家利用方式）は飼料用米の自家生産・経営内利用であることから低コストが期待されたが，2014 年の実績ではすべての稲作作業を委託したことと，肥培管理方法が主食用米と同じであったことから生産費用が上昇し，乾物当たり 68.7 円/kg となり，C・E 経営よりも高くなっている。しかし，2015 年から自家作業を増やし，米生産費の低減に努めていることから，将来的にはコストは低下すると考えられる。こうした自家利用方式の成立には，経営

図 7-3　飼料用米の流通範囲とコスト

（単位：円/kg）

		流通範囲		
		経営内	地域内	地域外
加工後コスト	低	▲	F 経営 (29.1)	
	中	┆	E 経営 (41.2)	
	高	D 経営 (68.7)		C 経営 (41.6+ α)

注：C 経営の α は紛砕手数料。

内で生産から加工まで一貫して行える圃場や機械施設などの経営資源と自家配合に関する一定の知見を持っていることが条件となる。

E経営（TMR方式）では村の助成金があることから飼料用米を安価に調達することができ，また経営内でTMRに調製できることから，加工後コストも低くなっている。このようなTMR方式の成立には，地域内に乾燥調製施設があり，経営内にTMRミキサーがあること，つまり，一定以上の粗飼料を利用する大規模経営であることが条件となる。

F経営（SGS方式）は飼料用米の調達価格と加工後コストのどちらも最も低くなっている。その要因は，SGSは乾燥工程が不要で生籾の状態で地元農家と直接契約を行うことができ，飼料用米調達価格が4円/kgと低いためである。このようなSGS方式の成立には，SGS加工を行う主体とそれを利用する畜産農家が地域に存在することが条件となる。

これまでみてきたように，畜産経営が飼料用米を利用するには，その前段階で飼料用米の乾燥・粉砕および飼料への配合・混合を行う必要があるが，その加工に関わる過程を担う主体が畜産経営側に委ねられている事例が多い。しかし，そうした加工や配合を行う施設や知識を持たない畜産経営も多く，飼料用米の利用拡大を図るためには飼料用米を飼料として給与するまでの流通・加工過程を確立することが必要である。

事例経営のなかでもそうした耕種経営と畜産経営の間を取り持つ流通・加工主体が存在していたのがE経営（TMR方式）の事例である。東成瀬村では飼料用米の購入への助成金があることに加え，飼料用米の保管・粉砕に村営施設が利用できるため，飼料用米の流通を地域内で完結することができ，TMRコストの低減につながっている。また，F経営（SGS方式）は加工を行う主体そのものであり，こうした組織の存在が地域の飼料用米の生産量と利用量を増加させている。なかにはD経営（自家利用方式）のように飼料用米の生産から利用まで一貫して行う経営もあるが，より狭い範囲内で飼料用米の流通を行おうとするほど必要な施設や費用も一箇所へ集中し，経営主体への費用負担の増加や作業の集中（⇒利用率の低下）が発生する。そのため飼料用米の生産・加工・利用はそれぞれの主体が異なる方が利用量増加のためには望ましいと考えられる。さらに飼料用米に関わる一連の主体が地域内に存在することでコストを下げることができるのはE・F経営の事例から明らかである。

次に，耕畜連携の展開条件を耕種経営における飼料用米の生産条件から検討する。第3節の事例分析から，飼料用米生産の定着には転作作物のなかでの高い収益性が必要であり，その安定化には耕種経営における作業体系の適合性が重要と考えられた。飼料用米生産の収益性は高額交付金を前提にしているが，低コスト化のインセンティブは不可欠であり，そのための方策として直播栽培や圃場の集団化，堆肥還元がある。また，作業体系の適合性とは，飼料用米生産の作業時期が経営内の他作物の作業と競合しないことである。加えて，稲WCSのように，飼料用米の利用主体である畜産経営が生産・調製工程の一部を分担するような体系ができれば，飼料用米生産の安定性は高まると考えられる。

最後に，飼料用米の利用方式別に耕畜連携の展開条件を考察する。

飼料会社方式は地域外の飼料会社（工場）に飼料用米の加工や配合を委託する方式である。ここでは地域の水田農業再生協議会が，耕種経営にとって合理的な経営行動となるように，助成金を交付しながら，飼料用米の生産を推進するとともに，畜産経営で生産された堆肥を耕種経営に還元する体制（堆肥センターなど）を地域のJAなどが中心になって構築することにより資源循環が達成できる。耕種経営における堆肥利用は飼料用米生産の低コスト化にも寄与できる。なお，現在，行政が交付している「耕畜連携助成金」の要件は，稲WCSでは堆肥還元，飼料用米では稲わら利用となっている。飼料用米の要件として堆肥還元も認められれば，交付対象が増加し，飼料用米生産における耕畜連携はさらに強化されると考えられる。また，畜産経営では地域で生産された飼料用米の利用は畜産物ブランド化の契機とすることができ，差別化が実現できれば，飼料用米の買取価格を高めることも可能になる。

TMR方式は地域内に飼料用米の乾燥調製・保管施設があり，経営内のミキサーでTMRに調製する方式である。飼料用米生産の推進と堆肥の還元については，前述の飼料会社方式と同じであるが，公的あるいは共同利用型の飼料用米の乾燥調製・保管施設が地域内にある点が異なっている。したがって，地域における飼料用米生産の行政支援が厚く，畜産経営においてエコフィードや自給粗飼料などを利用することが条件になる。TMRを採用する畜産経営では飼料生産に積極的な場合が多いことから，耕種経営において堆肥散布まで行うことも想定することができ，飼料用米生産工程の一部を畜産経営が分担する体系も考えられる。

SGS方式は生籾の飼料用米を加工（発酵）するもので，乾燥工程が不要なことが特徴で，そのことが低コスト化に結びついている。F経営の事例では，SGSの加工主体は畜産経営グループであったが，これは地域のJAや耕種グループが経営主体になることもできる。飼料用米の推進体制は，SGSの加工主体によって異なる。畜産グループの場合は，個別相対で契約者を集めることになるが，そこでは生籾出荷の有利性が合理的な経営行動と作業体系の適合性のポイントになる。堆肥の還元についてはTMR方式と同様である。また，耕種グループが主体の場合は自らが耕種経営なので飼料用米生産の推進は不要であるが，できあがったSGSの販路を確保する必要がある。JAが主体になる場合は，飼料用米が強力に推進されている地域であることから，飼料用米の生産や堆肥の還元についてもJAが主体的に取り組むことが想定される。一方，畜産経営ではSGSは低コスト濃厚飼料として利用できることから，経営行動としての合理性は高く，畜産物ブランド化の契機にもなる。

ここでは3つの利用方式における耕畜連携の展開条件を検討したが，営農現場では，自家生産利用型を含め，多様な組合せで実践されるものと考えられる。重要なことは，耕畜連携が合理的な経営行動に基づき資源循環の高度化に結びついていることである。

注

1）鵜川洋樹・李　侖美・園部文菜（2014）：「飼料用米の作付変動要因と定着条件」，『農村経済研究』，32(1)，pp.105-111。

2）農業・食品産業技術総合研究機構（2015）：『飼料用米の生産・給与技術マニュアル<2015年度版>』，p.126。

3）恒川磯雄（2016）：「飼料用米の流通・利用の実態とコスト低減の可能性」,『農業経営研究』, 53(4), pp.6-16。
4）沢辺恵外雄・木下幸孝（1979）：『地域複合農業の構造と展開』, 農林統計協会, p.308。
5）TMR センターの中には, 飼養管理部門（牛舎）も併せて, 共同経営化する事例もみられる。
6）本節は, 加藤京子（2015）：「飼料用米の生産利用における耕畜連携の展開条件」（2014 年度秋田県立大学アグリビジネス学科卒業論文）に基づき論述した。
7）2015 年の飼料用米の作付面積は 29.4ha, 2016 年は 13.6ha であり, ダイズとの輪作で面積が増減している。
8）ただし, その後の調査で B 経営では 2015 年と 2016 年は稲 WCS が生産されていないことが分かった。2015 年に経営面積が 70ha に増加し, 従業員が 5 名に減少したことから, 省力的なダイズ転作に集中したためである。水田の集団化が進み, 転作田のブロックローテーションが実施されるようになったことも要因としてあげられる。なお, 2016 年の経営面積は 75ha にまで増加している。
9）本節は, 宮田圭祐（2016）：「畜産経営における飼料用米利用の展開条件」（2015 年度秋田県立大学アグリビジネス学科卒業論文）に基づき論述した。

第８章　直接契約拡大下における酒造好適米の需給調整システム

林　芙俊

第１節　本章の分析対象と課題

１．研究の背景

清酒の生産量は長らく減少傾向にあったが，近年特定名称酒のうち純米酒や純米吟醸酒を中心に生産が増加に転じる動きがあり，輸出の好調などとあわせて注目されている。これらの高級な清酒の原料として使用される酒造好適米については需給が不安定な状況が続いている。急激な需要の拡大に対して供給不足となる年がみられたが[1]，その後は需給が好転し，直近では一転して過剰となった[2]。

酒造好適米が不足した際，その作付面積が生産調整の枠内として扱われることを不足の原因として批判する論調が一部にみられた[3]。しかし，酒造好適米はもともと単年度で需給均衡を図る必要性が高く，全農県本部（旧経済連）と各県酒造組合が連携して生産量を調整している。そこで本章では，需給均衡のためにどのような仕組みが構築されており，そこにどのような問題があるのかに注目する。

もう１つの論点は，供給側と需要側がそれぞれ全農県本部と酒造組合を窓口として一元的に契約を行う体制が大きく変化し，酒造業者が個別に生産者や産地と取引を行うケースが増えている点である（これを以下では直接契約とよぶ）。伊藤・小池（2002）は直接契約の増加が，「需給調整のための集出荷調整がより複雑化し困難化する」ことで「需給調整を円滑に行う条件」を悪化させるのではないかと指摘している。

現在では，伊藤・小池（2002）が分析した状況よりもはるかに直接契約が拡大している。秋田県においても，すでに酒造好適米の県内流通に占める直接契約のシェアは組合経由の流通を上回っている。したがって，直接契約の増加が需給調整にもたらした変化を解明・評価すべき段階に来ているといえる。

2．研究課題と分析対象

酒造好適米の流通に関する研究として，組合経由の流通を主な対象としたものには小池（1995）や伊藤・小池（2002），伊藤・呉（2002）などがあるが，近年は著増をみせている直接契約を分析対象とするものが多い（伊賀（2008），高橋（2012）など）。それらの研究において，本章が注目する需給調整について具体的な調整のあり方と問題点をあきらかにしたものはない。

需給調整の仕組みとしては，直接契約よりも酒造組合経由の流通の方が複雑で問題も大きいため，本章では酒造組合経由の流通を分析対象とし，直接契約については必要な限りで説明を加える[4)]。

以上の問題背景と既存研究の整理をふまえ，本章では清酒や酒造好適米の生産動向を概観（第2節）したうえで，①組合経由の流通における需給調整システムの実態と特徴（第3節），②酒造好適米の不足をもたらした具体的な要因（第4節），③直接契約の増加が需給調整システムにどのようなインパクトを与えたか（第5節）の3点をあきらかにする。

分析対象とした秋田県は，清酒，酒造好適米ともに生産が盛んである。東北でもっとも製造量が大きい酒造業者が存在している一方で，小規模な業者も多い。酒造好適米の生産も盛んで，山田錦など一部品種以外は県内産の酒造好適米を使用する自給的な需給構造となっている。したがって，本章においては単一県での需給調整を扱い，県域をこえる移出入に関わる需給調整は分析対象外とする。

3．酒造用原料米の種類について

分析対象を明確にするため，清酒の原料米の区分について整理しておきたい。

清酒の原料となる米は表8-1のように酒造好適米，一般米，その他に区分することができる。酒造好適米は農産物検査規格規定により醸造用玄米として産地銘柄品種に設定されたものを指す。酒造好適米となっているのは清酒製造に関する品質特性を重視して育種された品種である。主食用等には適さない品質を有し，また価格も高めであるために酒造用以外の用途に使用されることはほとんどない。

清酒業界でいう一般米とは，主食用米と加工用米をあわせたものに概ね相当する。一般的には主食用と共通の品種が用いられるため「飯米」ともよばれるが，主食用品種のなかでも醸造用途への向き不向きがある。たとえば秋田県では，「あきたこまち」より「めんこいな」が清酒製造に用いられることが多い。また，通常はうるち米が使用されるが，もち米を使用することもある。

加工用米の調達は加工用米制度によるが，そのなかでも近年では地域流通契約を利用するものが増加している。秋田県はこの地域流通契約による醸造用の加工用米流通に先駆的に取り組んだ地域である。

その他の原料では，くず米などのいわゆる特定米穀や米粉なども清酒原料

表8-1　清酒原料米の分類

<table>
<tr><th></th><th>入手先</th><th>農産物検査法上の区分</th><th>特定名称酒への使用</th><th>通称</th></tr>
<tr><td>酒造好適米</td><td>酒造組合
直接契約
その他</td><td>醸造用玄米</td><td rowspan="3">○
（米穀検査において３等以上）</td><td>酒米</td></tr>
<tr><td rowspan="2">一般米</td><td>加工用米の制度による</td><td rowspan="2">水稲うるち玄米
水稲もち玄米</td><td rowspan="2">かけ米</td></tr>
<tr><td>主食用米市場</td></tr>
<tr><td>その他
（特定米穀・米粉など）</td><td>農協など</td><td>未検査等外</td><td>×</td><td>－</td></tr>
</table>

資料：筆者作成。

に使用することができる。くず米を再選別して調製した「中米」も酒造用途に広く用いられているようである。ただし，国税庁が定める「清酒の製法品質表示基準」において，特定名称酒の原料として使用できるのは「農産物検査法により，3 等以上に格付けされた玄米又はこれに相当する玄米」と規定されているため，特定米穀や米粉，未検査米などを特定名称酒の原料として使用することはできない。

酒造好適米は一般米よりも価格が高いため，清酒のなかでも高価格で差別化の程度が高い特定名称酒の原料として使用される。ただし，特定名称酒がすべて酒造好適米によって製造されるわけではなく，一般米も原料として使用されている。

以上の区分と実態が一致しない品種も少数ではあるが見受けられる。「亀の尾」という品種は明治時代からの品種を復活させて清酒製造に用いられていることで知られるが，醸造用玄米として産地銘柄品種に設定されていないので，酒造好適米ではない。しかし，主食用として利用されることはほとんどなく，醸造用として特定名称酒を中心に使用されており，価格や流通形態も酒造好適米と同様のものとなっている。

また，加工用米は通常は主食用米と共通の品種を用いるが，醸造用途専用の多収性品種を育種し加工用米として生産する動きも近年みられるため，一般米のすべてを主食用品種あるいは「飯米」とよぶことはできない状況となってきている。

清酒原料米の生産流通や清酒業界で使われる通称として，表 8-1 に示した「酒米」と「かけ米」がある。

清酒の製造に使用される通常の原料米，すなわち酒造好適米と一般米をあわせたものを酒米とよぶこともあるが，酒造好適米のみを酒米とよぶことが多い。本章においても，煩雑さを避けるため以下では酒造好適米のことを酒米とよぶことにする。

かけ米という呼称は，酒造原料米の生産流通の現場，とくに生産者や農協において一般米とほぼ同義に使用されている。しかし，これは適切な呼び方とはいえない。もともとかけ米とは清酒の製造工程における原料米の用途を

表8-2　清酒の製造に使用される原料米の量（平成24酒造年度）

	白米使用数量	うち酒造好適米使用数量
特定名称酒向	72,406	34,820
特定名称酒以外（普通酒）向	89,721	5,177
全体	162,127	39,997

資料：酒類総合研究所（2012）より引用。

指す言葉である。蒸した後，直接もろみに加えられる米がかけ米であり，麹に加工された後で使用される麹米と区別した呼び方である。

表8-2に示したように，普通酒に使用される米のうち酒造好適米はわずかであるから，普通酒の原料はほとんどが一般米ということになる。特定名称酒をみても，酒造好適米は使用される白米の半数以下となっている。したがって，普通酒については原料米の全量が一般米の商品が大半を占めているはずだし，特定名称酒についても同様の商品が少なからず製造されていると考えられる。いうまでもなく，こうした商品においては，かけ米だけでなく麹米にも一般米が使用されるということである。

このように，一般米はかけ米としてのみ使用されるわけではないから，一般米を指してかけ米というのは適切ではない。

第2節　秋田県における酒造好適米の生産と流通

1．清酒と酒造好適米の生産状況

図8-1に示したように秋田県においても特定名称酒の課税移出数量は著しく増加しており，そのなかでも吟醸酒の伸びが大きい。これにともなって，酒米の使用量も急増しており，3,000t近くで推移していたものが5,000t近くにまで伸びている。

秋田県の酒造業者は2016年では37社あり，製造量で全国17位と21位に相当する業者がある一方で中小規模の業者も多い。そのなかでもっとも大規模な業者は，東北地方でも最大の製造量を有している。

酒米については，秋田県では美山錦という長野県で育種され東北地方で広

図 8-1　秋田県における清酒の種別課税移出数量と酒造好適米生産量

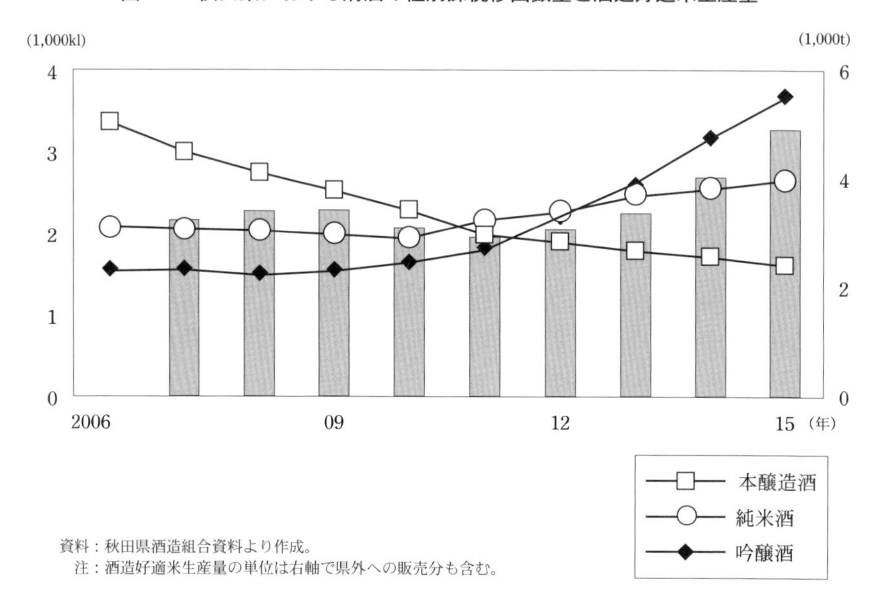

資料：秋田県酒造組合資料より作成。
注：酒造好適米生産量の単位は右軸で県外への販売分も含む。

く栽培されている品種が主力であったが，秋田県で育種された秋田酒こまちという品種が 2003 年に奨励品種となった。秋田酒こまちは醸造適性が良好で秋田県の清酒販売が好調な要因の 1 つとなっているが，栽培面でも比較的倒伏に強いため生産しやすい品種である。また，山田錦などは立地条件が品質に大きな影響を及ぼすとされるが [5)]，秋田酒こまちについては秋田県のほぼ全域にわたって生産されている。なお，産地では秋田酒こまちの県外への販売に取り組んでいるが，県外での栽培は認めておらず，種子が県外に流出しないよう管理する体制がとられている。

図 8-2 は秋田県における酒米の作付面積を品種別にみたものである。吟の精も秋田県で育種された品種であるが，胴割れしやすい性質があり製造される清酒も秋田酒こまちのものほど人気とはならず，現在では少量の生産にとどまっている。奨励品種となって以来，秋田酒こまちの生産は拡大してきたが，評価が高まり使用する酒造業者が大きく増加したのは 2012 年頃であった。

秋田県では山田錦のほかに美山錦などを県外から購入してきた経緯があ

図 8-2　秋田県における清酒好適米の品種別作付面積

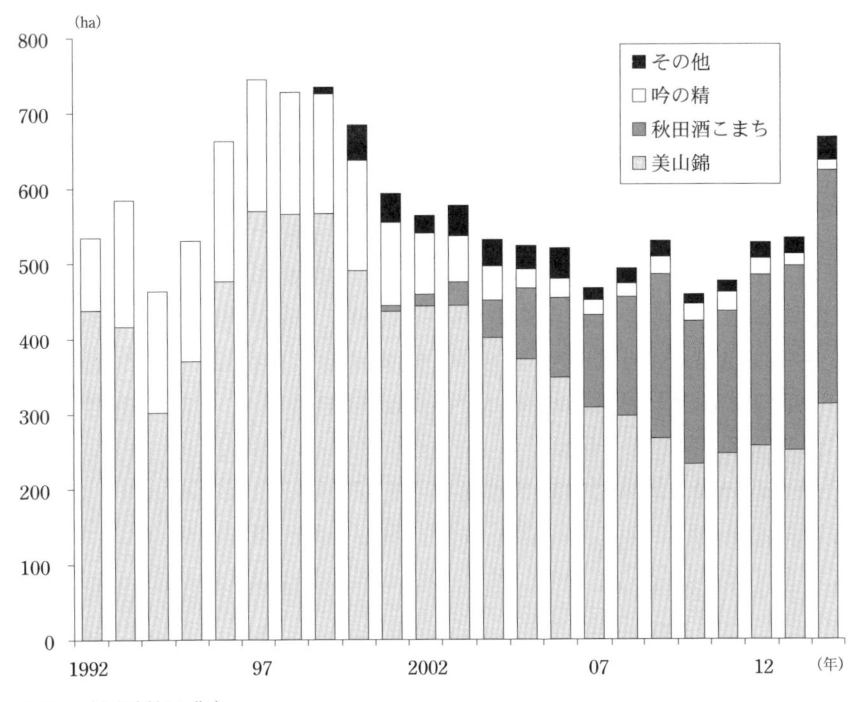

資料：県庁提供資料より作成。

り，酒米の自給率は 80％弱で推移してきたが，秋田酒こまちの増産により 2013 年には 90％前後にまで上昇した。酒米の需給を県別にみると移出県と移入県があるが，秋田県は山田錦などを除き県内需要をほぼ自給し，一方で県外移出も他の移出県ほどは多くないため，自給的な状況にあるといえる。

2．酒造好適米の流通

酒米は食管法のもとでは自主流通米として流通していた。各県の酒造組合が酒造業者の購買量を取りまとめ，一括して全農県本部（経済連）と契約していた。その後の規制緩和により，現在は個別の酒造業者が生産者と直接契約して酒米を調達することが可能である。

秋田県においては湯沢市が旧来より酒米を生産してきた地域で，酒造組合経由で流通するものはすべて湯沢市産である。湯沢市の酒米生産者は「湯沢市酒米研究会」に加入しており，会員数は240名である（2013年現在，集落営農や法人なども含む）。市役所がこの組織の事務局をしており，栽培技術講習や優良生産者の表彰などを行っている。生産面の対応を行う研究会組織は一本化されているが，販売主体は地元の農協であるJAこまちと商系業者の2つにわかれており，生産者はどちらか一方に酒米を出荷している。JAこまちも商系業者も出荷先は酒造組合を経由する流通である。2つの販売組織のうち，取扱量はJAこまちの方が大きいため，本章では湯沢市産の酒米の販売面について，JAこまちの取り組みを中心に述べる[6]。なお，本章の図表で湯沢市産の酒米の出荷量や栽培面積について示す場合は，すべて2つの販売組織の合計である。

直接契約による流通については湯沢市を除く県内全域でみられ，近年大きく生産面積を伸ばしている。図8-3に，直接契約と湯沢市のそれぞれで作付けされる酒米の面積と，県内で使用される酒米の総量を示した。ここでみら

図8-3　県内の酒米使用量と生産面積

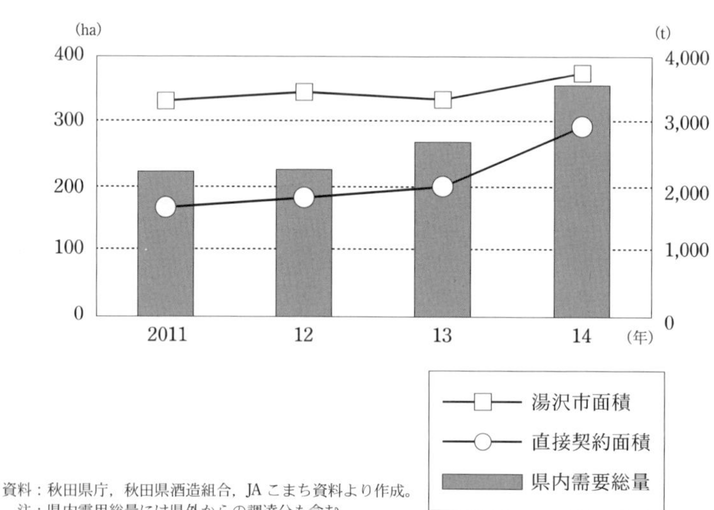

資料：秋田県庁，秋田県酒造組合，JAこまち資料より作成。
注：県内需用総量には県外からの調達分も含む。

図 8-4　秋田県における酒造好適米の需給状況（2014 醸造年度）

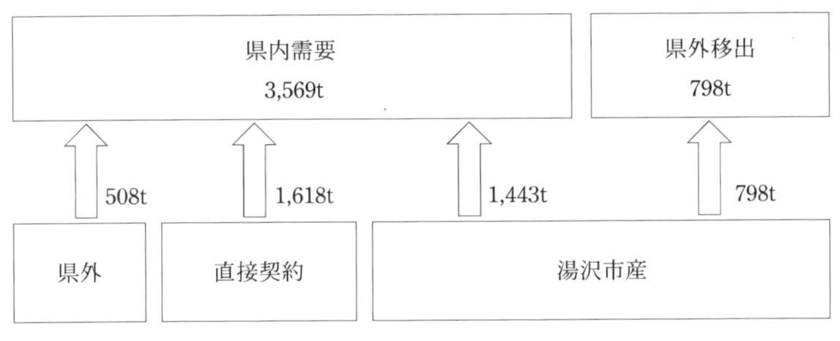

資料：秋田県庁，秋田県酒造組合，JA こまち資料より作成。

れる酒米の需要量の伸びは吟醸酒の増産によるものだが，それに応じた伸びをみせているのは直接契約の作付面積で，湯沢市の面積は若干の増加にとどまっている。

この対照的な動きは，県内の酒米流通におけるシェアの逆転につながっている。図 8-4 に，県外からの移入もあわせた 3 つの流通チャネルがどの程度の流通量を有しているのかを示したが，県内需要に対する供給では直接契約により流通するものが最も多いことがわかる。2011 年頃まで，湯沢市産の酒米は県内向け流通の 7 割程度のシェアを占めていたのだが，数年のうちに逆転してしまったのである。

第 3 節　需給調整の脆弱性と産地の負担

本節では，組合経由の流通がどのような需給調整システムを有するのかを整理し，その特徴を指摘する。

酒米においては単年度での需給一致を目標として需給調整が行われている。酒米は清酒の醸造以外の用途には使用できず，また多くの酒造業者は冬期に製造を行い，その期間のうちに調達した米を使いきるため，古米の評価は低くなるからである [7)]。

秋田県における需給調整システムは 3 年にわたるものとなっており [8)]，図

図 8-5　秋田県における酒造好適米の需給調整の流れ

2年前10月まで	酒造組合による必要数量取りまとめ。		
2年前10月	酒造組合が必要数量を産地に連絡。 これにもとづき原種の手配。		
1年前4月以降	種子の生産開始。	↓ 例外的措置として契約数量変更	
1年前9～10月	種子収穫調製。 種子生産量の確定。		
1年前10月以降	酒造好適米生産農家からの 生産希望数量取りまとめと調整。		
当該年1月以降	種子の供給。		↓ 酒造業者間の調整
当該年4月以降	酒造好適米の生産開始。		
当該年9～10月	酒造好適米の収穫。		
当該年11月頃	酒造好適米の供給。		

資料：秋田県酒造組合，全農秋田県本部，JAこまち，湯沢市酒米研究会会長へのヒアリング調査より作成。

8-5 ではそのことを示している。まず酒米が実際に使用される 2 年前に，酒造組合が酒造業者から希望購入量を取りまとめ，それにもとづいて 1 年前に酒米の種子を生産し，その後酒米を生産し酒造業者に供給することになる。

需要量を 2 年前に取りまとめるのは，種子の生産計画を立て，それに応じた原種を手配する必要があるためである。2006 年以前は 1 年前に需要量を取りまとめていたが，種子を生産してしまったあとに増産や減産を要請されても対応に限界があるため，2007 年から「播種前契約」と称して 2 年前に取りまとめをすることになった。同時に県内の酒造好適米の需給を総合的に把握し需給調整の精度を高めるため「酒造好適米需給計画」も毎年策定することとした。この計画では数量が管理しやすい組合経由の流通だけではなく，直接契約による栽培面積についても種子の供給量などから把握することで管理の対象とすることを目指している。

播種前契約により，酒造業者は 2 年以上先の在庫や販売状況を予測し，それによって清酒の生産量と酒米の使用量を決めて発注することになった。しかし，実態としては 2 年前の需要量取りまとめ以降にも事後的な発注量の調整が行われてきている。

まず，図 8-5 の下向きの矢印のうち，左側の矢印の期間については，酒米自体の作付面積を増減する調整があり得る。種子は不作でも不足しないよう余裕を持って生産され，それによる余剰分は通常は酒米の玄米として出荷されている。この余剰分を玄米ではなく種子として調製すれば，その範囲で当初の注文量よりも次年度の酒米を増産することは可能である。ただし，産地としてはこのような措置はあくまで例外的な措置として位置づけている。減産の場合は生産した種子が無駄になるため，産地としては一層受け入れがたい要求である。

種子の調製が終了した後でも（図 8-5 の右側の矢印で示した期間），湯沢市での栽培面積を変更しない範囲内での数量調製が可能であったが，これは2016年から原則廃止された。この調整は契約数量を減らしたい酒造業者と増やしたい業者とのあいだで調整を行うものであり，産地の作付面積を変更する必要は生じない。しかし，増加と削減を希望する双方の業者からうまく手が上がることは稀であり，実際には酒造組合の担当職員が増加・削減に応じてくれる業者を探さなければならず，大きな負担となっていた。

このときの酒造業者の行動は余裕を持って注文しておき事後的に発注量の削減をするというパターンが多かったという。そして，調整しきれないほど大量に注文をキャンセルする業者が出始めたため，2016年度からこうした調整は原則として廃止され，どうしても購入できない場合は違約金として2,000円/俵を酒造組合に支払う規約が導入された。

以上の需給調整は，需要量に応じた生産面積の設定を行うためのものであるが，これを高い精度で実施しても豊凶変動により過不足が発生することは避けられない。こうした過不足が生じた場合には以下のようになる。

まず，不作により生産量が契約数量に対して不足した場合，酒米では野菜のように割高でも卸売市場などから購入して納品するといった対応はとれない。スポット的な取引により酒米を調達できる市場は極めて未発達であり，とくに県内でしか生産していない秋田酒こまちは代替的な調達先が全く存在していない。

したがって生産量が不足した場合は，購買希望量を一律の割合で減じた数量が各業者に納品される（これを「充足率が低下する」と呼んでいる）。当然，酒造業者や酒造組合側は不満を抱くことになるが，金銭的な保証まではなされていない。

生産量が余剰となった場合については，酒造組合および酒造業者側にはそれを引き取る義務はない。そのため，酒米の販売主体であるJAこまち及び全農県本部，もしくは商系業者が自ら営業活動を行い，予定よりも多く購入する酒造業者を探す必要がある。

この際には，契約栽培の価格よりも低い価格とすることが一般的である。例えば，2015年の湯沢市の酒米の作況指数は110程度と非常によかったが，そのために生じた余剰については価格を1俵当たり1万円程度として販売した。酒造組合経由の流通における売り渡し価格が約1万5,000円程度で，地域流通米として醸造用に使用される加工用米が9,000円程度で取引されていることを考えれば，いかに大きな値引きであるかがわかるだろう。

以上が秋田県における酒米の需給調整の概要だが，その特徴は第1に，需給調整に要する期間が3年と長いことと，スポット的・代替的な調達先の欠如に起因する脆弱性が指摘できる。酒米にしてもその種子にしても，取引に参加する主体は需要側も供給側も毎年同じであり，それ以外の主体との取引によって流通量を調整することができないから，3年間にわたるプロセスのどこかで問題が生じると，それが需給の不一致に直結する可能性が高いのである。

とくに酒米の種子については，秋田県では直接契約での栽培に使用されるものも含めて全量が湯沢市で生産されており，これを担うのはわずか6戸の農家であるため，リスクが大きい。実際，後述のように種子生産における事故が発生しており，備蓄により種子の不足に備える体制が整備されつつあるが，安定供給には課題が多い。

第2の特徴として，産地側の負担が大きい仕組みとなっていることである。酒造業者側も早期に購買希望量を提出しなければならないが，事後的な増減産の要請がたびたびなされており，産地の負担は大きい。また豊凶変動に対しても，余剰時の調整コストは全面的に産地の負担となっている。不足時には充足率が低下するため酒造業者側にも不利益が生じるが，それを回避するために産地側は余裕を持って作付けしており，これも産地側の負担となっている。

第 4 節　酒造好適米不足の要因

秋田県においては，2012 年と 2013 年の両年，秋田酒こまちの充足率が低下する事態となった。このときの状況に即していえば，酒米の不足に影響する要因として以下の 4 つが挙げられる。

①　主食用米との価格差

②　生産者の高齢化

③　高級清酒販売好調による急激な増産要請

④　種子調製過程における事故

結論からいえば，①②については産地の努力により影響は最小限にとどめられ，③④が直接的な酒米の不足をもたらす要因となっていた。また直近では酒米の需給が不足から過剰に転じたといわれているが，過剰をもたらしたのは①の要因が大きいと思われる。

①の主食用米との相対的な価格差は，農家の酒米の生産意欲を左右するもっとも重要な要素とみてよいだろう [9]。図 8-6 に主食用米価格の推移を示

図 8-6　あきたこまちの価格の推移

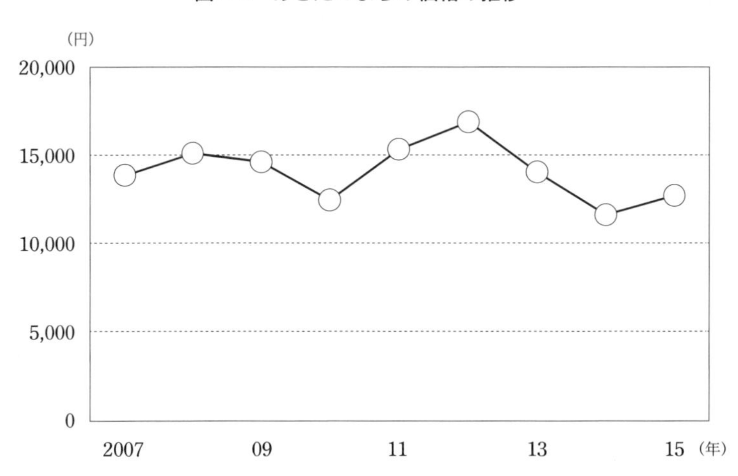

資料：農水省「米の相対取引価格・数量」より作成。

した。ここに示したのはあきたこまちの価格だが，全銘柄平均をみてもほぼ同じ動きとなっている。ここからは，全国的に酒米の不足が顕著であった2011～13年は主食用米の米価が堅調に推移していたことがわかる。

秋田県において酒米の価格は酒造組合と全農・商系業者の三者で交渉することで決定するが，主食用米の価格ほど大きくは変動しない。近年は全農と酒造組合間の価格で1万5,000～1万6,000円で取引されている。ただし，前述したような余剰分の値下げ販売があれば農家が受け取る価格はこれより若干低くなる。

こうした状況のもとで，図8-6にもみられる2014年の米価急落は酒米の価格面での有利性を際立たせることなった。この年から秋田県酒造組合には，酒米を生産したら買い取ってもらえるかという問合せが殺到するようになったという。また，直接契約の事例においても，米価が大きく下落した年から取引を開始した例がみられる。この事例の酒造業者によれば，「米価が高いときは地元の農家に酒米を栽培してほしいと話しても相手にしてもらえなかった」とのことである。

全国の動向をみても，主食用米価格が下落に転じた2013年の翌年の酒米はそれまでの不足基調から需給均衡に転じ，さらに大幅に下落した2014年の翌年の酒米は作付面積の増加に豊作が加わり供給過剰となった。こうしたことから，主食用米の価格動向は酒米の生産意欲に極めて強い影響を与えるものと考えられる。

湯沢市では2012年，主食用米価格が高水準にあったことに加え全農秋田が酒米の概算金を引き下げたことを契機に高齢だった生産者の多くが酒米生産からリタイアした[10)]。上記②として指摘したが，湯沢市の酒米生産者の平均年齢は60歳をこえているため，価格面での優位性が低下したことを機に高齢化の影響が表面化したのである。

ただし，このときは生産を続けた生産者がリタイアした農家の作付面積分をカバーするよう増産したため，酒造組合からの受注量に見合った作付面積を確保することは十分可能な状況であった。したがって，秋田県では①②の要因は一定の影響があったもの，それが酒米の不足に直接つながることについては産地の努力により回避されたといえる。

秋田県で酒米の不足をもたらした原因は③④である。③については，前掲図8-1でみたように，2011年頃から秋田県における吟醸酒の課税移出数量が急増している。品質に対する評価が高まり販売が好調となるなかで，とくに秋田酒こまちを使用した吟醸酒の伸びが著しかった。

このため，それまで秋田酒こまちを使用していなかった酒造業者からも秋田酒こまちの購入希望が急増し，2012年産と2013年産の酒米については，前年度になって約50ha程度の増産要請があった。2011年の湯沢市の酒米の作付面積が331haであったから大幅な増産要請であり，前節で述べたように産地としては大きな負担となる。湯沢市は増産を受け入れたが，要望された全量を供給するには至らなかった。

このように，酒米が不足したと言われているのは，前年の増産要請という本来の取引の流れからはイレギュラーな要望に十分対応できなかったという面もある。ただし，同時に④の種子の事故があったことが事情を複雑にしている。酒米の種子の調製作業の際，異品種の混入により一部の秋田酒こまちの種子が使用不可能となってしまった。このため，増産要請に応じた量に対しても，その全量を供給することができなくなってしまった。

以上のように，秋田県において酒米が不足した原因は，種子供給の限界を超えた急激な増産要請と種子生産における事故であり，決して需要に応じた作付面積が確保できなかったわけではない。後者の原因は偶発的なものであるが，双方に共通していえるのは，前節で指摘した需給調整の脆弱性が表面化したということである。すなわち3年単位での需給調整を要するため急激な生産量の変更への対応が難しい点や，種子生産が少数の生産者によって担われており代替的な調達先が存在しないことのリスクが顕在化したといえる。

なお秋田県においては，酒米が転作作物として扱われてこなかったことが，需給調整上大きな問題となっていたとは考えられない。2014年に秋田県の酒米の生産は前年より約25％増加したが，このうち生産調整の枠外で作付けされたのは15haである。これは増産した面積に対して16.3％にあたり，大きな割合とはいえない。

全国的な酒米不足についていえば，④は偶発的な要因としても，①～③の影響は大きかったのではないだろうか。とくに，山田錦の需要急増については，「獺祭（だっさい）」のブランド名で清酒を販売する山口県の旭酒造の影響が大きい。

「獺祭」はマスコミで取りあげられるなどして話題となり急激に販売を伸ばしている。そして，製造量のほぼ全量が特定名称酒（山田錦の等外米使用のため特定名称酒とはならない商品もあると報じられている）で，原料米にはすべて山田錦を使用しているという。旭酒造のWebサイト[11]などによれば，4万俵程度調達している山田錦が生産設備の増強で20万俵必要となるという。農水省「米穀の農産物検査結果」によれば2013年の山田錦の生産量が約38万俵であり，これと比較すればいかに膨大な量の山田錦を調達しようとしているかが知れよう。山田錦の主産県である兵庫県は酒米の移出県であり[12]，県内自給を基本とする秋田県とは需給調整システムにも相違点があるだろうが，このような膨大な増産要請に自在に応えられるとは考えられない。

ここでは山田錦を例に挙げたが，他県においても本節で挙げた①②③は酒造好適米の需給構造を規定する重要な要素であると思われる。この点の分析は今後の課題としたい。

第5節　組合経由の流通と直接契約の関係

1．酒造業者からみた2つの調達方法

秋田県の酒造業者にとっては，注文どおりに酒米が納品されないことが2年続いたので，数量確保のために直接契約に取り組むことが考えられる。筆者の調査では，大規模な酒造業者と中小規模の業者の双方において，酒米の不足を契機として直接契約を開始した業者が数社確認された。

しかし，先述した山田錦のように生産量が絶対的に不足し限られた作付面積を奪い合うような場合を除けば，直接契約は不足のリスクへの対応として有効性を持つものではない。直接契約を開始した契機が酒米の不足であったとしても，その後は品質や価格面での有利性によって取引を継続しているよ

うに思われる。直接契約において品質や価格がどのように扱われているかは稿を改めて論じるが，以下では酒造業者からみて 2 つの調達方法がどのように位置づけられるかをみていきたい。

組合経由で流通する酒米の産地である湯沢市では，今のところ需要量に応じた生産面積を確保しているため，不足のリスクは主に豊凶変動に起因するものである。しかし，同じ県内で産地を分散してもリスク回避策として十分とはいえないし，前節でみたような事故により種子が不足することを考えても，秋田県ではすべて湯沢市で生産された種子を使用しているため，有効なリスク回避策とはならない。

そればかりか，組合経由の流通では産地側がコストを負担して過不足に対応していたのに対し，直接契約ではそれがすべて酒造業者側の負担となる。契約数量は面積で定められ，そこから収穫されたものは全て購入しなければならないためである[13)]。

豊作による余剰が出た場合，農家が独自に余剰分を購入してくれる酒造業者を探すのは極めて困難であるため，余剰分も含めて全量を買い取る条件でなければ契約栽培に応じる生産者はいないであろう。

また不足に対しても，湯沢市では余裕を持った作付面積とすることでリスク対応を図っているのに対し，直接契約でそのような対応は難しい。直接契約では安易に増産・減産することが難しいため，余裕を持った栽培面積を設定すれば，いずれかの時点で原料米が余剰になって困るからである。

この契約数量を変更しにくいという点も，直接契約の大きなデメリットである。直接契約では生産者と信頼関係を構築することにより品質の確保・向上を目指すため，一定の契約面積を維持するよう努めるのが普通である。生産者にとって作付面積の増減，とくに減少する際の問題が大きいためである。

その理由は，栽培する品種が変わった際にこぼれ籾などによるコンタミが発生しやすいことで，とくに酒米から主食用米への転換は問題が大きいとされている。酒米が混入していた場合は外観で容易に判別できるため，米穀検査において等外米と判定される可能性が高いためである。

これに対して湯沢市では，生産数量の大幅な変動を受け入れている。増産要請への対応は前節で述べたが，減産の要請についても，2000 年頃に大規模なものがあった。その規模は作付面積でいえば 80ha に相当する量で，全生産面積の 4 分の 1 に相当する減産を要求された産地の負担は極めて大きい。しかも，種子生産が終了した段階での減産であった。このときはコンタミの問題を緩和するため，酒米の作付けを中止した水田には，加工用米（品種はキヨニシキ，普通酒向け）を生産し，米穀検査で等外でとなっても酒造業者が買い上げるという条件を付すことで，減産に応じたのであった。

以上のことから，酒造業者からみた 2 つの調達方法の特徴を整理すると，次のようになる。

組合経由の流通は，調達数量に関する柔軟性・利便性に優れている。すなわち，清酒の販売量・在庫量の将来予測などから調達数量を厳密に検討することなく発注が可能であり，それで不都合が出た場合にも調整が可能である。また，酒造業者が調達希望数量を酒造組合に伝えれば，あとは酒造組合や産地が確実に納品するために必要な調整などを実行してくれるため手間がかからない。

欠点は，湯沢市のなかでどの地域，どの生産者，どのような栽培方法といった点を指定できず，品質基準に関する要求も受け付けていないことである。多数の生産者を抱える湯沢市産の酒米には品質のばらつきもあり，どのような品質の原料米が調達できるのかは実際に米が届くまでわからない。また，実際に品質に著しく問題があった場合には酒造組合や全農県本部，商系業者にクレームをつけることになるが，十分な原因の解明や改善策がとられていると評価する酒造業者は少ないようである。

こうしたことから，端的にいえば組合経由の流通は，手軽で必要数量が入手できる確実性は高いが，品質については米穀検査による保証（品質にこだわる酒造業者にとってこれは不十分である）しかないということができる。

これに対して直接契約の場合は，酒造業者は将来必要とする原料米の量を慎重に検討し，生産者と連携しながら安定して生産していける契約面積を決定する必要がある。また，予定どおりの数量が収穫できるとは限らないので，それへの対策が必要である。実際にみられる対策としては，複数年にわたる原料米の在庫を持つこと，割高だが自由な量を調達できる主食用米を原料として併用しその量を増減することなどがある。

このように直接契約は，数量調整の面で硬直性・リスク・手間の問題があるが，酒造業者自ら生産過程を確認し，必要があれば栽培方法の変更などを農家と協議してより品質の高い原料米を確保することが可能である。コスト低減を重視する大規模な酒造業者を除けば，現在の高級酒の躍進のもとでは，品質面の維持・向上が直接契約に取り組む最大の動機となっている。

こうした傾向を受けて，JA こまちでも直接契約に近い取引を取り入れはじめたところである。最近になって，JA こまちへの出荷者のなかでも品質を重視している若手農家に生産者を限定し，酒造組合を通さずに県内外の酒造業者と契約する取り組みを試験的に開始した。この契約では，一般的な直接契約とは異なり面積ではなく俵数で数量を決めているため，不足した場合には指定された以外の生産者から同等の品質のものを出荷することになる。直接契約と同様に酒造業者は品質基準などを要望することができるが，同時に作付規模が大きいという特長を生かして数量調整の面でも利便性を高めているのである。

ただし，こうした契約方法にも限界がある。JA こまちの現状として，すべての米を出荷先別に管理することは倉庫の容量など物流・施設面から不可能である。またより根本的な問題としては，ロットが大きいことが数量調整への対応可能性を高めている要因であるため，生産者，生産地域，品質等に応じてそのロットを細分化してしまうと，結局は数量調整への対応能力が低下してしまうことが懸念される。

2．直接契約の増加が需給調整に及ぼす影響

2 つの流通チャネルがそれぞれの特徴を持つのに対して，酒造業者側も品質，数量面での利便性，調達単価・コストなど，原料米調達において重視する項目は様々である。それぞれの業者が自らの希望を満たす流通チャネルに特化して原料米を調達するのであれば，直接契約が増加しても大きな問題は生じない。むしろ，需給調整の面からいえば直接契約のシェア増大はシステ

ムの個別化であり，1 カ所で問題が生じても全体に波及しなくなる方向での変化である。種子供給が直接契約と組合経由の流通に共通の体制でなされるため,「酒造好適米需給計画」で実施されているように全体の作付面積を把握することも容易である（自家採取等の一部例外を除く)。これにより，種子市場を通じて需給の混乱が他方の流通チャネルに波及する可能性はあるが，そうした状況は稀と考えられるため，直接契約の増大が需給調整システムを混乱させることはないといえる。

しかし，現実には1つの酒造業者が双方の流通チャネルを併用する例が多くみられ，このことが需給調整を大きく混乱させているのではないかと疑われる状況が発生している。この場合，組合経由の流通に大きな負荷がかかることになる。

たとえば,酒造業者が直接契約において一定の契約面積を維持していても,組合経由の流通を併用していれば，そちらの発注量を増減することで容易に調達量を調整できる。このような行動をとる業者が増加すれば，組合経由の流通に対する発注量の変動はより大きなものとなるであろう。そればかりか,ごく最近まで酒米が納品される直前まで数量調整を受け付けていたから，その年の作況をみながら注文をキャンセルすることも可能であった。つまり,在庫や販売予測に関わるリスクだけでなく，直接契約における収量変動リスクをも酒造組合に負担させることが可能な状況にあったわけである。

実際，近年大量の注文キャンセルが出る傾向があり，酒造組合としてもその理由が以上のような動きであると考えた。そのために，前述したように規約や申し合わせによって当年になっての数量変更などには厳しく臨むようになったのである。

第 6 節　酒造好適米の需給調整と旧産地の展望

冒頭で述べたように，酒米では近年，不足する状況から短期間のうちに過剰へと転換するなど需給が不安定となっている。この問題を考える際に重要なのは，生産調整の枠外・枠内という問題のみにとらわれず，まずは本章で指摘したような需給調整システムの不安定性や，そのなかで産地・酒造業者のそれぞれが負う負担の状況について検討することで問題の全体像を把握することであろう。

本章では秋田県を対象にこれらの点を検討してきたが，酒米が不足する状況になった理由としては次のようにまとめられる。作付け前の需要量取りまとめにおいて急激な需要増の把握が不十分となり，その程度がもともと脆弱な需給調整システムの調整範囲をこえていたため不足が生じた。また，コンタミという偶発的な要因もあったが，これも需給調整システムの脆弱さが顕在化したものと捉えることができる。

酒米作付面積が生産数量目標の枠内となっていることは，需要の急増への機動的な対応を図るうえでの制約要因としては重要であろうが，不足が生じた根本的な要因とはいえないと考える。

つぎに秋田県の需給調整システムに対する含意を述べる。本章では，秋田県における直接契約による酒米流通の増大が需給調整システムに大きな負担をかけている可能性を指摘した。しかし，これは直接契約の増大自体を批判すること意図したものではない。不特定多数に対して販売を行う消費財とは異なり，生産財である酒米は生産者と需用者が毎年決まっているため，双方が連携を深めて品質等を改善しようとするのは必然的な方向性である。この点については，酒造組合を通した流通よりも直接契約の方が有利と考えられるから，直接契約の拡大は止められないし，JA こまちとしても最近開始したばかりの直接契約的な取引を強化してゆかざるを得ないであろう。

問題は，組合経由の流通においても，酒造業者が安定した数量を責任を持って発注すべきではないかということである。

県内において，酒米を全量直接契約で調達している業者はいくつかあるが，そこでは契約数量の大幅な変動はみられない[14]。こうした業者は組合経由の流通を調整弁とすることができないため様々な工夫により収量変動を吸収していたが，それが経営的に大きな負担だとは考えていなかった[15]。したがって，組合経由の流通でもある程度は安定的な取引を求めることは可能なはずである。また，本章では需給調整システムにおける産地の負担の大きさについて述べてきたが，それを考慮すれば過大な要求ともいえないであろう。

ただし，湯沢市が酒米産地として改善すべき点は多い。とくに品質の維持・向上については，多くの酒造業者が不満を感じている。3 年前に購買量を取りまとめるという播種前契約の運用を厳格化することは，酒造業者からみれば利便性の低下であるから，直接契約との流通チャネル間競争では不利な状況を生み出すことになる。湯沢市にとっては，ロットの大きさや生産経験の長さなどの強みを生かしつつ，品質と利便性のバランスをどのようにとってゆくのかが問われている。

注

1) 新聞では，日本農業新聞「[論説]酒造好適米　本物志向踏まえ増産を」(2014 年 3 月 31 日付）などが酒造好適米の不足を指摘している。
2) 全国的な需給動向は農水省「米に関するマンスリーレポート平成 28 年 3 月号」p.2 にもとづく。
3) こうした論調はビジネス誌や Web 上の記事に多くみられた。例えば，弘兼・桜井 (2014) など。
4) なぜ直接契約が増加しているのか，また直接契約が実際にどのように行われているのかなどについては，稿を改めて論じる予定である。
5) 山田錦の栽培に適する自然条件などについては兵庫県酒米研究グループ (2010) を参照。
6) 2 つの販売組織や生産者が全体で取り組むべき課題について述べる場合などでは，産地全体を指す呼称として「湯沢市」を用いる。
7) 秋田県醸造試験場へのヒアリングによれば，温度などを適切な条件とすることで，品質に問題を生じることなく酒造好適米を 1 年以上保管することが可能とのことである。ただし，新米が出回る時期に，それと同等の価格で古米を販売することは困難であろう。
8) 農水省が開催した「日本酒原料米の安定取引にむけた情報交換会」に関する一連の資料 (http://www.maff.go.jp/j/seisan/keikaku/kome_torihiki/seisyu01.html, 2016 年 10 月 21 日閲覧）によれば，2 年前ではなく前年の秋頃に需要量を取りまとめる県も多いようである。
9) 最大ではあるが，唯一の要因ではない。当然，嗜好品である清酒自体への興味や愛着から酒米を生産する農家もいるであろう。伊賀 (2008) は，実需者との交流が持てることなど，価格以外の動機で酒米生産を開始した農家の事例を多く取りあげている。
10) 引き下げられたのは概算金であり，本精算価格は大きく変わらなかったようである。
11) https://www.asahishuzo.ne.jp/index.php, 2016 年 9 月 28 日閲覧。

12) 小池（1995）による。

13) 米穀検査で等外となったものやふるい下米まで買い取る義務があるわけではない。また，タンパク含有量などの基準を満たすもののみ買い取るなどの品質条件を付す直接契約もみられる。

14) 一時的に減産せざるを得なかった事例はあるが，そうした生産面積の変更は酒造業者と生産者との信頼関係のもとで行われてきた。

15) 直接契約に先駆的に取り組みその比率を上げるような業者は，品質を重視することで清酒の販売を伸ばしており，それ故に高品質な原料米確保のために直接契約を行うという傾向があった。したがって，販売が堅調で経営が安定しているときはよいが，そのような状況が変化したときにも収量変動リスクを負担しきれるかという問題は残されている。

引用文献

1. 伊賀聖屋「清酒供給体系における酒造業者と酒米生産者の提携関係」『地理学評論』第84巻第4号，2008年，pp.150-178。
2. 伊藤亮二・小池晴伴「製品差別化進展下における酒米の需給動向」『2002年度日本農業経済学会論文集』，2002年，pp.18-23。
3. 伊藤亮二・呉映蘭「酒造米における原料米需要と酒米産地の販売対応」『新潟大学農学部研究報告』第54巻2号，2002年，pp.81-96。
4. 小池晴伴「酒造好適米の生産・流通の現状と課題」『北海道大学農経論叢』第51集，1995，pp.161-170。
5. 酒類総合研究所編『改訂版　新・酒の商品知識』，法令出版株式会社，2014。
6. 高橋明広「農業者グループと酒造メーカーの連携によるコミュニティ・ビジネス」『関東東海農業経営研究』102号，2012年，pp.35-39。
7. 弘兼憲史・桜井博志「弘兼憲史の「日本のキーマン」解剖(VOL.4)日本一の純米大吟醸「獺祭」の逆転発想：なぜ「杜氏」がいなくても，「いい酒」が造れるのか　桜井博志　旭酒造　社長」『プレジデント』第52巻第31号2014年，pp.91-95。
8. 兵庫酒米研究グループ『山田錦物語』，神戸新聞総合出版センター，2010年。

第９章　水田作経営の大規模化と営農情報管理

藤井吉隆・上田賢悦

１．はじめに

我が国の水田農業は，農業従事者の高齢化や兼業農家の離農などによる農地の流動化に伴う水田作経営の大規模化が急速に進展している。これまで，秋田県の農業構造は，低い賃金水準や不安定兼業，高い地代水準などの社会経済条件により，借地による農地の流動化は進みにくいことが指摘されてきた。

しかし，秋田県内においても，近年の米価低迷による稲作農業の収益性低下や高齢農家のリタイアが進む中，農地を集積して経営規模の拡大を図る農業法人や経営所得安定対策の政策要件への対応を契機に設立された集落営農法人など大規模水田作経営の形成が進んでいる。これらの経営では，経営の大規模化に伴う農地，労働力，機械施設など経営資源の増大に対応するために，生産管理や労務管理など農業経営のマネジメントを強化していくことが求められる。

一方，近年，情報通信技術の著しい進歩により，農業生産現場における情報通信技術を活用する取り組みが本格化し，これまで情報通信技術の活用が進んでこなかった大規模水田作経営においても，農業生産工程管理システムや収量コンバイン，水位センサーの開発・普及が進展するなど，営農に関わる情報を収集して活用する（以下，営農情報管理という）環境が整備されつつある。米価の低迷など厳しさを増す昨今の経営環境を踏まえると，大規模水田作経営においてもこれらを活用して品質・収量の向上や経営の効率化など生産性の向上を図っていくことが期待される。

そこで，本稿では，秋田県北部地域で急速に経営規模の拡大を図る大規模水田作経営の現状と課題を概観した上で，これらの経営が成長・発展を図る上で重要な課題となっている営農情報管理に焦点を当て，先進事例の実態を分析するとともに，大規模水田作経営における営農情報の活用方策を検討する。

2．大規模水田作経営の現状と課題

1）A法人の経営概況

A法人が位置する秋田県北部O市は，2015年農林業センサスによると水田面積6,540ha，販売農家数は1,930戸となっており，近年では，高齢化などに伴う農業従事者の減少が顕著な地域である。

A法人は2006年3月に設立された農業法人であり，2015年の経営耕地面積は約162ha，構成員13名（役員3名，常時従業員10名），主な栽培品目は水稲53ha，大豆64ha，エダマメ21haとなっている。A法人が耕作する農地は，12集落に点在しており，1筆当たりの平均面積は20aを下回るなど小区画な圃場が大半を占めている。

A法人は経営方針として，「適地適作による農産物の安定供給」，「ムリ・ムダのない効率的な栽培」を掲げている。「適地適作による農産物の安定供給」では，12集落に点在する農地の土壌条件などを勘案しながら作付配置を行うとともに，エダマメ，ネギなどの畑作物を取り入れた複合化を推進している。「ムリ・ムダのない効率的な栽培」では，創業者が自動車組み立て工場勤務経験で身につけた5S（整理，整頓，掃除，清潔，しつけ）や作業の標準化など製造業のノウハウを取り入れた経営のマネジメントを強化している点に特徴がある。

2）経営の沿革

A法人創業者（現会長）は，1979年に水稲1.8haと花き部門の複合経営により就農し，他産業に従事しながら農地の集積に努め，1991年に専業農家となった。専業農家となった当時の経営耕地面積は 8ha であったが，丁寧な栽培管理や地権者とのコミュニケーションを心がけ，地権者からの信頼を得ることで農地の集積を図るとともに，無人ヘリによる病害虫防除作業の受託，大豆栽培の導入などにより経営基盤の確立に努め，2002 年に経営耕地面積が 30ha に達した。

その後も，経営規模の拡大が進む中で正社員の雇用などを契機に，2006 年 3 月に A 法人を設立した。法人化時点での経営耕地面積は 63ha であったがその後も農地の集積が急速に進み，2015 年の経営耕地面積は 162ha となっている。

法人化後は，生産面では，周年雇用体制を確立するためにエダマメ，ネギなどの複合化への取り組みを強化している。特に，エダマメを経営の重点品目に位置づけ，収穫・調整作業の機械化を進めるなど，更なる作付面積の拡大を図ろうとしている。

また，2010 年からは，営業を兼務する従業員を配置するなど販売面での取り組みを強化するとともに，2012 年からは，作業マニュアルの作成，営農情報管理システムの導入などによる経営の大規模化に対応した経営マネジメントの強化に着手している。

3）営農情報管理への取り組みの現状と課題

以上のとおり，A 法人では，法人化後 10 年間で経営耕地面積が 2.7 倍になるなど，経営規模の拡大が急速に進んでいる。しかし，経営規模の拡大に伴い，①作付計画や作業計画策定に関わる負担の増大，②圃場の広域分散による作業効率の低下，③非農家出身や土地勘の無い従業員への作業の指示・伝達等新たな問題に直面するようになった。例えば，土地勘がない従業員が増えたことによる作業実施圃場の指示・伝達の行き違い，広範囲に分散した圃場で作業を行うことによる作業の進捗管理の難しさ，12 集落の多様な農地条件（乾湿，水利，地力，圃場区画など）を考慮して適地適作を行うための作付計画の複雑化などの問題が顕在化するようになった。

こうした状況に対処するため，A 法人では，営農情報管理の強化に取り組んでいる。具体的には，2012 年に鳥取大学が開発した「一筆圃場管理システム」を導入して，作付計画の立案や栽培品目のマッピングを行い，経営者による作付計画の作成や従業員への作業指示などに活用している（図 9-1）。A 法人における営農情報管理システムの活用および導入効果として，以下の点が挙げられる。

圃場配置をパソコン画面に映し出し，一筆単位で作付面積や生産調整面積の割合を変化させながら作付計画を作成・修正することが容易であるため，作付計画策定の効率化が図られるようになった。その結果,作付計画の策定時間は従来に比べて約 50％削減できた。

また，栽培予定作目・品種をマッピングして一筆毎に色分けされた圃場地図を印刷して従業員に配布する事で視覚的な作業指示を行うことが可能になり，作業指示の効率化が図られるようになった。その結果，作業指示の時間を従来に比べて約 20％削減することができ，特に土地勘の無い従業員に対する効果は顕著であった。この他にも，近年，作付面積の拡大を図っているエダマメでは，品種・作型別の生育ステージに基づき作付計画，作業計画を立

図 9-1　作付計画の作成画面

案するなど農業生産で重要となる適期作業管理の徹底に努めている。

このようにA法人では，経営の大規模化に伴い直面する課題を解決するために営農情報管理への取り組みを強化してきており，これらの取り組みは，作付計画，作業指示の効率化などで一定の成果が確認できる。今後は，収集した営農情報を活用したノウハウの蓄積や構成員間での情報共有，収益管理の強化など経営の大規模化に対応した営農情報管理体制をどのように構築していくかが重要な課題となっている。

3．大規模水田作経営の事例分析

以下では，全国に先駆けて農地の流動化および集落営農の形成が著しく進んだ滋賀県平坦地域に位置する大規模水田作経営の事例分析を通して，大規模水田作経営における営農情報管理の実態を分析するとともに，今後の活用方策について検討する。

営農情報管理の実態把握に際しては，営農情報の種類を，①生育情報（生育ステージ，収量・品質など），②農作業情報（作業時間，資材投入など），③環境情報（圃場情報，気象情報）に大別するとともに，これらの活用場面と活用のタイミングを把握する。

活用場面では，土田［3］の分類を参考に，農業生産活動との関わりが深い4つの経営管理領域（栽培管理，作業管理，雇用管理，収益管理）に区分して把握する。そして，活用のタイミングでは，情報を活用するタイミングを4つの時期（短期：記録後1週間以内，中期：同1週間～1カ月以内，長期：同1カ月以上，翌年以降）に区分して把握する。

1）事例の概況

調査事例（M法人，N法人）は，いずれも滋賀県の平坦農業地域に位置する大規模水田作経営である。

M法人は，家族経営で取り組んでいた大規模水田作経営であるが，農地集積による経営規模の拡大が進む中，従業員の雇用を契機に法人化した雇用型の法人経営である。現在の経営耕地面積は95ha，主な栽培品目は，水稲62ha，小麦 33ha，大豆 32ha，構成員数 11 名（役員 2 名，従業員 9 名）となっている。M 法人の経営方針は，「他よりも高品質な農産物を適正な価格で提供すること」をモットーに，経営者が有する高度な技能・ノウハウを強みとして，緻密で精巧な栽培管理を実践している点に特徴である。

それに対して，N 法人は，水田の圃場整備を契機に設立された集落営農組織が法人化した事例であり，現在の経営面積は 60ha，主な栽培品目は，水稲 36ha，麦 22ha，大豆 22ha，馬鈴薯 1ha，ネギ 0.8ha，構成員は 84 戸となっている。N 法人の経営方針は，「兼業農家集団でも持続できる農業経営」をモットーに，リーダー（現顧問）が兼業機会を通して習得した製造業のノウハウ（作業の標準化，コスト管理，小集団活動など）を活用して，作業管理や収益管理の高度化を図っている点に特徴がある。このように，調査事例における経営方針や運営形態にはかなりの相違がある。

2）生育情報管理の内容と特徴

まず，生育に関わる情報管理の内容を表 9-1 に示す。生育に関わる情報としては，幼穂形成期や出穂期などの生育ステージ，葉色，病虫害などの生育状況に大別される。両法人ともに「幼穂長」「出穂期」「成熟期」など水稲の主要生育ステージについて記録するとともに，適期作業を徹底するための作業計画の立案及び作業指示，穂肥の施用判断，翌年以降の生育ステージの予測に活用している。

例えば，「出穂日」では，両法人ともに，出穂日を記録するとともに，品種ごとの積算気温を勘案して当該年における収穫時期を予測し，収穫作業の時期や順序，落水時期の作業計画を立案するなど適期作業を徹底するための作業の段取りや計画策定に活用している点に特徴がある。

また，緻密で精巧な栽培管理を実践する M 法人では，主要生育ステージ以外にも「過去 5 年間の穂肥投入量と生育の問題点」「出穂期の葉色」「倒伏」など生育に関わる多様な情報を記録して栽培管理の高度化を図っている。例えば，穂肥の時期・施肥量の判断に際しては，穂肥作業時に圃場別の穂肥投入計画，過去 5 年間の圃場別穂肥投入実績および生育の問題点などを記載し

表9-1　生育に関わる情報管理

区分		項目	収集単位	方法	活用	活用タイミング			
						当該年			翌年以降
						短期	中期	長期	
M法人	幼穂形成期	幼穂長	播種ロット・品種・地区単位および圃場条件が特異な圃場	経営者が測定して野帳に記録	**栽培管理**：穂肥施用判断に活用	●			
					作業管理：出穂期を予測して畦畔草刈、水管理の適期作業管理に活用		●		
		葉色	播種ロット・品種・地区単位および圃場条件が特異な圃場	経営者が測定して野帳に記録	**栽培管理**：穂肥施用判断に活用	●			
		過去5年間の穂肥投入量と問題点	圃場単位	経営者が過去の作業実績から作成	**栽培管理**：穂肥施用判断に活用	●			
	出穂期	出穂日	播種ロット・品種・地区単位および圃場条件が特異な圃場	経営者が観察して野帳に記録	**作業管理**：収穫時期を予測して作業計画（収穫作業、落水判断）に活用		●		
					栽培管理：翌年以降の生育ステージ予測に活用				●
		葉色	圃場単位	経営者が測定して野帳に記録	**栽培管理**：①穂肥施用の良否を検証して翌年以降の施用判断に活用／②収穫物品質区分の判断材料に活用		●		●
		葉色のバラツキ	圃場単位	経営者が観察して野帳に記録	**栽培管理**：収穫物品質区分の判断材料に活用		●		
					作業管理：穂肥散布の精度（散布ムラ）を検証して翌年以降の作業に反映				●
	成熟期	総合的な品質（葉色、倒伏程度、生育のバラツキ、病虫害、籾・枝梗、雑草、獣害）	圃場単位	経営者が観察して、各項目を考慮した総合評価を最大で6段階に区分して記録	**栽培管理**：①当該年の栽培の振り返り・評価の基礎資料として活用、②品質区分判断材料に活用	●		●	●
					作業管理：収穫作業の日程・順序の決定に活用	●			
N法人	幼穂形成期	幼穂長	品種単位	担当役員が測定して野帳に記録	**栽培管理**：①穂肥施用判断に活用、②翌年以降の生育ステージ予測に活用	●			●
	出穂期	出穂日	圃場単位	担当役員が観察して野帳に記録	**作業管理**：過去の出穂から収穫までの日数を参考に作業時期（収穫準備、落水時期）を予測する		●		
					栽培管理：翌年度以降の生育ステージ予測に活用				●
	成熟期	収穫適期	圃場単位	担当役員が観察して野帳に記録	**作業管理**：収穫作業の日程、順序の決定に活用	●			
					栽培管理：①翌年度以降の生育ステージの予測、②作付計画の検討に活用			●	●

資料：経営管理資料および経営者への聞き取り調査により作成。
注：活用タイミングは短期：記録後1週間以内、中期：同1カ月以内、長期：同1カ月以降、翌年以降：翌年以降に活用を表す。下線部は、事例の特徴的内容を表す。

た穂肥チャートを持参して，穂肥の施用判断を行っている。そして，穂肥施用後は，出穂期の「葉色」や「葉色のバラツキ」を観察して穂肥施用判断の結果を検証することで穂肥に関わるノウハウの蓄積を図っている。

そして，成熟期には，立毛中の稲の「籾」「枝梗の状態」「倒伏」「生育のバラツキ」「病虫害の被害状況」などを観察し，当該圃場における収穫物の品質をランク付け（最大6段階）するとともに，その品質区分に応じた収穫作業，乾燥調製作業を実施するなど，品質の向上を目指した栽培管理の高度化に活用している。

2）収量・品質情報

収量・品質に関わる情報管理の内容を表 9-2 に示す。収量・品質に関わる情報としては，「収量」「等級」「外観品質」「食味」などがある。

両法人ともに収量では，玄米籾摺数量，屑米数量を乾燥機投入単位で記録し，記録したデータをもとに品種単位（M 法人），圃場単位（N 法人）で収量水準を把握している。特に，N 法人では，後述する圃場別の収益性分析の基礎データとして活用するため，乾燥機投入単位で記録したデータを圃場別に按分して圃場別収量を推定している点に特徴がある。

品質では，両法人ともに等級比率の検査結果を検査ロット単位で記録している点は共通しているが，品質を重視する M 法人では，経営者による官能食味試験を行っている。具体的には，自社販売用途向けでは，乾燥機投入単位，業務用途向けでは，品種・地区単位を基本単位にサンプリングを行い官能食味試験を実施し，それぞれの食味を把握している。

そして，活用面では，両法人ともにこれらを，当該年の栽培を振り返り，評価する際の基礎資料として活用するとともに，①品質を重視する M 法人では，官能食味試験結果を品質区分の判断材料，②収益管理を重視する N 法人では圃場別収量を収益性分析の基礎資料として活用するなどそれぞれの経営方針に応じた相違がある。

表 9-2　収量・品質に関わる情報管理

区分		項目	収集単位	方法	活用	活用タイミング			
						当該年			翌年以降
						短期	中期	長期	
M法人	収量	玄米籾摺り数量、屑米数量	乾燥機投入単位で記録して栽培方法・品種単位に集計	作業者が計測して野帳に記録	**栽培管理**：栽培の振り返り・評価の基礎資料として活用			●	●
	品質	食味	自社販売用：原則乾燥機単位、業務用：品種・地区単位	経営者が食味を確認して評価	**作業管理**：品質区分判断材料として活用	●			
					栽培管理：栽培の振り返り・評価の基礎資料として活用			●	●
		等級比率	検査ロット単位	等級検査結果を記録	**栽培管理**：栽培の振り返り・評価の基礎資料として活用			●	●
N法人	収量	玄米籾摺り数量、屑米数量	乾燥機投入単位に記録して圃場別に集計	作業者が数量を計測して野帳に記録	**栽培管理**：栽培の振り返り・評価の基礎資料として活用			●	●
					収益管理：圃場別収量から販売収入を算出して収益管理に活用			●	●
	品質	等級比率	検査ロット単位	等級検査結果を記録	**栽培管理**：栽培の振り返り・評価の基礎資料として活用			●	●
					収益管理：等級比率および収量から販売収入を算出して収益管理に活用			●	●

資料：経営管理資料および経営者への聞き取り調査により作成。
注：活用タイミングは短期：記録後1週間以内、中期：同1カ月以内、長期：同1カ月以降、翌年以降：翌年以降に活用を表す。下線部は、事例の特徴的内容を表す。

3）農作業情報

農作業に関わる情報管理の内容を表 9-3 に示す。農作業に関わる情報としては，作業時間や使用資材および投入量などがある。

両法人ともに，圃場毎に作業，資材，機械設定などの項目を配置した一覧表を活用して農作業に関わる情報（作業実施日，作業者，資材投入量，機械設定）を記録している。また，N 法人では，作業日報に作業別作業時間，作業人数，作業実施圃場，資材投入量などを詳細に記録している。

次に，活用面では，両法人ともに，前述の一覧表を作業の進捗管理や次年度以降の作業計画の策定に活用するとともに，当該年の栽培を振り返り，評価する際の基礎資料として活用している。また，従業員を雇用する M 法人では，一覧表の記録から日々の農作業における従業員の作業面積や作業精度を確認して，従業員の教育指導の参考に活用している。

一方，N 法人では，資材投入量や作業時間など作業日報の記録を，営農活動の実態を集計・分析するためのパソコン用ソフトウェア「営農活動評価分析システム」（藤井［1］）に入力して，資材費，労働費を算出して原価や利益などの収益性を分析している。この他にも資材投入量は，肥料などの資材投入量と収量，価格の関係を分析して，次年度以降の資材選択や施肥設計の判断材料として活用している。

また，作業時間では，圃場別の作業時間を算出して作業の改善方策を検討している（表 9-4）。作業の改善方策の検討は，定期的に開催する役員会などの場で行われ，作業時間の活用に際しては，①圃場別データから作業時間の多い圃場を抽出，②作業時間の多い圃場の原因を検討，③検討に際しては，圃場要因，人的要因によるものに大別して対応策を検討し，翌年以降の生産活動にフィードバックすることで生産性向上を図っている。また，主要な機械作業ではオペレータ毎の作業能率を算出し，集落営農の運営方針とのバランスを図りながらオペレータの絞り込みや人員配置に活用するなど様々な場面で活用している。

表 9-3　農作業に関わる情報管理

区分		項目	収集単位	方法	活用	活用タイミング 当該年 短期	中期	長期	翌年以降
M法人	作業	作業毎の作業者、作業実施日、機械設定（トラクタ、田植機など）	圃場単位	作業者が一覧表に記録	**栽培管理**：栽培の振り返り・評価の基礎資料に活用			●	●
					作業管理：①作業の進捗管理、②作業能率・精度の確認	●			
					雇用管理：教育指導に活用	●	●		
	資材	土壌改良資材、堆肥、基肥、追肥、苗箱、本田除草剤、病害虫防除薬剤投入実績	圃場単位	作業者が圃場ごとの投入量を計測し一覧表に記録	**栽培管理**：栽培の振り返り・評価の基礎資料に活用			●	●
					作業管理：①作業精度の確認、②作業の進捗管理、③翌年度の作業計画、④トレーサビリティ	●		●	●
					雇用管理：教育指導に活用（作業精度）	●	●		
	水管理	溝切り日、水管理（中干落水・入水、収穫期落水）	圃場単位	作業者が一覧表に記録	**栽培管理**：栽培の振り返り・評価の基礎資料に活用			●	●
					作業管理：作業の進捗管理、翌年度の作業計画に活用	●			●
N法人	作業	作業別作業時間、作業者、作業実施日	日単位	作業実施責任者が作業日報に記録	**栽培管理**：栽培の振り返り・評価の基礎資料に活用			●	●
					作業管理：作業時間を分析し作業の改善に活用			●	
					収益管理：労働費を算出して収益性分析に活用			●	
					雇用管理：オペレータ別作業能率を算出し人員配置に反映			●	
		引き継ぎ事項、作業予定	日単位	作業実施責任者が作業日報に記載	**作業管理**：翌日の作業指示に活用	●			
	資材	土壌改良資材、堆肥、基肥、追肥、苗箱、本田除草剤、病害虫防除薬剤投入実績	圃場単位	作業実施責任者が栽培管理表に記録	**栽培管理**：①栽培の振り返り・評価の基礎資料に活用、②圃場別肥料投入量と圃場別収量から施肥の効率性を分析し、施肥体系の検討や圃場特性の把握に活用			●	●
					作業管理：①作業精度の確認、②作業の進捗管理、③翌年度の作業計画、④トレーサビリティ	●			●
					収益管理：資材費を算出して収益性分析に活用			●	
	水管理	溝切り日、溝切り本数、水管理（中干落水・入水、収穫期落水）	圃場単位	作業実施責任者が栽培管理表に記録	**栽培管理**：栽培の振り返り・評価の基礎資料に活用			●	●
					作業管理：作業の進捗管理、次年度の作業計画に活用	●			●

資料：経営管理資料および経営者への聞き取り調査により作成。
注：活用タイミングは短期：記録後1週間以内、中期：同1カ月以内、長期：同1カ月以降、翌年以降：翌年以降に活用を表す。下線部は、事例の特徴的内容を表す。

表 9-4　作業時間の分析（N 法人）

区分	作業名	水稲・環境こだわり						水稲・湛直	
		ヒノヒカリ	キヌヒカリ	コシヒカリ	秋の詩	渡船	羽二重餅	レーク 65	日本晴
直接作業時間	土改材散布	0.2	0.1	0.2	0.1	0.2	0.4	0.3	0.2
	鶏糞・豚糞散布	0.2	0.2	0.0	0.3	0.3	0.0	0.0	0.0
	耕耘	0.5	0.3	0.7	0.7	0.9	0.4	0.7	1.2
	片培土	0.2	0.1	0.1	0.3	0.1	0.0	0.2	0.4
	畝立て	0.4	0.2	0.3	0.4	0.4	0.5	0.5	1.0
	畦付け	0.3	0.1	0.3	0.2	0.1	0.1	0.1	0.2
	荒ごなし	0.6	1.0	1.2	1.0	0.4	0.8	0.9	0.5
	中作り	0.0	1.2	0.6	0.5	0.0	0.0	0.3	0.0
	代かき	0.8	0.4	0.9	0.5	0.5	1.1	0.7	0.7
	水管理	0.3	0.1	0.2	0.2	0.2	0.6	0.2	0.2
	カルパー	0.0	0.0	0.0	0.0	0.0	0.0	0.7	0.7
	播種	0.0	0.0	0.2	0.0	1.9	0.0	0.7	0.7
	育苗管理	0.0	0.0	0.0	0.0	0.2	0.0	0.0	0.0
	苗引き取り	0.0	0.1	0.3	0.0	0.5	0.2	0.0	0.0
	田植え	1.7	1.5	1.2	1.6	1.4	3.2	0.0	0.0
	補植，補播種	0.0	0.1	0.0	0.1	0.0	0.0	0.2	1.8
	除草剤散布	0.7	0.0	0.1	0.2	0.3	0.3	0.5	0.3
	本田除草	1.0	0.2	0.3	0.6	0.6	0.0	2.2	2.0
	畦畔草刈り	1.0	0.6	0.2	0.6	0.0	0.0	0.5	0.9
	病害虫防除	0.0	0.0	0.0	0.0	0.1	0.0	0.0	0.0
	施肥	0.9	1.0	1.1	0.5	1.4	0.4	0.7	1.0
	溝切り	0.0	0.0	0.3	0.0	0.0	0.0	0.2	0.0
	溝さらえ	0.0	0.0	0.1	0.0	0.0	0.0	0.0	0.0
	中耕培土	0.0	0.0	0.0	0.0	0.0	0.0	0.0	0.0
	刈り取り・収穫・脱穀	1.4	0.8	1.8	1.6	0.9	2.5	1.8	1.2
	籾すり	2.2	2.1	0.9	0.8	0.0	0.0	0.9	0.0
	乾燥調整	0.1	0.1	0.1	0.2	0.0	0.1	0.0	0.0
	選別・手選り・仕分け	0.2	0.1	0.2	0.2	0.1	0.2	0.0	0.0
	運搬出荷	0.5	0.3	0.3	0.3	0.1	1.5	0.3	0.1
	飯米配達	0.2	0.2	0.2	0.2	0.2	0.2	0.2	0.2
	苗箱洗浄	0.1	0.1	0.1	0.1	0.1	0.1	0.0	0.0
直接作業時間（hr, hr/10a）		13.8	11.1	12.3	11.5	11.5	13.1	13.3	13.5
部門共通作業時間	畦畔管理（板付け等）	0.1	0.1	0.1	0.1	0.1	0.1	0.1	0.1
	整理整頓	0.2	0.2	0.2	0.2	0.2	0.2	0.2	0.2
	管理業務	0.5	0.5	0.5	0.5	0.5	0.5	0.5	0.5
	看板作成設置	0.0	0.0	0.0	0.0	0.0	0.0	0.0	0.0
	圃場管理・圃場保全	1.4	1.4	1.4	1.4	1.4	1.4	1.4	1.4
	施設保全	0.2	0.2	0.2	0.2	0.2	0.2	0.2	0.2
	農機・機器整備・洗浄	0.7	0.7	0.7	0.7	0.7	0.7	0.7	0.7
部門共通作業時間（hr, hr/10a）		3.1	3.1	3.1	3.1	3.0	3.1	3.1	3.1
合計作業時間（hr/10a）		16.9	14.2	15.4	14.5	14.5	16.1	16.3	16.6

4）環境情報

環境に関わる情報管理の内容を表 9-5 に示す。農業生産に関わる主要な環境情報として気象情報と圃場情報があるが，今回の調査事例では，気象情報は，天気予報による情報収集，栽培を振り返り評価する際に気象条件を想起しているが，センサーなどを活用した独自の気象情報の記録・収集は行われていなかった。

圃場情報では，両法人ともに土壌の化学性や圃場特性に関わるデータを記録している。まず，土壌分析では，土壌の化学性を土壌分析機関への外部委託により行っている。例えば，N 法人では，集落の水田を土壌などの特性に着目して 21 ブロックに分類した上で，計画的に土壌分析を行い，PH，有効態リン酸，交換性加里など土壌の化学性に関するデータを蓄積している。そして，活用面では，土壌分析結果を参考に土壌改良資材や施肥設計など圃場条件に応じた栽培管理に反映させている。

次に，圃場特性では，両法人ともに圃場の特性を記録して活用している点は共通しているが，その具体的内容は，法人間での相違がある。M 法人では，圃場条件に応じて的確な作業を実施するために，圃場の水持ちや高低差，乾きやすさなど 11 項目を記録して，圃場補修や漏水防止対策などの作業計画，経験の浅い従業員の圃場特性に対する理解促進に活用している。また，N 法人では，本田雑草防除を徹底するために圃場の高低差や雑草の発生状況を記録して，①圃場の高低差に応じた均平作業の計画的な実施，②雑草の発生状況に応じた除草剤の選択など圃場条件に応じた農作業対策に活用している。

5）情報管理の項目数と活用場面

以上の結果をもとに，両法人が記録している情報の項目数および活用場面をカウントして比較したところ以下のとおりとなった（表 9-6）。

まず，両法人ともに記録している営農情報の項目数は，農作業情報を中心に合計で 60 項目を上回るなどかなり多くなっており，これらの情報を栽培管理，作業管理，雇用管理，収益管理の各場面で多角的に活用している。

そして，これらの内容は，経営方針に応じて経営体間の違いも顕著となっ

表 9-5　圃場に関わる情報管理

		項目	収集単位	方法	活用	活用タイミング			
						当該年			翌年以降
						短期	中期	長期	
M法人	土壌化学性	pH、有効態りん酸、交換性石灰、交換性苦土、交換性カリ、培養窒素、リン酸吸収係数、腐植、可給態ケイ酸、遊離酸化鉄、易還元性マンガン	圃場単位（計画的にサンプリング）	土壌分析機関に委託	**栽培管理**：土壌診断の結果を参考にして翌年以降の土壌改良資材や施肥の設計に活用				●
	圃場特性	水持ち、高低差、乾きやすさなど11項目	圃場単位	農閑期に構成員全員が参加したミーティングを実施	**作業管理**：圃場の補修や漏水防止対策などの作業計画に反映			●	●
					雇用管理：圃場特性を記録した管理表を従業員に提供して圃場特性に対する理解促進に活用			●	●
N法人	土壌化学性	pH、有効態りん酸、交換性石灰、交換性苦土、交換性カリ、培養窒素、リン酸吸収係数、腐植、可給態ケイ酸、遊離酸化鉄、易還元性マンガン	圃場単位（計画的にサンプリング）	土壌分析機関に委託	**栽培管理**：土壌診断の結果を参考にして翌年以降の土壌改良資材や施肥の設計に活用				●
	圃場特性	圃場の高低差、雑草発生状況	圃場	担当役員が観察して記録	**作業管理**：翌年の均平作業計画に反映（高低差）				●
					栽培管理：翌年の除草剤選択に活用（雑草）				●
					雇用管理：翌年の圃場特性に応じたオペレータを選定（高低差）				●

資料：経営管理資料および経営者への聞き取り調査により作成。
注：活用タイミングは短期：記録後1週間以内、中期：同1カ月以内、長期：同1カ月以降、翌年以降：翌年以降に活用を表す。下線部は、事例の特徴的内容を表す。

表9-6　営農情報管理の項目数と活用場面数

区分	M法人						N法人					
	項目数	活用場面					項目数	活用場面				
		栽培	作業	雇用	収益	合計		栽培	作業	雇用	収益	合計
生育情報	11	14	5	0	0	19	6	8	2	0	2	12
農作業情報	36	32	36	11	0	79	48	50	48	7	7	112
圃場情報	22	11	4	11	0	26	13	12	1	1	0	14
合計	69	57	45	22	0	124	67	70	51	8	9	138

注：項目数は記録している項目数，活用場面は，項目毎の活用場面をカウントしたものである。なお，生育情報には収量・品質情報を含む。

ている。緻密で精巧な栽培管理により品質向上を重視するM法人では生育情報，圃場情報に関わる記録項目が多く，活用面では，「生育情報を栽培管理に活用」，「農作業，圃場情報を雇用管理に活用」する場面が多くなっている。一方，生産性向上を重要視するN法人では，農作業情報に関わる記録項目が多く，活用面では，「生育，農作業情報を収益管理に活用」「農作業情報を作業管理に活用」する場面が多くなっている。

このように，大規模水田作経営における営農情報管理は，経営体間の共通点も確認できるが，その細部では，記録する項目，収集単位，活用方法など経営体の経営方針によりかなりの相違があることが確認できる。

4．大規模水田作経営における営農情報管理の内容と特徴

以上のとおり，本稿では，秋田県内で急速な規模拡大を図る大規模水田作経営の現状と課題を概観するとともに，今後，これらの経営のマネジメントを強化する上で重要と考えられる営農情報管理に焦点を当て，その実態を明らかにするとともに経営管理における活用方策を検討した。その結果，以下の点が指摘できる。

大規模水田作経営では，多様な営農情報を記録して，これらの情報を当該年から翌年以降の幅広い期間を通して経営管理に活用しており，その具体的内容は，運営形態や経営方針に応じた相違があることが明らかとなった。そして，大規模水田作経営における情報の種類，活用場面に応じた活用方策は

表 9-7　営農情報の種類と活用方策

区分		内容	経営管理			
			栽培管理	作業管理	雇用管理	収益管理
生育	生育	生育ステージ，草丈，葉色など	栽培の振り返り・評価／栽培管理の判断／栽培管理に関わる知見・ノウハウの蓄積	適期作業の徹底／作業の計画・段取り	（技能伝承）	—
	収量・品質	収量，食味，等級など	栽培の振り返り・評価	—	—	販売収入の算出
農作業	作業	作業時間，作業実施日など	栽培の振り返り・評価	作業の進捗管理／作業の改善	教育指導：作業能率面／人員配置／（技能伝承）	労働費の算出
	資材	資材投入実績（種類，投入量）	栽培の振り返り・評価／資材投入の効率性分析	作業計画の策定	教育指導：作業精度面	資材費の算出
環境	土壌化学性	pH，有効態リン酸，交換性カリなど	圃場条件に応じた肥培管理	—	—	—
	圃場特性	水持ち，高低差，雑草，地力など	圃場条件に応じた資材投入	圃場条件に応じた農作業の実施	教育指導／人員配置	—

注：表中（　）内は，藤井ら［5］による活用方法を表す。

表 9-7 のとおり整理でき，営農情報管理の要点として，以下の点が示唆された。

生育情報では，経営の大規模化に伴う品種・作型の多様化や作業者の増加に対応するため，①作業適期と密接に関わる生育ステージを記録して適期作業の徹底，翌年以降の生育ステージの予測に活用する，②栽培管理の良否判断に必要な情報を記録して結果を検証することで，栽培に関わる新たな知見やノウハウの蓄積を図ることが重要と考えられる。

農作業情報では，経営の大規模化に伴う労働力や圃場枚数の増加に対応するために，①作業実績を記録して作業管理（作業の進捗管理，作業方法の改善など）を徹底する，②作業時間や資材投入量を記録して雇用管理（教育指導，人員配置など）や施肥など資材投入の効率性分析に活用することが重要と考えられる。なお，農作業情報（作業時間，資材投入量）から費用を詳細に集計分析することで収益管理の強化に活用できる。

圃場情報では，経営の大規模化に伴う圃場枚数の増加や圃場条件の多様化に対応するため，①土壌の化学性を分析して圃場条件に応じた肥培管理に反映させる，②圃場特性を記録して，圃場条件に応じた農作業対策や従業員の教育指導に活用することが重要と考えられる。なお，今回の調査事例では気象に関わるデータの記録は行われていなかったが，栽培の評価・振り返りに際しては，農作物の生育と気象条件は密接に関わることから，今後は，気象情報を活用した総合的な解析を行うことが求められる。

以上のとおり，大規模水田作経営では，経営の大規模化に対応した経営管理体制を構築するために営農情報管理に取り組むことが有効と考えられる。そして，これらの取り組みを効率的・効果的に実施するためには，農業クラウドシステムなどICTの活用が有効な方策として考えられる。

秋田県内においても一部の先行事例で，農業クラウドシステム，収量コンバイン，水位センサーなどのICTを活用した新たな水田農業への取り組みが始まりつつある。例えば，秋田県内のO農協では，管内約1万haの水田に6台の気象センサーを設置して地帯別の詳細な気象情報を収集するとともに，農業クラウドシステムを活用して農家の営農活動データを収集し，今後の営農指導や産地振興に活用していこうとする新たな取り組みが行われている。

今後は，これらの先行事例の取り組みを通して営農情報管理に関わるノウハウの蓄積を図るとともに，コスト・メリットを含めた効果的な活用方策の検討，ICTを活用できる人材育成など大規模水田作経営における営農情報管理の実践に向けた課題解決が求められる。

注

1) N法人では，営農活動評価分析システム（詳細は藤井[4]を参照）を利用している。

引用文献・参考文献

〔1〕上田賢悦「広域借地集積による大規模水田営農形成」，堀口健治・梅本雅編『大規模営農の形成史』，農林統計協会，2015年9月，pp.195-207。

〔2〕小林一・酒井美幸「パソコンによる水田作経営の圃場管理システム」『システム農学』，第13巻2号，1997年10月，pp.96-103。

〔3〕土田志郎「水田作経営の構造と管理」,『総合農業研究叢書』28 号, 1997 年 3 月, p.273。
〔4〕藤井吉隆「営農活動評価分析システムの開発」,『滋賀県農業技術振興センター研究報告』, 第 49 号, 2010 年 3 月, pp.1-8。
〔5〕藤井吉隆他「大規模水田作経営における従業員の能力養成と情報マネジメント」,『農業情報研究』, 第 21 巻 3 号, 2012 年 9 月, pp.51-64。
〔6〕藤井吉隆・八木洋憲・鵜川洋樹「大規模稲作経営における営農情報管理の内容と特徴」,『農村経済研究』, 第 34 巻 1 号, 2016 年 7 月, pp.127-134。
〔7〕安田惣左衛門・藤井吉隆「集落営農におけるナレッジマネジメント」,『農業経営研究』, 第 46 巻 3 号, 2009 年 3 月, pp.27-34。

第Ⅳ部　園芸作物の挑戦

第10章　兼業・稲単作地帯における園芸振興の課題

－秋田県を対象に－

中村　勝則

1．はじめに－なぜ園芸振興なのか－

2014年5月，秋田県知事が「米が人口減少の原因，米依存から脱却しなければならない」と語り，多くの農家の怒りを買った。将来消滅が予想される自治体を名指しした「増田レポート」の発表直後，人口減少問題がフォーカスされていた時期のことである。

1980年代半ば，東北は兼業と稲単作が結びついた構造にあり，米以外の作物導入による複合農業の確立が課題であると提起したのは，河相・宇佐美〔3〕であった。それからおよそ20年後の2000年代半ば，平野〔4〕は，米に偏った小農保護政策と不安定・低賃金な地域労働市場の下で，東北地域は基本的に兼業・稲単作構造から抜け出せていないと結論づけた。

つまり，米依存から脱却しようとしても，なかなかそれを許さない構造があったのである。先の知事発言が農家の怒りを買ったのは，この点への配慮を欠いていたからであろう。

ただし，だからといって米に偏った生産構造のままで良いかといえばそうではない。次のようなことからも，米依存からの脱却はひきつづき求められる課題である。

第1に，歯止めのかからない米の需要減退への対応である。2015/16年における日本国内の主食用米等の需要実績は766万トンであった。その10年前の2005/06年の需要実績は852万トンであるから，年8万～9万トンの勢いで減少してきたことになる。今後の人口減少や若者の米離れを考慮すると，この傾向は当面変わりそうになく，国内向けの米の必要作付面積はますます減少していくことは想像に難くない。飼料用米や輸出用米を振興するにも限度があるだろう。

第２に，米価の下落と停滞である。米に偏った生産構造の中での米価下落は，農業粗生産額や生産農業所得の減少に直結する。しかも，2018年には国による米の生産数量目標の配分が廃止される予定である。そうなれば，現在のスピードで米の需要量減が続く限り，米価は変動を繰り返しながらもさらに下落していくことが予想される[1)]。こうしたリスクを回避するためにも，米以外の作物導入が求められる。さらに，収益拡大のためには，経営規模拡大と集約度の向上が必要とされる。前者については，農業従事者の高齢化と米価下落を背景とした離農によって確実に進展してきている。2014年度から始まった農地中間管理事業もこれを一定程度ドライブした。問題は後者の集約度向上である。そのためには大豆や麦類などの土地利用型作物以外にも，野菜などの集約型作物の導入が必要となる。

第３に，地域における農業内就業機会確保の必要性である。先述の秋田県知事ではないが，土地利用型部門の労働生産性向上は，面積あたり必要労働力の減少を意味する。地域の定住人口を維持するためには，浮いた労働力分の就業機会が必要となる。地域労働市場の展開が相対的に弱い東北では，そうした機会は限られる。そこで米以外の作目導入が期待される。

いずれにせよ「米依存からの脱却」は，秋田県のみならず東北地域の水田地帯にとって共通の課題である。以上のような問題意識に基づき，本稿では，秋田県を事例として兼業・稲単作地帯における園芸振興の課題を明らかにすることを目的とする。なお，園芸作には野菜，果樹，花きなどが含まれるが，紙幅の関係上，ここでは野菜を中心にみていくことをあらかじめお断りしておく。

２．兼業・稲単作の典型としての秋田県

秋田県を対象とするのは，同県が兼業・稲単作地帯の典型だからである。兼業・稲単作たらしめてきた条件の１つ目は，稲作に適した自然環境である。

豊富な雪解け水や保水力の高い粘土質の土壌など，自然条件が稲作に適しているだけでなく，冷害や自然災害も比較的少ないため，安定して高い単収を誇ってきた。水稲の10a当たり平年収量は573kgであり，山形県の595kg，青森県の584kgに次いで3番目の高さを誇る（ちなみに全国平均は531kg，東北平均は560kgである。2015年の農林水産省「作物統計」による）。

2つ目は，園芸作物の産地形成の主体となる系統農協組織も，かつての食管制度の下で，安定した手数料や保管料収入など，米中心の収益構造が構築されてきたことである。そのような中では園芸振興のインセンティブは働きにくかったと言わざるを得ない。

3つ目は，地域労働市場における賃金水準の低さである。かつての「切り売り労賃」の不安定就業の段階は脱したにしても，全国的にみて賃金水準は低い状況にある[2)]。家計費充足のためには稲作所得による補填が必要であり，そのために最適なのは稲作であった。すなわち，稲作と兼業の組み合わせによって農家所得を最大化できた。園芸はあくまで補完的な存在にすぎなかった。

かくして兼業・稲単作の構造が作られてきた。ところが1980年代後半以降，推し進められてきた米の流通自由化は，兼業・稲単作地帯に米価下落による農業所得の大幅減少という負のインパクトを与えることになった。秋田県における生産農業所得をみると，1980年には1,560億円（東北地域で第2位）であったのが，2000年には816億円（同第6位）へと約半分にまで激減し，2014年にはさらに半減に近い467億円（同第6位）となった。1990年代半ば以降は，東北地域における最下位争いの常連となっている。さらに，2000年代以降における公共事業の大幅削減や地方交付税交付金の削減などで地方経済は停滞し，農外就業機会も縮小してきている。

このように，自然および社会経済環境に適合した形で作られてきた兼業・稲単作の構造が残存し，1980年代後半に端を発する政策転換の影響をまともに受けているのが秋田県である。したがって，同県の分析から得られる知見は，他の兼業・稲単作地帯にも適用できると考えられる。

以下ではまず，①2000年代以降の秋田県における園芸振興策の動向およびその成果について概観する。次に，②主な販売ターゲットとなる関東地域の卸売市場における青果物取引の動向から，秋田県産野菜の市場評価を明らかにする。そして，③近年の米政策の見直しへの対応として登場してきた園芸振興策の特徴を紹介するとともに，生産の担い手として育成が目指されている大規模・専作経営の課題を考察する。さらに，④平坦水田地帯において多品目野菜作に取り組む集落営農法人の事例分析を通じて，兼業・稲単作地帯における園芸作の担い手育成のあり方について検討を行う。

3．2000年代以降における秋田県の園芸振興と生産・販売動向

1）園芸作をめぐる状況変化

秋田県における園芸振興は，1970年代に開始された減反政策への対応として始まった。その少し後に始まった集落農場化事業においても，機械共同利用等により浮いた労働力を活用するため，園芸作物導入が目標の1つに掲げられていた。しかし，園芸作導入は基本的には稲作の都合に合わせた付随的なものに過ぎなかった。

ところが2000年代以降，以下に掲げるような状況変化によって，園芸振興について本腰を入れて検討する条件が出てきた。

第1に，需要サイドの条件変化である。IT技術の革新的な進歩を基盤とした物流技術の高度化や，鮮度保持技術の進歩である。それによって大消費地の周辺以外に，遠隔地においても園芸作の産地化の可能性が出てきた。実際に1990年代以降，九州や北海道における野菜作の出荷量が増大してきている[3)]。

第2に，農産物直売所が園芸作物の販売チャネルとして一定の地位を獲得したのもこの頃である。多様な農産物を生産者自ら価格を決めて販売できるこの活動は，JA等も出資した大規模店舗化や，スーパーなどの小売業者がインショップ形式で取り入れるなど，進化を遂げてきた。

第3に，1995年における食糧法施行，2004年の同法改訂によって流通自由化が一層進められてきた中での，稲作の優位性低下である。年間8万トンを超える勢いで米の需要量が減少する中，米価は下落傾向をたどってきた。単なる量的過剰に加え，少数の買い手（卸売業者等）に多数の産地（全農県本

部や独自販売を行う単位JA等）が売り込みをかけるという，買い手が産地を「買い叩く」ことができる構造となったことが，米価下落に拍車をかけた[4)]。

第4に，2007年施行の品目横断的経営安定対策を契機に，集落営農組織が多数設立されたことである。徐々にではあるが，その法人化も進められている。集落営農設立とその内部における協業化は，米や大豆といった土地利用型部門の効率化を促す。しかし，その一方で余剰労働力の活用が求められるようになる。そこで園芸作の導入が要求される。そのことは，地域における就業機会の創出という点からも期待されるようになった。

このような状況変化の中で，秋田県の野菜作はどのような動向をたどったか。その点を次に検証することにしよう。

2）秋田県による園芸振興策

2000年に「新世紀あきた農業・農村ビジョン」が策定された。それにもとづいて行われてきたのが県単独の「夢プラン」事業である。これは個別経営も対象となっており，機械や施設の導入に一定の助成を行うというものであった。

次に，集落営農の設立が進んだことを背景として，2009年に加わったのが「1集落1戦略団地推進事業」である。これは1つの集落営農が，エダマメやトマトといった1つの戦略品目を定めて取り組むことを支援するものであった。

以上の2つの事業はその後も名称を少しずつ変えながら継続されている。

2010年には「第1期ふるさと秋田農林水産ビジョン」（期間：2010～13年度）が策定された。その1つ目の特徴は，2010年11月に「秋田県農林漁業振興臨時対策基金事業」として100億円の基金を造成したことである（その後，2013年度に13.6億円，14年度に50億円積み増し）。基金方式は，予算の使途が見えにくくなる面があることから避けられる傾向にあったが，あえてその方式を採用した。そのねらいは，第1に，県独自に集中的支援を行うことである。園芸作では，エダマメやリンドウ，ダリヤなどが挙げられる。県知事が「えだまめ日本一」を宣言したのもこの年である。第2に，年度をまたいでの予算執行が可能になるため，生産者へ事業の継続性をアピールできることである。基金造成に伴い，各地域振興局段階に「躍進プラン推進チーム地方本部」を設置し，管内市町村やJA等と連携を図りながら事業を推進するとした。

2つ目の特徴は，品目を絞り込んで，全国に通用する産地を目指すことである。具体的には，エダマメに特化した「えだまめ日本一総合推進事業」や，ネギ，アスパラガスなどある程度生産量のある既存の品目を周年出荷体制を確立するための「メジャー野菜ジャンプアップ対策事業」などがあげられる。

3）園芸作の動向

表10-1によって，2000年から14年における秋田県の園芸作の動向を確認する。対象はこれまで重点品目として取り上げられた野菜である。特にエダマメ，ネギ，アスパラガスは後にナショナルブランドを目指すとされた品目である。

表10-1　2000年代における秋田県の野菜作の動向

品目	2014年		2014年		2000～14年		2000～14年				
	作付面積(ha)	回帰係数	出荷量(トン)	回帰係数	出荷率平均(%)	対全国差	単収平均(kg/10a)	対全国差	対北海道差	変動係数（%）	
											対全国差
エダマメ	1,120	25.0	3,220	59.5	64.8	▲3.9	434	▲132	▲121	12.7	6.1
ネギ	492	1.1	8,760	184.3	69.8	▲8.4	2,213	74	▲1,051	4.3	2.0
アスパラガス	418	▲3.6	1,130	▲20.0	83.4	▲3.4	362	▲106	87	6.1	1.0
ホウレンソウ	231	▲7.1	1,100	▲58.8	73.6	▲7.6	670	▲582	▲329	10.8	7.7
トマト	254	▲7.1	5,550	▲196.6	69.3	▲19.3	2,957	▲2,912	▲3,667	7.6	5.1
キュウリ	282	▲7.6	6,430	▲222.4	68.5	▲15.7	3,255	▲1,718	▲4,993	5.6	4.0
メロン	198	▲12.0	2,430	▲172.6	81.6	▲9.2	1,557	▲703	▲653	4.3	2.5
スイカ	472	▲12.0	11,400	▲553.6	85.7	0.2	2,890	▲397	▲786	9.2	6.6
キャベツ	361	▲10.1	5,820	▲185.8	62.5	▲24.3	2,401	▲1,807	▲1,840	5.2	▲6.4

資料：農林水産省「野菜生産出荷統計」により作成。欠損値は除いて処理した。
注：1）メロンの作付面積は2013年の値。
2）回帰係数は，2000～14年における西暦年を説明変数とした直線回帰式の係数。プラスは増加傾向，マイナスは減少傾向を意味する。
3）出荷率＝（出荷量）/（収穫量）×100
収穫量：収穫したもののうち，生食用又は加工用として流通する基準を満たすものの重量。
出荷量：収穫量から生産者が自家消費した量，生産物を贈与した量，収穫後の減耗量及び種子用又は飼料用として販売した量を差し引いた重量。
4）変動係数＝（標準偏差）/（平均値）×100

第1に，作付面積及び出荷量が拡大したのは，エダマメとネギに限られることである。期間内の傾向を示す回帰係数をみると，作付面積についてはエダマメが25.0，ネギが1.1と正の値となっており，この間の増加傾向が表れている。しかし，その他の品目の回帰係数はいずれも負の値となっており，減少傾向にあったことが看取できる。出荷量の回帰係数も同様の傾向である。

第2に，出荷率（収穫量に対する出荷量の比率）がそれほど高くないことである。収穫量は，「収穫したもののうち，生食用又は加工用として流通する基準を満たすものの重量」であり，出荷量は「収穫量から生産者が自家消費した量，生産物を贈与した量，収穫後の減耗量および種子用または飼料用として販売した量を差し引いた重量」である。つまり，出荷率が低いということは，販売できるにも関わらず，そのチャンスを逃していることを意味する。出荷率が最も高いのはスイカの85.7%で，ほかに80%を超えているのはアスパラガス（83.4%）とメロン（81.6%）のみである。最も低いのはキャベツの62.5%で，ほかにエダマメ（64.8%），キュウリ（68.5%），トマト（69.3%）が60%代に留まる。しかもこれらは全国値と比べても低い。全国平均を10ポイント超下回っている品目を挙げると，キャベツ（マイナス24.3ポイント），トマト（マイナス19.3ポイント），キュウリ（マイナス15.7ポイント）となっている。これは，生産者の自家消費や贈与分が比較的多いことが予想される以外に，収穫時期が価格の低い時期に当たってしまい，出荷を見送らざるを得ない（出荷するほど赤字が増大する）などの事情が反映されているものと考えられる。

第3に，単収が低いことである。単収平均の全国値との差をみると，ネギが74kg上回ったのみで，他の品目は軒並み下回っている。特に全国との差が大きい品目はトマト，キュウリ，キャベツで，それぞれ2,912kg，1,718kg，1,807kg下回っている。秋田県は寒冷地だからハンデがあるためかと言えばそうではない。北海道と比較しても同様に秋田県の方が低く，唯一拮抗しているのはアスパラガスのみである。ネギは1,051kg，トマトは3,667kg，キュウリは4,993kg，キャベツは1,840kgも少ない。特にトマトとキュウリは倍以上の差をつけられている。

さらに第4に，秋田県は単収の変動が大きい。単収の変動係数は，期間内における単収平均値からの上下変動が平均何％であったかを示し，この値が小さいほど単収が安定していることを意味する。それをみると，9 品目の中で変動係数が比較的小さいのはネギとメロンで，ともに 4.3％であった。やや大きい値となっているのは，エダマメ，ホウレンソウ，スイカで，10％前後となっている。もちろん，それぞれの品目の栽培特性にもよるであろう。ただし，これを全国と比べると，キャベツを除く全ての品目で上回っている。アスパラガス，ネギ，メロンは 2 ポイント程度の差にとどまっているが，エダマメが 6.1 ポイント，ホウレンソウが 7.7 ポイント，スイカが 6.6 ポイント高かった。

以上の結果から，まず，農業従事者の高齢化や減少によって，農業が全体的に縮小傾向を強める中で，エダマメやネギなど，一部戦略品目の作付面積や出荷量が増加したことは評価できる。例えば 2014 年度，エダマメは東京都中央卸売市場の 8〜10 月における入荷量が 1,095 トン，35％のシェアを獲得し，2 位群馬県の 862 トン，27％を上回りシェア第 1 位を獲得するに到った。

ただし，どの品目も単収が低く，その変動も大きいことから，栽培技術の底上げも課題として残されたままである。市場から信頼される産地形成にはまだ道半ばであるといえよう。

では，秋田県産の野菜は需要サイドからはどのように評価されているのか。その点を次に検討しよう。

4．秋田県産青果物の市場評価

1）首都圏卸売市場における秋田県産野菜の評価

ここでは，これまで主要な販売ターゲットとしてきた首都圏における卸売市場のデータから検証するとともに，秋田県における園芸振興の課題を抽出する。

農水省「青果物卸売市場調査」により，最近 10 年間における秋田県産青果物の関東地方の卸売市場（以下，「関東市場」）における卸売価格及び数量データを用いる [5]。卸売は手数料制となっているため，ここでの価格動向は農家庭先価格にそのまま反映されると考えてよいだろう。同統計で産地別に表章されている野菜は，ダイコン，ニンジン，ハクサイ，キャベツ，ホウレンソウ，ネギ，レタス，キュウリ，ナス，トマト，ミニトマト，ピーマン，バレイショ，サトイモ，タマネギの 15 品目である。ここでは，秋田県がナショナルブランド（全県的に作付け，県内リレー出荷や 100 日程度の長期間出荷を目指す品目）として位置づけているネギと，メジャー品目（どちらかというと特定の地域で生産振興を目指す品目）であるキュウリおよびトマトを取り上げる[6)]。

2004 年から 14 年にかけての関東市場における秋田県産ネギ，トマト，キュウリの数量シェアをみると，それぞれ 5％前後，1.5％前後，3％前後で推移している。秋田県と同程度のシェアを有するのは，それぞれネギは北海道，トマトは山形県，キュウリは岩手県である。以下では，これらをライバル産地として 2 つの視点から比較する。1 つ目は，市場で年間平均よりも高い価格が形成されている時期にどの程度数量シェアを確保しているかである。2 つ目は，ライバル産地に比べて高単価を獲得できているかという点である。この 2 点を確認するために作成したのが表 10-2 である。以下，品目別に評価をみていくことにする。

①ネギ

ネギのライバル産地は北海道である。秋田県の年間総出荷量は 415～525 トン，北海道は 415～460 トンとなっており，概ね拮抗している。2013 年，14 年は秋田県が北海道を上回っている。しかし，総売上高をみると，いずれの年も秋田県は 1 億円以上下回っている。

それはなぜか。北海道は高価格月の数量比率がいずれの年も秋田県より高い。年間平均価格をみると，2014 年は秋田がキロ当たり 14 円上回っているが，2012 年，13 年は北海道がそれぞれ 40 円，48 円上回っている。月間平均価格が北海道を上回った月数はいずれの年も半分に満たない。その結果，数量ではそこそこ対抗できているにも関わらず，総売上高ではかなわないという結果になっていると考えられる。

②キュウリ

キュウリのライバル産地は岩手県である。総出荷数量は秋田県が 514～615

表 10-2　関東市場における秋田産青果物の評価

	品目	ネギ			キュウリ			トマト		
	ライバル産地	北海道			岩手			山形		
	年	2012	2013	2014	2012	2013	2014	2012	2013	2014
総出荷数量（トン）	秋田	415	451	525	514	580	615	357	281	422
		∧	∨	∨	∧	∧	∧	∨	∨	∨
	ライバル産地	456	415	460	1,091	719	911	218	205	227
総売上高（百万円）	秋田	1,343	1,513	1,405	940	1,197	1,528	776	825	831
		∧	∧	∧	∧	∧	∧	∧	∧	∧
	ライバル産地	1,738	1,635	1,555	2,060	2,270	2,816	844	891	875
高単価月出荷数量率（%）	秋田	52.7	35.4	16.8	0.3	26.6	55.0	4.9	34.6	25.0
		∧	∧	∧	∨	∨	∧	∧	∨	∨
	ライバル産地	70.6	44.4	26.2	0.2	22.4	59.1	6.9	24.9	18.5
平均価格（円／kg）	秋田	262	278	267	215	277	273	329	330	287
		∧	∧	∨	∧	∧	∧	∧	∧	∧
	ライバル産地	302	326	253	240	308	304	401	372	347
平均価格秋田優越月数率（%）		18.2	30.0	45.5	0.0	0.0	0.0	16.7	16.7	16.7

資料：農林水産省「青果物卸売市場調査（産地別）」。関東地域の青果物卸売会社及び JA 全農青果センターにおける卸売数量・価格。

注：1)「総売上高」は，月ごとの（平均価格）×（出荷数量）を 12 ヶ月分合計した値。

2)「高単価月出荷数量率」は，当該産地における総出荷量のうち，月別平均価格が年間平均価格（月別値の単純平均）を上回った月の出荷数量の比率。

3)「平均価格秋田優越月数率」は，秋田県とライバル産地双方から出荷実績のあった月数に対する，秋田県の平均価格が高かった月数の比率。

トンであるのに対し，岩手県は 911〜1,091 トンといずれの年も秋田県を上回っている。総売上高も出荷数量の違いを反映し，岩手県の方が倍近く上回っている。単価の高い月に出荷している数量の比率の差は，4%前後にとどまっている。しかし，両者の平均価格をみると，各年とも秋田県は 30 円前後下回っており，しかも月単位でみても秋田県が優越した月はない。これが総売上高の差をより大きくしている。

③トマト

トマトのライバル産地は山形県である。総出荷数量をみると，山形県が 205〜227 トンであるのに対し，秋田県が 281〜422 トンといずれの年も上回っている。ところが総売上高をみると，逆にいずれの年も，秋田県が山形県を下回っている。高単価月出荷数量率は 2012 年は山形がやや上回っているが，

2013，14年ではむしろ秋田県の方が7～10％程度高い。ところが，平均価格に目を転じると，キュウリ同様，いずれの年も秋田県が40～70円程度，山形県を下回っている。秋田県が高い月数の割合も16.7％にとどまっている。このことが，総売上高で山形県を下回る要因となっている。

2）市場評価からみた秋田県産青果物の課題

以上の分析から秋田県産青果物の課題を挙げておきたい。

第1に，出荷時期の延長ならびに価格の高い時期における出荷量の増大である。ネギが典型的である。秋田県産の出荷時期は後方へ長くなっており，冬期収入につながっているものの，この時期は市場価格が低い。その点，北海道は価格の高い7月に出荷数量を増やし始めることができている。当然，気候風土の違いはあるだろうが，市場価格の高い時期における出荷量を増やせるような品種開発や栽培方法の改善による収穫期の移動，収穫後の鮮度保持技術の採用などが求められる。

第2に，市場における既存の産地序列の打破である。秋田県産のネギ，キュウリ，トマトいずれの場合も，ライバル産地よりも数量的には多く出荷しているにもかかわらず，単価が低いために総売上高で下回る結果となっていた。それぞれの品目には長年培われてきた産地序列に基づく価格プレミアムが存在する。後発産地として参入し，その序列を突き崩していくには，需要サイドの評価を調査・検証し，産地にフィードバックして全体の品質の底上げを図っていく努力を積み重ねていくとともに，出荷数量を拡大し市場シェアを獲得することが重要な戦略である。

稲作をめぐる状況が厳しさを増す中，秋田県では後者の戦略を優先し，産地序列に割って入ろうという園芸振興の試みが行われている。次にその点をくわしくみていくことにする。

5．園芸振興策の現局面－アベノミクス農政改革への対応として－

1）米政策の見直しと農政改革対応プラン

2012年12月に第2次安倍内閣が発足した。翌2013年には内閣直轄の日本経済再生本部の下に設置された産業競争力会議から，農業の成長戦略が次々と提起された。中でも秋田県が敏感に反応したのは，2018年産以降における国による米の生産数量目標および米の直接交付金の廃止である（2013年12月に「農林水産業・地域の活力創造プラン」として決定）。

これにいち早く対応する形で，秋田県は2014年7月に「第2期ふるさと秋田農林水産ビジョン」（2014～17年度）を策定した。その第4編に位置づけられたのが「農政改革対応プラン」である。そこでは国の「活力創造プラン」に示された農政改革について，「農業を基幹産業とする本県にとって，今後の発展方向にも深く関わるものであり，中でも，米の生産調整や経営所得安定対策など，農政の根幹をなす米政策の抜本的な見直しは，水田農業を主体とする本県に大きな影響を及ぼす」ものとして受け止めている。その上で，「本県農業の持続的発展を図るため，国の農政改革を反転攻勢の足がかりとし，長年の課題である収益性の高い複合型の生産構造への転換に向けた取り組みをさらに加速していくことが必要である」とし，「米の生産数量目標の配分廃止までの4年間，緊急かつ集中的に実施する」とした。

その内容は，①構造改革の加速化，②中山間地域対策，③構造改革を支える水田対策，の3つの柱からなり，合計10の重点プロジェクトが設定されている。①の中に設定されたのが，「複合型生産構造への転換」で，「米に偏重した生産構造から複合作目を取り入れた収益性の高い生産構造へ転換するため，戦略作物の産地づくりをすすめ，農業産出額の増大を目指す」ためのプロジェクトとして「野菜産地のナショナルブランド化」が設定された。

そこでは野菜を戦略作物の要とし，えだまめ，ねぎ，アスパラガスの3品目を重点野菜（ナショナルブランド）として位置づけ，以下を目指すとした。

①えだまめ出荷量日本一に向けた取組強化と新ブランド創出による販売力向上
- 機械化一貫体系やコントラクターシステムの導入等による大規模生産農家の拡大
- 早生から晩生までの作型の組合せと端境期解消による100日定時定量

出荷体制の確立
・高単価販売を目指した「プレミアムえだまめ」の商品化とブランド確立
・県内加工企業等への原料供給による加工品開発の促進
②ねぎの生産・販売力強化と「秋田美人ねぎ」ブランドの確立
・機械化一貫体系の導入等による大規模生産農家の育成
・夏どり栽培や冬春どり栽培作型の拡大による周年出荷体制の確立
・出荷規格の統一など産地間連携による販売力強化
・「秋田美人ねぎ」の差別化販売と認知度向上による需要拡大
・加工・業務用需要に対応する低コスト・省力栽培技術の確立
③アスパラガスの生産拡大と周年出荷体制の強化
・作付拡大及び施設化・新改植促進等による生産量の拡大
・GW やクリスマスなど需要期出荷の拡大と長期安定出荷による販売力強化
・県内加工企業等とのマッチングによる新たな加工品開発の促進
④生産者と実需者，消費者が結びついたバリューチェーンの強化
・あきた園芸戦略対策協議会を核としたオール秋田での生産・販売体制の強化
・JA や農業法人等と実需者との多様な取引形態の拡大
⑤加工業務用野菜産地の育成
・トマト，キュウリの加工・業務用需要に対応する新品種・省力栽培技術の確立
・農業法人等が連携して実需者のニーズに対応できる加工・業務用野菜産地の育成
（以上，秋田県「農政改革対応プラン」より引用）

2）産地形成のカンフル剤としての「園芸メガ団地」事業

「野菜産地のナショナルブランド化」に関わる事業として触れておきたいのが「園芸メガ団地」である。2013 年，ちょうど産業競争力会議が米の生産

調整見直しを議論している頃，県が打ち出した構想である。これは「野菜や花きの産出額を飛躍的に向上させるため，本県の園芸振興をリードする大規模な園芸団地を整備し，園芸経営に専作的に取り組む経営体を育成する」ことが目的とされた。

「メガ団地」の販売額目標は1億円以上とし，団地規模は施設型100～200棟規模，露地型10～20ha規模，品目はトマト，キュウリ，ホウレンソウ，アスパラガス，ネギ，花きとしている。この条件を提示し，県内のJAを手挙げ方式で選定する。対象地においては，JA，市町村，県振興局等でプロジェクトチームを設置するものとし，JAが参画経営体を公募することとした。事業費の2分の1を県が補助，市町村が最高4分の1，事業実施主体であるJAが4分の1。機械・施設等はJAが取得し，営農主体はリース方式でこれを利用する。営農主体の初期投資の負担を軽減できる。

要は従来行ってきた個別経営や集落営農などへの点的な支援だけではもはや不十分であるとの認識から，大規模・集中投資により産地形成を一気に進めようというものである。

「園芸メガ団地」整備によって期待される効果は，第1に，大規模かつ集中的投資を通じて，最先端の機械化一貫体系の導入や作業の単純化等をすすめることにより，さらなる省力化・低コスト化が図られること。第2に，栽培方法を統一すること等によって，実需者等との契約栽培への対応が可能となること。第3に，大規模な雇用を創出することとされている。

2014年から県内7地区でスタートした。その概要を表10-3に掲げる[7)]。

野菜作としては，トマト（大仙市），ネギ（能代市），エダマメ（秋田市），アスパラガス（由利本荘市），ホウレンソウ・キュウリ・スイカ（横手市）である。2015年度末時点までにおける事業費は6,000万円から5億円程度の規模となっている。

以上のように，秋田県の園芸振興は，国の米政策見直しへの対応という形で，従来型の個別経営や集落営農への支援に加えて，大規模・集中投資により生産基盤を整備するとともに専作経営を育成し，一気に産地化を進めようという局面に入っている。その実績評価はこれからであるが，課題になると

表 10-3　園芸メガ団地育成事業の概要

整備期間(年)	地域	実施主体	営農主体(タイプ×経営体数)	2015 年度末までの事業費（千円）	取組園芸品目
2014-15	大仙市	JA	農事×2	491,451	トマト（施設 104 棟）
2014-16	能代市	農事	農事×2 認定×2	273,946	ネギ（施設 12 棟，露地 13ha）
2014-16	男鹿市	JA	認定×2 新規×4	134,271	リンギク・コギク（施設 20 棟，露地 8ha）
2015-16	秋田市	農事	農事×1 認定×4	124,925	ネギ（3ha），エダマメ（5ha），ダリア（施設 14ha，露地 2ha）
2015-17	にかほ市	JA	農事×1 認定×8 新規×2	97,343	リンギク・コギク（施設 18 棟，露地 7.3ha）
2015-17	由利本荘市	農事	農事×1	58,560	リンドウ（3ha），コギク（2ha），アスパラガス（4ha）
2015-17	横手市	JA	農事×1	228,039	ホウレンソウ（施設 50 棟），キュウリ（施設 20 棟，露地 2ha），スイカ（1ha），コギク（施設 7 棟，露地 1.7ha）

思われることを挙げておく。

第 1 に，専作化と大規模化を組み合わせることによる労働力調達の問題である。自然力を利用する農業においては，必要となる労働力は季節によってまちまちである。まして専作となればその変動はますます大きくなる。それに合わせて柔軟に労働力を調達するのは難しい。そのような不安定な職場を希望する者はいない。仮に調達できたとしても，そのような季節雇用では技能や技術を高めることは難しい。かといって必要労働力のピークに合わせて労働力を確保すると，農閑期に労働力が遊休化し，特に雇用の場合は労賃支払いが経営を圧迫する。

このことから第 2 に，専作化と周年雇用の両立も厳しいということになる。それを解決するには 2 つの方法がある。1 つは，専作化した複数の経営が，経営間で労働力を調整することである。しかし，異なる経営間における作付計画や労務管理，賃金などの調整は容易なことではないと考えられる。そこでもう 1 つの方法は，それぞれの経営が必要労働力が年間を通じて一定となるよう，様々な品目や作目，部門を組み合わせることである。園芸メガ団地では，必ずしも専作にこだわらなくても良いのではないか。こうした経営を多数育成することにより，周年就業を図りつつ産地としての数量も確保することが可能となるのではないか。

この点に関して，以下では秋田県の水田地帯において野菜の多品目栽培に取り組み，収益アップと就業機会の拡大を図ってきた集落営農法人であるN法人を対象に検証してみたい。

6．集落営農法人における園芸作強化の意義と課題－N法人の事例から－

1）園芸作の担い手としての集落営農

水田地帯における園芸作の担い手として期待されるのが集落営農である。2016年2月時点で，秋田県には727の集落営農があり，そのうち法人化しているのは205（法人化率28.2％）である。また，農作業受託も含めた水田の経営耕地面積に占めるシェアは21.3％となっている。周知のように，集落営農が急増した背景には品目横断的経営安定対策の施行がある。同政策が個別経営4ha以上，集落営農20ha以上という規模要件を課したため，行政，農協は全県をあげて集落営農設立のサポートを行ったのである。そのため，当時設立されたものの中には，共同化の実態のない「政策対応型」の集落営農も多いとされた。しかしながら，多くの集落営農が存続し，少しずつ共同化を進めてきている。また，圃場整備事業地区を中心に法人化も進んできている。

集落営農が1つの経営として展開していく中で，以下により園芸作の導入が求められるようになる。第1に，経営の労働受容力を高めるためである。これは必要労働力の時期的変動を平準化することで，一時的な労働不足を回避することにもつながる。周年就業体制ができれば，多くの集落営農が将来の課題としてあげている後継者確保への道筋も拓けてくる[8)]。

第2に，経営のリスク分散である。冒頭で述べたように，米価の下落傾向と不安定化の中で，米以外の収入源を持つことは経営安定のために必要である。

第3に，いわゆる「集落営農のジレンマ」の回避である[9)]。すなわち，農地の団地的利用や機械の共同利用，協業などによって作業効率の向上を追求することによって集落内の農業従事者が減少し，結局は集落営農の存立基盤を脆弱化させるという問題である。そこで園芸作のような労働集約的部門を導入して農業従事者を維持することが重要となる。

以下では，秋田県の代表的な平坦水田地帯において，野菜作を重視した経営を展開する兼業農家により結成された集落営農法人（N法人）の分析を通じて経営複合化の意義と課題を考察する。

2）N法人の概況

N法人は秋田県南の平坦水田地帯に所在する農事組合法人である。所在自治体の農地面積の9割強が水田であり，30a区画以上の圃場整備率は7割である。主食用米の品種は8〜9割があきたこまちである。水稲の単収は600kg／10a前後と高い。2010年の農業センサスによると，販売農家1,749戸のうち，専業農家は12.8%（県平均19.4%），第1種兼業農家が21.4%（同16.9%），第2種兼業農家が65.9%（同63.7%）となっている。経営組織別にみると，農産物販売のあった1,705戸のうち1,404戸，82.3%が稲作単一経営となっており，典型的な兼業・稲単作地帯といえる。

N法人設立のきっかけは1998年に採択された担い手育成基盤整備事業であった（2006年完了，受益面積320ha）。農地集積の進展が要件として課せられ，その受け皿として設立されたのである。2015年における構成員は26戸で，全てがもともと経営耕地3ha未満の農家であった。

法人の理事は4人，従業員は3人である。構成員は所有する農地を法人に利用権設定しており，作業も共同で行い，経理もプール計算である。畦畔の草刈りや水管理等はすべて法人が実施し，土地所有者への水田管理委託は行っていない。2015年における法人の経営耕地面積は29haで，そのうち水稲が13ha，稲ホールクロップサイレージ（WCS）が10ha，露地野菜が4ha，ハウス野菜が1haとなっている。

3）野菜作重視の経営展開とその意義

N法人は地域の人々に働く場を提供することを理念の1つに掲げ，設立当初から労働集約的部門として野菜作を重視してきた。ただし，設立当初の品目・部門構成は経営展開の中で大きく転換してきている。

図 10-1 に，N 法人の収入動向と野菜作売上の比率を示す。N 法人の経営展開は，次のように 3 つの画期に分けることができる。

①創立期（法人設立～2007 年）

②野菜売上減少期（2008～12 年）

③野菜売上回復期（2013 年以降）

①の法人立ち上げ期においては，主な野菜の品目は，ホウレンソウおよびリンドウ，セリで，いずれも JA 出荷が中心であった。

②野菜売上減少期では，野菜作の売上が減少し，売上高に占める比率は 20％強まで落ち込んだ。出役者の高齢化により出荷量が減少したことや，連作障害の発生が原因である。それに加えて，当時，野菜作全体を指揮していた代表理事である T 氏が，別の仕事で法人を留守にせざるを得なくなり，それをカバーしうる組織体制を整備できなかったことも影響している。この間，

図 10-1　N 法人における野菜作の売上動向（2004 年＝100）

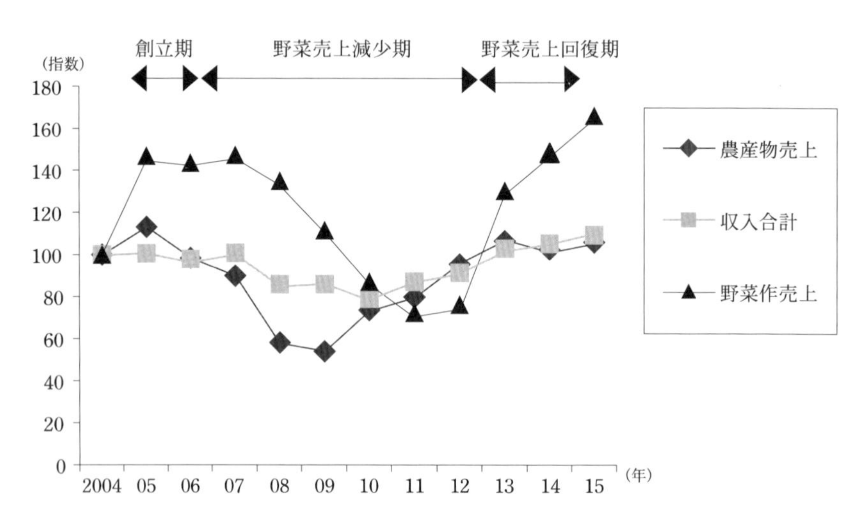

資料：N 法人提供資料より作成。
注：収入合計は農産物売上高に助成金等の雑収入を加えたもの。

野菜作の売上減少を，稲作をすべて稲 WCS に切り替え，水田フル活用対策の助成金収入によって農産物売上高の減少を補った。

そしてこの後，野菜作は転機を迎える。それが③の野菜売上回復期である。上記のT氏が再び法人経営に専念できるようになり，国の米政策の見直しも踏まえ，より野菜作を強化する方向に経営を転換していくことになった。その内容は以下のとおりである。

第1に，販売チャネルの拡大である。2008年から県内の卸売業者A社への直接販売を開始していたが，2013年からはこれに加えて県内の量販店B社への直接販売を開始した。2014年にはさらに首都圏の量販店C社が加わった。特にB社への販売は，2015年時点で園芸部門の売上の半分，米も含めた法人全体の売上の約3割を占める。これらの販路開拓は，代表理事による各業者へのトップセールスによるところが大きい。JA出荷より規格がゆるく，袋に詰めて重量当たりの単価で販売する。

第2に，こうした卸売業者や量販店への販売に伴い，栽培面積と品目数を大幅に拡大してきている。年間売上30万円以上の品目は，2011年にはJA出荷2品目，卸売業者4品目だけであったが，2015年にはJA出荷が1品目へ減少し，その代わりにA社6品目，B社11品目へと増大している。これらJA以外の業者への販売額は，売上高の7割に達する。

第3に，野菜作の作付面積拡大のため，稲作部門の縮小及び省力化，栽培様式の変更を行った。まず，設立当初 16ha であった水稲作付面積は，2015年には13haへと3ha減じた。その一方で，稲 WCS を2haから10haにまで拡大している。稲 WCS の収穫は契約している畜産農家が行うため，その分の労働力を野菜作に仕向けることができる。さらに，2014年からは，野菜の育苗・定植作業への労働時間を確保するため，稲作を直播栽培から一部移植栽培へ戻した。直播栽培は播種時期が遅くなるとともに播種後もこまめに水管理をしなければならない。これが野菜の育苗・定植作業にバッティングするのである。要するにN法人では，野菜作の都合に稲作を合わせるようになってきている。

第4に，労働受容力の拡大である。表10-4には，2009年から15年にかけ

表 10-4　N 法人における労働時間および従事者の動向（2009～2015 年）

年	従事者の労働時間（時間）				年間労働時間別従事者数（人）					従事者当たり年間労働時間（時間/人）
	年間合計	月平均	最小月（3 月）	最大月（12 月）	合計	100 時間未満	100～1,000	1,000～2,000	2,000 以上	
2009	10,422	868	126	1,405	34	13	18	3	-	306.5
15	18,834	1,569	830	2,356	28	6	13	6	3	672.6
増減	8,412	701	704	951	▲ 6	▲ 7	▲ 5	3	3	366.1

資料：N 法人提供資料により作成。理事は含まれていない。

ての労働時間および従事者の動向を示した。まず年間労働時間は，1 万 422 時間から 1 万 8,834 時間へと 8,412 時間増加，月平均も 868 時間から 1,569 時間へと 701 時間増加している。最小月（3 月）が 126 時間から 830 時間へと 704 時間増加。最大月（12 月）は 1,405 時間から 2,356 時間へと 951 時間増加した。このように，年間を通じて労働時間が増大している。

第 5 に，高齢化などによる自然減により従事者がゆるやかに絞り込まれたことにより，1 人当たりの労働時間が増えたことである。年間労働時間別従事者数をみると，全体では 34 人から 28 人へと 6 人減少しており，1 人当たり労働時間は 307 時間から 673 時間へと倍以上増大した。年間労働時間別従事者数をみると，100 時間未満が 13 人から 6 人へと 7 人減少，100～1,000 時間が 18 人から 13 人へ 5 人減少した。逆に 1,000 時間以上は増加している。1,000～2,000 時間が 3 人から 6 人へ 3 人増加，2009 年には 1 人もいなかった 2,000 時間以上従事者が 3 人となった。この 3 人は，近隣集落の 50 代男性，同集落で構成員外の 30 代男性および 30 代女性である。N 法人では「従業員」と位置づけ，将来の後継者として育成してきたいとしている。

4）多品目栽培の意義と今後の経営課題

以上のように，N 法人では，多品目栽培に取り組むことによって，野菜作の売上向上と農業内での周年就業機会の提供を実現している。園芸メガ団地育成事業が品目を絞り込んだ専作経営の育成を掲げたことで労働力調達の面で課題を抱えているのとは対照的である。定住人口維持のためにも地域内の就業機会を創出することが重要となっている中で「野菜産地のナショナルブランド化」を目指すためには，N法人のような多品目栽培を行う経営を育成していく方向も評価されて良いのではないか。もちろん，産地化のためには出荷数量の拡大と品質の向上と安定化を図ることで市場からの信頼を構築していくことが必要である。

そのための課題をN法人の経営にひきつけて考えてみると，第1に，個人の能力によって左右されることなく，組織として品質と数量の安定を担保できるようなマネジメントの確立が必要である。とりわけ集落営農は法人も含めてもともとは個々独立した経営である農家の集合体である。そのため，構成員の技術習熟度が異なるだけでなく，こだわりもそれぞれである。それが原因で生じる生産物の品質のバラツキを抑制するための組織管理や労務管理が課題となる。しかも労働者が日常的に顔を合わせる地域住民でもあることからくる固有の経営管理課題もあるだろう。

第2に，他の集落営農や個別経営との栽培・技術協定，労働力調整，共同販売などの連携や組織化である。それによって品質及び数量の変動リスクを抑制するとともに，価格交渉力の強化にもつながるからである。

県のいう「ナショナルブランド」形成という観点からみると，1法人の数量では不足である。集落営農の組織化が進んでいる中，それらの経営複合化と連携による産地形成が求められる。

7．おわりに

本稿では，兼業・稲単作地帯の典型である秋田県を事例として，園芸振興に向けた課題を明らかにすることを目的とした。2000年代以降，米流通自由化の進展と米価下落のもとで，県による園芸振興策が強化されてきた。それはエダマメやネギなど，一部の品目で成果を挙げたものの，全体として作付面積は減少傾向にあり，単収や出荷率も高いとは言えず，本格的な産地形成には至らなかった。そのことは，主たる販売ターゲットである関東地域の卸売市場における評価にも表れていた。すなわち，同程度の数量シェアを持つライバル産地と比べて，出荷数量では拮抗しているにも関わらず，平均単価が低く，価格が高い時期の出荷数量が少ないこと等から，トータルの売上高では下回るという現状が示唆された。

そこで求められるのは，1つには価格の高い時期を含めて長期に出荷できる体制を確立することである。いま1つは，品質の高位安定化による単価の獲得である。これらを実現するためには，品種や作型の研究開発はもちろんであるが，やはりそれを商品として具現化する生産の担い手育成が重要な課題である[10)]。その点に言及して本稿の締めくくりとしたい。

現在，秋田県では，品目を絞り込んだ形での専作経営の育成を図る園芸メガ団地整備事業などにより，選択的・集中的な支援によって産地形成を一気呵成に果たそうとしている。確かに，後発産地としてスタートせざるを得ない中では，そのようなカンフル剤的な方策も必要であろう。しかし，その一方で忘れてはならないのは，兼業・稲単作地帯という現状から出発しなければならないことである。そこで重要になってくるのは，2000年代を通じて多数形成されてきた，兼業・稲作農家を構成員として包摂している集落営農の存在である。

平坦水田地帯において小規模兼業農家により設立され，野菜を中心とした経営複合化に取り組むN法人は，稲作をできるだけ粗放化・省力化するとともに，JA委託以外に卸売業者や量販店を販売チャネルとした野菜の多品目栽培に取り組むことで，労働投下の増大と年間を通じた平準化，それによる構成員への所得配分，従業員確保を実現していた。兼業・稲単作地帯における園芸振興という観点からみたとき，N法人の取り組みから示唆されるのは，第1に，集落営農において複数品目による経営複合化を図るとともに，そうした集落営農をユニットとして，栽培協定や労働力の融通，選別や調製作業，販売等において相互に補完し合う仕組みを作っていくことである。

第2に，1人ひとりが技術・技能の蓄積を有する農家の連合である集落営農ならではの単収や品質の安定・向上のためのマネジメント手法の確立である。例えば，「枝番管理」によって個々の創意工夫がそれぞれの所得に反映されるようなしくみを採用するなどである。

第3に，土地，労働，機械といった経営資源を有効に活用しうる園芸作と稲作の作目・品種の組み合わせモデルの開発である。そこでは，従来のように必ずしも稲作中心主義で考えるのではなく，園芸作の都合に合わせて稲作の栽培様式を変更するといった柔軟な対応があってよい。「米依存からの脱却」は，「米から他作物への転換」と必ずしも同義ではない。「米に加えて他作物の振興も図る」ことによる「米依存からの脱却」こそが兼業・稲単作地帯における園芸作振興の基本路線である。

〔付記〕本稿は科研費（課題番号 24580327，15H04554，26450303）による研究成果の一部である。また，ヒアリングに協力して下さったN法人の皆様，秋田県園芸振興課に感謝申し上げる。

注

1）荒幡〔1〕p.214。

2）不安定・低賃金な地域労働市場については，低賃金構造，「切り売り労賃」水準から脱出したものの，世帯の生計費を十分に賄う水準にはなっておらず，いまだ引きずっている（曲木〔6〕）。農外収入だけでも，農業収入だけでも生計を賄えないという状況にかわりない。

3）宮入〔7〕は，近年の野菜生産の特徴として，①関東の都市近郊地域や北海道・九州などの主要農業地域など「特定地域への集中化傾向」の深化（後発産地の生産基盤の弱さ，コスト低減圧力の高まりに参入ハードルが上がっていることが背景にある），②「相対的に農協共販が位置づけを高めている」ことを挙げている。

4）この背景には，①米にはもともと差別化がしにくいという商品特性がある上に，②2004年の米政策改革以降，全国の米産地が生産数量目標の獲得を目指して良食味米づくりに取り組んだことで「デファクト・スタンダード化」し，買い手にとってはどの産地でも大きな差がない状況になったことがある。

5）青果物卸売市場調査の関東地域における調査対象は，次に掲げる都市に所在する青果物卸売会社である。水戸市，宇都宮市，前橋市，さいたま市，上尾市，戸田市，千葉市，船橋市，松戸市，東京都，横浜市，川崎市，平塚市，甲府市，長野市，松本市，静岡市，浜松市，沼津市。

6）メジャー品目は，トマト，キュウリのほか，メロン，すいか，キャベツ，えだまめの6品目となっている。

7）2016年度からは「ネットワーク型園芸拠点育成事業」として，次のようなタイプにも事業対象を広げている。①サテライトタイプ：園芸メガ団地の周辺に立地する販売額3,000万円程度の団地が園芸メガ団地と生産・販売で連携する。②ネットワークタイプ：販売額3,000万円程度の複数の団地が生産・販売で連携し，販売額1億円を目指す。③メガ・プラスタイプ：園芸メガ団地をさらに販売額3,000万円程度の規模で面的に拡大。④果樹特認タイプ：品種や栽培技術の統一，特色ある販売方法などを通じて連携し，新たな品目又は新たな団地形成で販売額1億円を目指す。

8）2015年の農林水産省「集落営農実態調査」によれば，「現在課題となっていること（複数回答）」として最も多かったのが「後継者となる人材の確保」で59.0％であった。続く「オペレーター等の従業員の確保」の37.3％を大きく引き離している。以降，「設備投資等のための資金面」が35.0％，「農産物等の品目，生産技術」が30.6％，「農産物等の販路」が27.5％，「経営規模の拡大」が23.8％，「経営能力の向上」が19.1％と続いている。

9）伊庭〔2〕は，集落営農によって農作業の効率化は図られるものの，それが地域の農地に関心を持たない土地持ち非農家化の増加につながり，その結果，集落営農の存続そのものが危ぶまれる事態となることを「集落営農のジレンマ」と呼んだ。

10）もちろん，生産の担い手形成のみが課題というわけではない。「近年の野菜産地においては，消費形態や流通環境の変化にいかに対応して産地機能を充実させるかが重要」となっている（宮入〔7〕）。例えば小分け・パッケージング機能の産地サイドへの取り込みや加工専用品種の導入など，産地の生産，流通のあり方も含め，多角的に検討する必要がある。

引用・参考文献（著者50音順）

〔1〕荒幡克己「米生産調整配分廃止と水田農業を支える経営安定対策」谷口信和編集代表・安藤光義編集担当『日本農業年報62 基本計画は農政改革とTPPにどう立ち向かうのか―日本農業・農政の大転換―』農林統計協会，2016年，pp.205-227。

〔2〕伊庭治彦「集落営農のジレンマ：世代交代の停滞と組織の維持」農業と経済，78（5），2012年，pp.46-54。

〔3〕河相一成・宇佐美繁編著『みちのくからの農業再構成』日本経済評論社，1985年。

〔4〕平野信之「穀倉地帯としての東北・北陸」矢口芳生編集代表・平野信之編著『東日本穀倉地帯の共生農業システム』農林統計協会，2006年，pp.1-16。

〔5〕津田渉「えだまめにおけるオール秋田対応」第47回東北農業経済学会秋田大会ミニシンポジウム「秋田県園芸ののばし方―施策・販売戦略・担い手―」要旨，2011年，pp.13-20。

〔6〕曲木若葉「東北水田地帯における高地代の存立構造―秋田県旧雄物川町を事例に―」農業問題研究，47(2)，2016年，pp.1-12。

〔7〕宮入隆「野菜作産地の動向」八木宏典編集代表，佐藤了・納口るり子編集担当『日本農業経営年報№.10 産地再編が示唆するもの』農林統計協会，2016年，pp.13-30。

第11章　水田活用園芸の挑戦

−後発秋田県のエダマメ産地化−

津田　渉

はじめに

秋田県がマーケット・インを重視した園芸振興を企図してすでに20年近い。そのなかでエダマメは確かな成果を挙げてきた最初の品目といってよい。そのエダマメの成功に力を得て，ねぎやアスパラガスなど次の品目の本格的産地化を進めている。

本章では，第10章の秋田県における園芸振興の分析を受け，品目を絞り，水田を活用した園芸振興のシンボル的存在になったエダマメ産地化の取り組みについて検討していく。ここでは，エダマメの国内市場構造にも触れた上で，産地マネジメントのあり方及び流通チャネル構築の視点を中心に，その経緯と販売戦略と推進体制の特徴，現状を整理し，今後の産地強化の課題を検討する。これにより，秋田県の園芸品産地化のさらなる発展の方向性を考える論点を示すことができればと考える。

第1節　エダマメの市場構造と動向

1．エダマメの市場構造

エダマメは，野菜の中では嗜好品的な性格が強いものの，夏には欠かせない季節の野菜であり，現在は専用種400以上と言われている。国産エダマメの生産出荷は収穫量・出荷量ともに1982（昭和57）年がピーク（出荷量8.8万トン）だった。その後，90年代初頭まで下がり，2000年代以降は5万トン前後で推移している。国産のほとんどは生鮮品であり，ハウス栽培での早期出荷（5，6月）から10月始めの黒豆までの時期の出荷となっている。

1980年代半ば以降，円高基調の定着と，中国での開発輸入の進行などと共に，業務用・家庭用冷凍エダマメが原価の安い輸入によって伸張し，エダマメの国内供給量（≒需要量）90年代初頭の4万トン程度から，増減はありながら，現在7万トン以上となっている。この間，輸入の主要国は残留農薬問題以降，中国からの輸入が減り，台湾が3万トン近くで1位，近年はタイと中国が2，3位を争う展開である。生鮮エダマメ輸入は量的に見ると1990年代後半は2,000～3,000トンを数えたが，2000年代に入ると減少し，現在では1,000トン以下になっており，そのほとんどは台湾産である。以上の国産と輸入のトレンドを，年々の変動をなだらかにした3カ年移動平均値で示すと

図11-1　エダマメ国内生産及び輸入量の推移（3カ年移動平均によるトレンド）

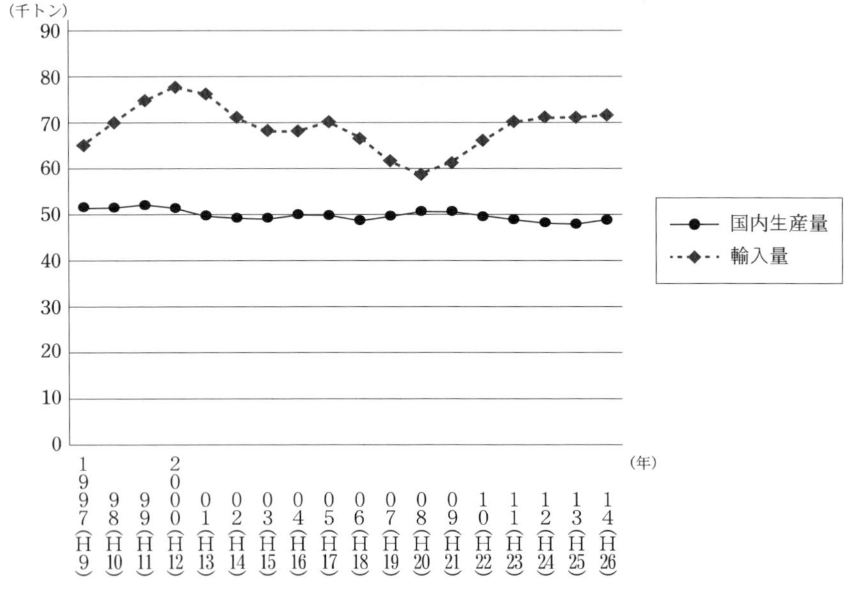

資料：財務省『貿易統計』，農水省『野菜生産出荷統計』

図 11-1 の通りである。わかるように需給構造の観点から見れば，国産品の生産出荷は停滞，エダマメ全体の消費量の増減は輸入冷凍品でまかなわれているという構造になっている。

輸入品は 2008（平成 20）年以降で見れば増加傾向にある。その推移を見ると表 11-1 に整理したように，特定の時期に増えているということはなく，ま

表 11-1　エダマメ冷凍輸入品の月別輸入量の推移

（指数　年次別は 2008 年＝100，月別は 7 月＝100）

	2005年 (H17)	06 (H18)	07 (H19)	08 (H20)	09 (H21)	10 (H22)	11 (H23)	12 (H24)	13 (H25)	14 (H26)	15 (H27)
1 月	113	103	98	100	116	97	137	145	125	144	125
2	96	87	96	100	81	113	96	93	118	116	141
3	122	121	114	100	100	128	133	121	129	144	139
4	128	164	138	100	117	150	132	133	147	126	150
5	132	144	113	100	107	105	118	134	131	130	111
6	139	101	117	100	105	121	118	119	115	109	126
7	119	100	109	100	113	108	101	120	121	118	122
8	162	148	115	100	116	135	153	147	131	134	133
9	109	106	66	100	94	109	124	107	115	118	119
10	100	96	87	100	87	111	120	122	112	102	127
11	106	137	108	100	101	160	171	158	145	158	164
12	128	131	86	100	122	113	146	144	130	151	148
1 月	33	36	32	35	36	32	48	43	36	43	36
2	32	35	35	40	28	41	38	31	39	39	46
3	50	59	51	49	43	57	64	49	52	60	56
4	68	105	81	64	66	88	83	71	78	68	79
5	85	110	80	76	72	74	89	86	83	85	70
6	101	88	94	87	81	97	102	87	83	81	90
7	100	100	100	100	100	100	100	100	100	100	100
8	98	108	77	73	74	90	110	89	79	82	79
9	55	63	36	60	50	61	73	54	57	60	59
10	41	47	39	49	38	50	58	50	45	43	51
11	32	49	36	36	32	53	60	47	43	48	48
12	41	50	30	38	41	40	55	46	41	49	46

資料：財務省『貿易統計』
注：年次別ではこの 10 年で輸入量の最も少ない 2008 年を 100，月別では輸入量の多い 7 月を 100 としている。

表 11-2　エダマメ主要都市（1，2 類）卸売価格の推移

	価格（年平均）円／kg
1998(H10)	560
99(H11)	509
2000(H12)	466
01(H13)	512
02(H14)	613
03(H15)	557
04(H16)	576
05(H17)	482
06(H18)	584
07(H19)	639
08(H20)	627
09(H21)	679
10(H22)	588
11(H23)	660
12(H24)	557
13(H25)	705
15(H26)	663

資料：農水省『青果物卸売市場調査』
注：主要都市は，①中央卸売市場が開設されている都市，②県庁が所在する都市，③人口 20 万人以上で，かつ青果物の年間取扱量がおおむね 6 万 t 以上の都市をいう。

た，時期別の輸入量の構成も 6 月から 8 月が中心というあり方は大きくは変わっていない。輸入冷凍品と国産品の競合関係が顕著に見られるわけではなく，表 11-2 に見るように，国産エダマメの卸売価格は堅調に推移している。嗜好品的な性格もあるエダマメは国産と輸入冷凍品の棲み分けができているともいえる。しかし，見方を変えれば，国産エダマメの出荷を伸ばすには冷凍品に取り組まなければならない，ということでもあり，国産エダマメは停滞気味の需要に対して産地間でシェアを取り合う状況になっているともいえる。このようなあり方は，我が国のフードシステムの 1 つの特徴だと考えられるが，国内の需要に対して，生食用＝国産と冷凍を中心とした加工・業務用＝輸入とが分離してしまった構造だといえる。

2．エダマメ産地および流通の動向

国産エダマメは輸入品の伸びに対して「手をこまねいていた」わけではなく，産地と研究者や関連業界が様々な意欲的な取り組みを行ってきた。正確な実証は別の機会に譲るが，生鮮エダマメの輸入量が 2000 年代に減少した要因には国産エダマメの品質向上等への対応があったと考えられる。

まず，マーケティングリサーチを基礎としたエダマメ産地再強化が，2000（平成 12）年前後に新潟県などで進められ [1)]，鮮度維持方法（収穫後の冷蔵，鮮度維持包装（MA（Modified Atmosphere）包装，商品名 p-プラスなど）とコールドチェーン等）や美味しさの追求，商品イメージの改善とブランド化に関して，新たな取り組みが進んだ。

2002（平成 14）年にはエダマメ関係者（大学，試験研究機関，種苗業界，普及機関等行政，産地関係者，農機具メーカー等）による「エダマメ研究会」が発足する。この研究会の発足趣旨では，国産のエダマメ市場について，今後価格・品質面で競争激化が始まること，そして未熟な大豆の持つ健康機能・嗜好性を生かし，むき身のエダマメが注目されているアメリカの例も挙げながら，国際的な視点でエダマメの国内生産のあり方を考えることを強調している。また，技術的には機械化が不十分なこと（特に収穫，脱莢，選別作業）等が挙げられている [2)]。

こうした技術等の総合的見直しの結果，エダマメでは，その後の 10 年間程度の間に，収穫選別機械化，ポストハーベストの鮮度維持技術向上，これに対応した物流整備，そして，ブランド化など，総合的に再編ポイントが明確化していく，という画期的な展開が見られていく。

第2節　秋田県における新たなエダマメ振興への仕組みづくり

1．第1段階（2000 年代前半）－エダマメの重点品目化とマーケティング意識の向上－

2000（平成 12）に，秋田県では，「新世紀あきた農業・農村ビジョン」（以下，「ビジョン」と記す）が策定され，第1期（平成 12～14 年），第2期（15～17 年），

第3期（18～20年）にわたり進められることになる。第1期には，農業者や産地におけるマーケティング意識の醸成が掲げられ，本格的なマーケティング活動に取り組む戦略がうたわれて，この面での行政の関与が始められていく。

「ビジョン」策定の前，秋田県での園芸産地再編（新しい方針での取り組みという意味で）の動きは，県のリードで2000年前後から始まっている。それは，より本格的な産地マーケティングを目指した活動であった。まず，秋田県の実情に合わせて，①なじみやすい（技術的に取り組み易く栽培経験があるなど），②気象条件に合致（全県域で栽培でき，リレー出荷も可能）③長期出荷可能，④価格が比較的安定，⑤機械化可能，という条件により多く適合する主要品目の選定から始まった。この条件を満たす品目は，園芸振興に結びつきやすい品目だという判断だったわけである。それが，ねぎ・アスパラ・ほうれんそう（メジャー品目と命名，全県に拡大）とトマト・きゅうり・メロン・スイカ・キャベツ・エダマメ（ブランド6品目，メジャーに比べその時点では県内の特定産地）だった。この時期，エダマメは，まだ，県南の仙北，横手を中心にした商品であり，全県的には同じ転作で取り組まれている大豆とのからみで，大豆の交付金等の条件がよい時は作付けが少なく，悪くなると増えるという消長を繰り返していた。

2．第2段階（2010年代前半まで）－マーケティング対応型農業へ－

（1）マーケティング対応の本格化

「ビジョン」第2期には，県行政がより一層マーケティング対応を促進した。その主な内容は，農業マーケティング室（2003（平成15）～19年，その後現在は農業経済課販売戦略室にその機能が引き継がれている）の設置であり（以下，「マーケティング室」と記す），次に，2005（平成17）年の「あきたブランド認証事業」スタート，さらに，2007（平成19）年の秋田県東京事務所への普及指導員の派遣だといえる。こうした取り組みは全国各県でも見られ，東北各県に同様の部署ができている。秋田県も早いか遅いかは別として，推進体制の具体的整備が進んだことが重要である。

「マーケティング室」発足の問題意識として,「マーケティング室」の業務概要には,以下のように宣言されている。「……本来,マーケティングは生産者や農業団体が自ら行うべき経済活動であるが,マーケティングに力を入れなければ,本県の農業は産地間競争の中に埋没してしまうおそれがある。……このため,従来の行政の枠を超え,相当踏み込んだ中長期的政策課題として,マーケティングに取り組む必要がある。……」[3)]。また,県行政が「ビジョン」においてマーケティング重視の姿勢を示したのは,農協合併による広域化,経済連支所廃止など,農協系統の組織転換で,時代に対応した園芸品目の振興への取り組みが進捗しにくい状況にあるのではないか,という判断もあったようだ。

「マーケティング室」は多様なマーケティング業務をこなしたが,特に,マーケティング対応型農業推進事業（平成15～19年）が注目される。この事業は,具体的に重点モデル産地を定め,市町村,県（普及,試験場),「マーケティング室」と産地の部会,JA営農指導,全農による産地プロジェクトチームを編成して,「マーケティングリサーチ（ニーズ把握)」,「産地診断（産地の実情把握)」,「アクションプラン策定（具体的対応策)」,「アクションプランの実践」,「フォローアップ（成果の評価)」を1つのサイクルとして繰り返し,産地の再編強化を推進するものである。

（2）エダマメ振興の「オール秋田」化

2003（平成15）年から実施した青果物の首都圏モデル店（東急ストア,マルエツなど）での秋田県産コーナー販売で,あらためて浮かび上がったのが,品揃えの不足,秋田産と一目でわかる農産物がそろわない,ということだった。エダマメ以外の重点品目は,エダマメに比べ歴史がある分だけ,県内各地域それぞれの売り方が存在し,量がまとまらず,袋やパッケージを一緒にして売るには不足,といった課題があった。そこで,エダマメについて,「県内産地（JA）が連携して,統一的な販売ができないか」,との検討が進められた。山形県などでも同様の分析がなされており,要するに出荷期間を通して県産エダマメの棚（売り場スペース）を確保すること（一定以上の量を継続的に出荷する）が有利販売のポイントと認識され（つまり，スーパー等のニーズに対応する方法），この戦略で東京市場の卸会社，スーパーとの関係作りが進められた。

注目されるのは，2002年から試験栽培が始まり，手応えをつかみ始めていた晩生種「あきた香り五葉」（9月出荷）を秋田の新商品として，統一して売っていけないかという方向にたどりついたことである。首都圏の市場は「茶豆ブーム」が始まっており，それに対抗するというより，「あきた香り五葉」をポイントとなる商品にしながら，7，8月の「青豆」と合わせて長期間出荷を協調して行う方針を立てたのである。

こうした検討は，主に，2005（平成17）年に作った「エダマメ産地連携チーム」（全農あきたを事務局に県の普及指導，試験場，JA営農指導実務者で構成，以下，「連携チーム」と記す）が担う。産地現場の実務者が横断的に協力し合う体制ができあがったことで，「オール秋田」のエダマメ振興への仕組み作りとその実行が本格化する。「連携チーム」では，まず，ものづくりから販売活動まで統一した戦略をもつことを確認し，長期間の出荷（100日出荷）に適した品種構成検討，「かおり五葉」の栽培試行結果など技術情報の共有，県内先進地の技術の移転，ポストハーベスト技術の向上などを進めていった。

全県統一のわかりやすい方法として，県庁農業マーケティング室を中心に，首都圏で秋田県とつながりの強い「東急ストア」の協力をえて，「あきた香り五葉」の統一パッケージデザインを作成した。さらに，試験場では「あきた香り五葉」の収穫適期予想カレンダー，豆の太り具合についての判定スケール実用化を果たした。

各地の栽培技術のポイント，収穫から調製までの作業の精度と効率化などについては，産地JAの営農指導員と普及センターが一斉に活動して，特に「かおり五葉」の作付拡大や出荷の体制づくりに努めた。

こうして，2006（平成18）年9月に，「あきた香り五葉」販売がスタートする。同じ年に，エダマメ研究会が秋田県で開催された。研究会に合わせて研究会と開催地のJA，行政機関等がエダマメ産地振興のために開催した「エダマメサミット」で，一連の販売活動のプロモーションに弾みを付けた。

2008（平成20）年には，「青豆」「香り豆」[4]の統一パッケージも導入し，エダマメ全体のパッケージ統一が完成した。

（3）協調的な販売へ

エダマメの販売は，基本的には単協が日々の分荷業務を担っているが，出荷先がばらけるということがないようにし，全農あきた県本部は基本数量について各単協と相談し年度初めに市場に流し，直販事業における単協と取引先のマッチングを行うほか，荷が足らないというような場合には出荷量調整なども行っている。それができるのは，どの単協からも同じパッケージで出荷されるからであり，もちろん，技術面では栽培管理の基本ポイントの徹底，ポストハーベスト管理の徹底を進めたことが，協調販売を行う際の「品質一定」保証となっていることはいうまでもない。こうして，定量・安定といったスーパーのマーチャンダイジングに応えられる体制が整っていく。

筆者の行ったいくつかの単協の聞き取りからも，概ね次のような効果がみてとれる。従来からの単協個々の分荷先は価格変動が大きい場合もあり，単協の交渉力には限界がある。全県の協調出荷を進め，全農の数量保証があるので，えだまめの価格維持ができている。しかも，出荷量が増え，分荷先が増えてくると相手のやり方も見えてくる，産地側で分荷先を選べるようになる。こうした各単協の協力を得て出荷農協は県内16農協のうち，14～15農協に広がり，分荷の範囲も名古屋，大阪圏にまで広げている。

3．「えだまめ日本一」事業とその達成

2010（平成22）年2月に，「えだまめ日本一」[5]を目指すことを佐竹知事が宣言し，4月には「目指せ　えだまめ日本一」の集会を開催，5月に，「えだまめ販売戦略会議」を発足し，機械導入などの予算措置を拡充した。具体的な目標として東京都中央卸売市場の7月～10月の取扱量首位獲得を掲げた。翌年には「えだまめ日本一産地条件整備事業」ほかを立ち上げ，排水対策，機械化促進，予冷庫設備などを実施し，その後も同種の事業を継続している。

2009（平成21）年には990ha作付け，2,620t出荷，そして翌年は作付け1,000haを超えた。その後は全国ベースでは表11-3の通りで，出荷量は3,000tを超え，

全国での地位も安定化しつつある。さらに，秋田県がターゲットとした東京中央卸売市場7〜10月での地位は表11-4に示した。年間でも7〜10月の期間でもそれまで東京市場での出荷量，販売額，平均価格のトップは，群馬県であり，任意出荷組合と産地業者が組んだ「天狗印枝豆」という強力なブランドを持っている。出荷量では千葉県や山形県がこれに続いていた。

表11-3　作付面積・出荷量における秋田の地位

1）作付面積

	2006年		10		12		13		14		15	
	都道府県名	作付面積(ha)	都道府県名	作付面積(ha)	都道府県名	作付面積(ha)	都道府県名	作付面積(ha)	都道府県名	作付面積(ha)	都道府県名	作付面積(ha)
順位												
1位	新潟	1,560	新潟	1,600	新潟	1,580	新潟	1,580	新潟	1,570	新潟	1,560
2	山形	1,510	山形	1,510	山形	1,480	山形	1,460	山形	1,430	山形	1,430
3	群馬	1,210	群馬	1,200	群馬	1,160	群馬	1,150	群馬	1,150	秋田	1,150
4	千葉	1,020	北海道	1,110	秋田	1,060	秋田	1,080	秋田	1,120	群馬	1,120
5	秋田	874	秋田	1,010	千葉	883	千葉	854	北海道	854	北海道	887
6	北海道	681	千葉	930	北海道	857	北海道	747	千葉	840	千葉	829
7	埼玉	571	埼玉	656	埼玉	685	埼玉	681	埼玉	691	埼玉	693
8	岩手	385	福島	383	岐阜	328	岐阜	322	神奈川	318	神奈川	318
9	岐阜	377	宮城	364	神奈川	321	宮城	320	岐阜	316	岐阜	312
10	神奈川	337	岩手	347	岩手	319	神奈川	319	青森	306	青森	304

2）出荷量

	2006年		10		12		13		14		15	
	都道府県名	出荷量（t）	都道府県名	出荷量（t）	都道府県名	出荷量（t）	都道府県名	出荷量（t）	都道府県名	出荷量（t）	都道府県名	出荷量（t）
順位												
1位	千葉	7,150	千葉	6,410	千葉	6,590	千葉	6,180	千葉	6,330	千葉	6,070
2	山形	4,880	北海道	6,050	山形	4,880	北海道	4,690	山形	5,050	北海道	5,150
3	群馬	4,390	埼玉	4,720	北海道	4,660	群馬	4,390	北海道	4,620	山形	4,830
4	埼玉	4,140	群馬	4,530	群馬	4,510	埼玉	4,220	群馬	4,430	群馬	4,230
5	北海道	3,070	山形	4,460	埼玉	4,460	山形	3,330	埼玉	4,230	埼玉	4,190
6	新潟	2,680	新潟	3,710	秋田	3,420	新潟	3,240	新潟	3,620	秋田	3,390
7	秋田	2,440	神奈川	2,540	新潟	3,410	秋田	2,470	秋田	3,220	新潟	3,380
8	神奈川	2,100	秋田	2,420	神奈川	2,390	神奈川	2,380	神奈川	2,340	神奈川	2,240
9	岐阜	1,760	東京	1,560	東京	1,550	東京	1,460	東京	1,330	東京	1,450
10	東京	1,550	岐阜	1,340	岐阜	1,380	大阪	1,180	岐阜	1,210	大阪	1,180

資料：農水省『野菜生産出荷統計』

表 11-4　東京都中央卸売市場における秋田の地位・7～10月

（単位：トン）

	2011年	12	13	14	15	16
秋　田	1063.5	1435.3	807.6	1290.5	1461.6	1383.8
群　馬	1584.2	1668.9	1590.5	1586.0	1288.4	1357.1
山　形（参考）	494.4	800.6	375.3	714.0	722.1	642.2

資料：東京都『東京都中央卸売市場年報及び月報』

表11-4に見るように，東京都中央卸売市場への出荷量において，秋田県は2011（平成23）年に7～10月の出荷量2位となり，その後，2015（平成27）年には群馬の出荷量減もあり，東京市場1位，年間12億円（系統出荷）を達成した。2016年もその地位を保っている。

第3節　秋田県の取り組みの特徴と評価

1．特徴－ビジネスモデル論の視点の援用－

いわゆるビジネスモデルをめぐる議論は，概念定義の段階から，実際のビジネス分析に生かされるようになってきている[6)]。ここではアレックス，イブ共著『ビジネスモデルジェネレーション』〔6〕から，ビジネスモデルを考える9つの要素「顧客セグメント」「価値提案」「チャネル」「顧客との関係」「収益の流れ」「価値提案等に必要な経営資源」「製品づくり，問題解決等の主要活動」「社外パートナー」「コスト構造」を援用して，秋田県の取り組みの特徴を整理してみる。なお，ここでは，ビジネスモデルを今枝［1］にしたがって，「ある業界を前提とした競争優位獲得を目的とした仕組み」と理解しておく。

①価値提案（顧客セグメント，顧客との関係，チャネルを含む）

既に述べたように，まず大きく意識されたのは，東京のスーパーにできるだけ長く，ひとめで秋田県産とわかる品目を並べることができないか，であり，そこで，県内の大豆栽培の経験を活かすことができ，大豆より収益性のあるエダマメの拡大という提案を行う。

市場･小売には，一定品質・安定出荷・長期出荷を提案・実現して，秋田のポジションを安定させることがねらいとされた。ブランド，高価格はさしあたりの目標になっていないのがもう１つの特徴である。

②「主要活動」及び「経営資源」の充実

産地戦略は「オール秋田体制」である。それを現代的にマーケティングの観点から「ものづくり」「チャネル管理」「販促」等について連動した動きとすることに注力したことが特徴的である。

<table>
<tr><td colspan="3">・県庁（マーケティング室など）の戦略立案
・普及組織・試験場・全農・単協の実務者プロジェクトチーム（産地連携チーム）による情報・目標・行動の共有</td></tr>
<tr><td colspan="3">連携した具体的活動</td></tr>
<tr><td>・独自品種（あきた香り五葉等）開発
・長期出荷のための品種選定と作期のモデル構築
・基本技術の指示徹底，排水対策の指導，助成。</td><td>・各産地（単協）の実情に合わせた出荷体制づくり
（個選か共選か，集落営農の活用，作付出荷計画等）</td><td>・統一パッケージ作成（共計向け）
・東京市場をターゲット
・協調出荷の実施（系統利用率 70％へ）</td></tr>
</table>

③パートナー

東京では荏原青果，東急ストア（販促物や店頭マーケティングの実験なども実施協力），イトーヨーカドー，いなげやなど，大阪では大阪中央青果，ライフの協力を得ている。

④「収益の流れ」「コスト構造」（経営にとって）

県が示した「作目別技術・経営指標」(2008（H21）年版）によると，以下のようである。

個別経営	作期ごと（極早生から晩生 5 タイプ）1ha 規模	雇用なし，機械化は脱夾・選別のみ，冷蔵庫なし	価格は 500 円台前半，単収 420〜650kg，粗収入 220 万から 340 万円
集落営農	各作期(7〜10 月出荷)，3ha 規模	機械化は収穫から選別まで，冷蔵庫装備あり	価格は 500 円台前半，粗収入 850 万円

約 10 年間の秋田県のエダマメの産地マネジメントはビジネスモデルの視点から見ても，その要素を満たし，仕組み作りは一定以上のレベルに到達していると考える。特に，小売店主導の流通のなかで，職域横断的な「産地連携チーム」による目標と行動の共有を図り，ものづくりから販促・コミュニケーション活動までの連動を意識的に追求する取り組みになっている（ならざるをえない）ところが特徴的である。

2．評価

以上のような秋田県のエダマメ振興の評価を整理してみよう。

なによりも，「連携チーム」の存在である。県行政，JA，全農が，いわば機能として「ワンフロア化」し，「オール秋田」の新たな展開を支えたことを評価したい。「マーケティング室」の設置を新たな起点として協働の力で，消費地ニーズの把握－新品種導入，長期出荷，パッケージの統一－ターゲット市場への出荷調整を実現したのは，秋田の園芸にとっては画期的な前進だった。

その最大のポイントは，人材育成である。スーパーの取引担当者，バイヤーの人員削減がみられる中で，改良普及員と言う技術指導職に，マーケティングのコーディネイト力量を兼ね備えてもらいたい，そのためには，販売現場に「出向く」ことが大切と決断したこと，出向く機会が増えれば，もっと人材が育つと行政サイドが判断したことではないか。

その具体的成果は先に見たとおりだが，他県の産地は，どちらかといえば，単協対応，出荷組合対応であるのに対し，秋田県が「オール秋田」のエダマメとして，一定の品質と量を，統一したパッケージで出荷していることが市場で評価されている。必ずしもブランド産地のような高値はとれないが，価格が極端に下がることはないとされている。

第 4 節　エダマメ産地化の新たなステージ

1．第 2 ステージへの問題状況

「えだまめ日本一事業」開始から 5 年で，東京市場夏場の 1 位獲得目標を

実現した秋田県だったが，その時点以前に，すでに「目標実現後」の新たなステージともいうべき課題が見え始めていた。この点について，2014（平成26）年に行った東京の中堅スーパーT からの聞き取り調査によりトレースしてみよう。T は東京都，神奈川県を中心に 80 店舗を展開する総合スーパーである。秋田県との関係は比較的長い。

（1）エダマメという商品

エダマメは 5〜8 月が旬と考えている。生鮮，冷凍，総菜合わせて 9 月までの商品だろう。9 月はきのこ等秋物に棚替えする。生鮮品は 6 月から，7，8 月中心で，9 月は T では 8 月の半分の量になる（東京市場全体では 2014〜16 では 9 月は 8 月の 60〜90％弱の取扱量である）。それもあり，「あきた香り五葉」は，袋をオレンジ色（秋色）にしてもらい，定着したと考えている。また，エダマメは嗜好品であり，冷凍，生鮮，総菜それぞれで，価格だけではなく，食味が選ばれて買われている。

生鮮ものの品揃えは 6 銘柄 6 産地くらい。品揃えの価格帯は 3 つ。コモディティ品が 198〜298 円，群馬の天狗印が 398〜498 円，新潟の黒崎茶豆 500 円以上，というようなラインアップだ。時期別に産地を見れば，静岡県浜松のハウスもの→千葉のハウスもの（枝つき束ね売り 2 週間）→埼玉→7 月以降はまず，群馬，8 月に入り秋田，新潟，山形（この時期は千葉，埼玉はとらない）になる。

冷凍品は，残留農薬問題のあった中国産は避け，台湾，タイのものを入れている。食味・仕入れ値・安定供給で選ぶ。生鮮の国産品を買ってゆでるよりも簡便で安い，というイメージが定着している。

（2）秋田産の評価

では，秋田産のエダマメの評価はどうか。T のバイヤーよれば，東北各県の中では位置づけは高い，コモディティ商品で量が出る時期の産地である。しかし，7 月の秋田エダマメのイメージはまだ明確ではない，この時に沢山出てきて，だぶついて，どうなるのか。9 月の「あきた香り五葉」はよい品種だが，時期が秋物に入り，訴求しにくい面もある，と厳しい見方もあった。

秋田県の狙う「100 日出荷」という長期出荷体制は，量が多いので価格競争になりやすい，また，「青豆」での差別化は難しい。秋田県統一の袋はわかりやすいが，コモディティな感じ，品種名が欲しい，との評価もあった。

さらに，スーパーの考え方を明確に述べてくれた。プライベートブランドとしてエダマメを考えたことがあったが結論は黒崎茶豆だった。また，例えば，山形は「だだ茶豆」もあり，くだものの太いパイプがある。秋田県の「えだまめ日本一事業」のかけ声は消費者までは届いていない。

誤解を恐れずに，ひとまずここで筆者の考えをまとめれば，まず，スーパーにとって，エダマメは嗜好品で季節品であるという位置づけであること，したがって，品質に応じて消費者が求めるものを品揃えする，ということである。結局，次に見る秋田県の「流通販売戦略」で強調されているように，消費者・実需者と産地を結ぶ販売マッチングを進め，エダマメの消費拡大と秋田産の浸透を同時に果たしていくことが基本戦略だといえる。

また，実情からいえばスーパーでは常に野菜，園芸品の品揃えという観点と値頃感が重視されている。エダマメ単品の評価以外に，秋田の園芸品全体の総合的力量を高め，「スーパーに秋田県産園芸品の棚をつくる」という原点を重視し，消費者が秋田産のエダマメを日常的に手にとることができるという取り組みは今後も必要であると考えられる。

2．新たなステージに向けた秋田県の取り組み

（1）県の示す戦略の方向性

秋田県が仕掛けたエダマメ産地戦略は，他産地の新たな動きを呼び起こし，次のステージへと向かっている。その明確な動きが山形県の新戦略である。2015 年に「えだまめ日本一産地化推進プロジェクト」を立ち上げ，2018 年に産出額と作付面積日本一という目標を掲げた。新戦略の下では，庄内町での加工業務用の大規模生産の登場（脱莢機も組み込んだ専用収穫機での効率的生産）や，2016 年日本一戦略推進会議開催のほか，エダマメに含まれる甘みやうまみの量を科学的に分析して「食味基準」を作り，栽培マニュアルを確立

する等の具体的で新しい取り組みが進められている。

こうした情勢の中で，秋田県は，第 2 期ふるさと秋田農林水産ビジョン（2014 年 7 月策定）の重点的な取り組み「農政改革対応プラン」の中でエダマメについて，ネギ，アスパラガスとならんでナショナルブランドを目指す品目と位置づけられた。そして，

・これまでのレギュラーエダマメ路線の「長期安定出荷」と「プレミアムエダマメ」の開発の 2 本立て（ブランド階層化），
・大規模生産経営（農家）の増大，
・加工・業務用に対応した低コスト・省力栽培技術の確立

を進めることとした。

これに合わせ，この間，特徴的な事業として園芸の生産販売の担い手育成を目指し，ハウス 100 棟の団地などこれまでにない規模での園芸メガ団地事業（2013～17 年）が進められ，2016 年には，「メガ団地」を核としたサテライトタイプや複数団地の組み合わせで販売額 1 億円を目指すネットワークタイプなど，新たな「園芸拠点」の整備を進めている [7]。

さらに 2015 年には，これまで以上に取り組みを強化するために秋田県農産物流通販売戦略を新たに策定し，高規格品の「あきたの極上品」，固有特産品の「あきたの逸品」といったブランド上位階層づくりの本格化，地域（振興局）―県庁―東京を結ぶ販売マッチング及び開拓担当人材の配置を行い，関西圏等への出荷拡大に向けて 2016 年には，ヤマト運輸や ANA Cargo との協力で，「翌日午前中配達」体制を大幅に拡大することなどを進めている。

エダマメについては，定時定量高品質出荷体制の確立などナショナルブランド化を目指す取り組みを強化し，生産の一層の大規模化・機械化，コールドチェーン体制構築，価格形成力の向上を目標として，プレミアムエダマメやオリジナル新品種「あきたほのか」（晩生の青豆だが収量性がよく，食味も茶豆なみと評価）を加えた秋豆シリーズ（香り豆シリーズを拡充）の市場への訴求を進めるなどの方向性を示した。

こうしたエダマメの戦略は，どう評価されるか。東京大田市場の卸売業者からの聞き取り（2015･11）では，これまで確立してきたコモディティ路線（お

手頃価格で食味はよい）が高く評価された。この路線の下で，固定客・固定売り場をより多く確保していくことが求められるとの判断であり，その意味で，県の戦略は評価されるといえる。ただし，今後の価格形成力向上のためには「スター」が必要だとされたものの（その意味で9月の「あきたほのか」はポテンシャルを持つ），プレミアムエダマメには評価は集まらなかった。その理由は高価格をとっても農家等の「手取り」が本当にアップするか，という点であった。この点は改めてふれる。

（2）新たなステージに向けた産地化の実情

以下，後発ながらマーケティング重視の産地づくりをしてきた2つの産地の取り組みをその共通点を中心にまとめ，現状と課題を導き出していこう。

1）JAあきた湖東－大豆からエダマメへの典型的展開

JAあきた湖東は，販売取扱高42.1億円，組合員数5,830人，水田中心に，約9,300ha，販売の90％以上が米という秋田県では中堅の標準的な農協である（以上2015年度）。エダマメは大豆に代わる転作で，収益が上げられる園芸を目指して2004（平成16）年に導入。平成16年に作付面積50ha，売上げ1億円を目標とした[8)]。

①プロセスイノベーションの徹底

湖東農協の場合，転作大豆の団地化に取り組んできた。その成果を土台にして，大豆をエダマメに作り替えていく中で，県内他産地に先駆けて，集団的な生産販売の体制が整えられた。エダマメの主産地の県南地域とは出発点が異なったことが逆に，イノベーション的な取り組みが実践できた理由といえる。

それは，転作団地内に，エダマメ栽培圃場を位置づけ，そこに，農業試験場で開発された，長期連続出荷のための品種別の播種時期－収穫時期の計画モデルを導入したことから始まる。さらに，個人の経営でばらばらに取り組んだのでは効率化できず，エダマメ栽培で最も作業時間を要する収穫・選別・袋詰め（パッケージング）作業を共選場で一元化し，選別等はパートながら専任で行う体制とした。

これにより，生産から出荷までの工程におけるプロセスイノベーションが実現した。しかも，そのことが，県産エダマメのパッケージ統一と相まって，取引先の業者，スーパーに時期別の出荷量見通しを確実に提案できることにつながり，定量・定時出荷という野菜マーケティングの基本を達成できたのである。

また，栽培技術のレベルアップには，①早期情報提供，月2回以上の現地講習会に加え，個別巡回の徹底，②収穫適期の判定は，JA立ち会いのもと個別に確認（品質の高位平準化），③生産意欲の高揚と生産技術の向上を目指した先進地研修会等の実施，を進めている。

②共選施設のレベルアップ

表11-5にあるように，2013（平成25）年には共選場を改築している。従来の施設は，処理能力60t程度（日量3t）が目安で，出荷量が限定されていた。

表11-5　JAあきた湖東　エダマメ産地化の取り組み

2000年頃（H12）	管内大豆転作面積拡大，集団転作，ブロックローテーション（大豆交付金などの増大を受けて）
03	転作大豆面積850haに
04（H16）	県のブランド化方針を受けてエダマメ栽培本格化へ 14haの作付け。
05	品種選定や計画出荷のための作付計画指導 旧ガソリンスタンド跡地に共選施設整備（1カ所に施設集約）
07	予冷庫2基増設 エダマメ統一袋共用開始，全県の協調販売スタート
10	県が「えだまめ日本一事業」をスタート
12（H24）	作付け50ha，出荷200トン突破 直売所(湖東のやさい畑）にて枝豆ソフトクリーム販売
13	共選施設本格改築・稼働 枝豆アイス商品化（県内花立牧場と提携）
14	作付け55ha，出荷202トン，売上げ1.1億で，目標突破。
15	作付け65ha，出荷223トン，」売上げ1.52億円 部会員数64（法人含む）
16	「湖東のまめっこ」が「あきた食のチャンピオンシップ2016」で金賞。10月より本格販売。

資料：JAあきた湖東聞き取り調査による。

実はそのことが綿密な栽培出荷計画を必要とした要因でもあった。とはいえ，産地化が軌道に乗り始めると，処理能力等の改善が求められるようになった。改築後の施設は，さらに品質保持を徹底するために，作業のスピード感を重視し，コールドチェーンを目指している。コンピュータースケールとピロー包装で40袋/分を実現できたのである。

③販売戦略－協調出荷と値決め取引

あきた湖東では，全県の協調販売対応に積極的に参加し，東京市場中心の市場流通での安定出荷体系と契約的な値決め販売の構築を進めている。すでに2009（H21）年の段階で値決め販売シェア47％を実現し，その後も維持している。この過程で，メイン市場である東京S青果の仲介で，首都圏の中堅スーパーのプライベートブランド商品としてエダマメを取引するなど，産地拡大に対して販路の確保を先行して進めるべく，様々な流通形態の活用を行っている。さらにこうしたルートを活かし，2015年からプレミアムエダマメの出荷を開始した。有機質肥料 100％利用，出荷農家（単収にむらがない部会員）を選定し，東京S青果限定で2.5トンの出荷を行った。JAあきた湖東の限定パッケージを利用し卸単価は700円／kg，あきたほのかなど8品種で早生から晩生まで出荷している。

④関連商品づくりのコンセプト－連携と提案による商品作り

あきた湖東では，2012 年夏，直売所「湖東のやさい畑」で，「枝豆ソフトクリーム」を販売，地元テレビでの広報の効果もあって，週末2日間で最高1,300 本を売り上げるなど，大きな反響があった。いろいろなところから引き合いがあったため，アイスクリームの商品化を検討して，加工部門の投資や商品開発の負担軽減，地域企業との連携を考慮に入れ，鳥海高原の花立牧場工房ミルジーと業務提携した。ミルジーはすでに牧場のジャージー種の牛乳から作られるアイスクリームを商品化してきた経緯がある。農協としても従来的な「農産加工」のレベルを突破し，「売れる商品開発」を目指したと言える。商品のコンセプトや販路については，農協側からも提案し，

・こだわり品質：秋田農試開発品種の「あきた香り五葉」をクラッシュしたものを提供し，ジャージー種の濃厚アイスクリームとブレンド（製造委託），
・ターゲット重視（観光客）の販売と価格設定：病院売店や直売所の他，「秋田に訪れた方々へのおもてなし」という意味を込め，秋田新幹線車内販売や空港お土産で「プレミアム，ご当地感」を演出した商品化（120ml，285円）を図る等を実現した。

2013年からの販売で，年約1万5,000個の売り上げがある。ただし，農協から見れば原料提供のみの製造委託で牧場側の利益がはるかに大きい。原料のエダマメはアイス全体の10％の分量である。

こうした経験を踏まえ，その後JAあきた湖東では，2年がかりで，「湖東のまめっこ」を新たに開発した。そのコンセプトは，秋田オリジナル品種の「あきたほのか」を莢ごと調味液につけ，豆の甘みを引き立てる味付けにこだわる，エダマメの風味を1年中味わえるようにする，の2点で，今後は品種を変えて品揃えする予定である。この商品は，青豆「あきたほのか」の茶豆に勝るとも劣らない風味を活かして1袋にエダマメ150gが入っている。産地にとって原料使用量が多くエダマメそのものが味わえることが今回の商品の大きな特徴である。秋田県内の優れた特産品を選ぶ「あきた食のチャンピオンシップ2016」で金賞を獲得した。2016年10月以降，県内のスーパーなどとも連携して販売し，さしあたり2万袋を用意している。あきた湖東では，こうした商品開発での販売も含め，2016年度は80haの作付けと320トンの出荷を計画し，達成しようとしている。

2）JAあきた北－後発をバネに新たな展開を加速

JAあきた北は，販売取扱高33.4億円，組合員数8,401人，米と比内地鶏，ヤマノイモが代表的品目である。米の販売額比率は51.8％，しかし米の落ち込みをカバーする販売品目は十分ではない（以上2015年度）。エダマメは金額こそわずかであるが伸びている品目として期待がかけられている。

①産地再編へ

現在のあきた北農協管内では，エダマメの取り組みは県南地域とほぼ同時期の昭和 50 年代から出荷が進められ部会も作られて，大館地方の夏場の気温日較差により良食味との評価を受けてきた。しかし，高齢化で収穫以降の作業がこなせなくなる農家が増え，2007（平成 19 年）には作付けは 7.4ha になっていた。

この時期，秋田県では集落営農の設立が増え，県の推進で園芸品目の集落営農への導入が進められた。この県の推進や米生産調整面積の増大および，機械化条件が整いつつあったことを踏まえて，農協ではエダマメ産地の再編を強力にサポートし始める。大豆作業受託を行っていた経験もあったことで，機械利用による集落営農での大規模な作付けを目指す方向が選択された。

JA あきた北での作付け拡大の展開は早く，3 年後の 2012 年には 50ha，2015 年には 100ha を突破してきた。売上げは 2014 年に 1 億円を実現している。

また，集落営農あるいは法人の部会員が多いので，平均作付面積は早くから 1ha を超えてきた（県内平均は 2014 年で 0.6ha）。2015 年では，個人で作付け 1ha 以上が 20 経営，集落営農や法人が 4 経営でこれらで作付け全体の 95％を占めている。

表 11-6　JA あきた北エダマメ産地化の取り組み

昭和 50 年代	エダマメ出荷，部会で取り組む。気候条件を活かした良食味のエダマメ生産
2000 年代	部会員の高齢化とともにポストハーベストの作業負担増大から作付け減少。
07	7.4ha に減少。
10(H22)	作付けが 50ha 到達。
14	12 年は作付け 71.2ha。面積拡大に対応し，諸問題解決と 6 次産業化など新たな展開を目指して共同選果場統合，冷凍及び加工機能を備えた農産物流通加工センター設置。 作付けは、14 年 91.7ha と拡大。売上げ 1.2 億円
15	作付け 104.1ha，出荷 353 トン，部会員数 49（法人含む）

資料：JA あきた北聞き取り調査による。

②技術の裏付け確保

こうした生産・出荷拡大の裏付けである栽培技術等のレベルアップについては，以下のような活動を行ってきている。

1）1ha 以上作付けている経営を中心に，農協の指導で，播種計画を立て，収穫が切れ目なく行えるように品種を選ぶ（現在，7 月中旬以降の早生から 10 月初旬の晩生まで 15～17 品種）。品種はよりよいものに変更していくために栽培講習会や出荷目揃い会，実績検討会等に種苗メーカーや市場関係者を招いて情報を得ている。2）この播種計画に基づき，開花日予想，収穫適期診断を行い，作業計画・出荷計画を立てる。こうしたサポートはあきた湖東とほぼ同様である。3）全部会員が防除日誌の記帳を行い，講習会などで活用して，適期防除や農薬使いすぎ防止等を行っている。4）コールドチェーンによる出荷。現在，次に述べる農産物流通加工センターの整備によりコールドチェーンが産地からも可能となり，卸各社と協力して全出荷量の約 95％で実施できている。

③6 次産業化・まちおこし

2015（平成 27）年に JA あきた北は，3 カ所の選果場を統一し，選別調製作業労働力不足解消とともに，選別基準の統一による出荷品質の均一化を図り，大型冷蔵庫の設置による食味低下の防止，そして廃棄規格外品の一次加工（エダマメむき身，ペーストの製造販売）の取り組みを合わせて行えるよう総合的な施設を国県の補助を得て建設，夏に稼働した（農産物流通加工センター）。

これに歩調を合わせて，大館商工会議所が提案し，「大館市えだまめ産地育成研究会」（JA あきた北，秋田県，大館市）が立ち上がった。研究会はエダマメを活用し地域づくりのプロジェクトを開始する。プロジェクトは，「えだまめのまち　大館」というキャッチコピーをつくり，エダマメ加工・特産品の開発をてこにして，地域内でのエダマメ認知度の向上，地域とエダマメの関係づくりを行い，地域活性化につなげていくことを目標とした。地域内の農商工連携に基づく 6 次産業化の試みといえる。

商品開発は，大館市内の菓子業者がスイーツづくりに取り組み，2014 年 9

月にはスイーツコンテストも開催している（32 品の応募。大館えだまめ産地育成研究会）。市内の 7 つの菓子業者はこれを機に新たな「大館の銘菓」を開発する協力体制を作ろうと「倶楽部スイーツ」も立ち上げて，2016 年 7 月には共同開発した「えだまめモナカ」を販売開始した。

秋田県産のエダマメを利用したスイーツとしてはあきた食彩プロデュースが手がける「青豆のドラジェ」などが先行しているが，県内のエダマメ加工商品の種類からいえば，先行産地の県内地域に対して，あきた北や先に見たあきた湖東の管内の市町村業者の健闘が大きく目立っている。

2015 年 7 月には，エダマメ利活用の情報共有を図り，地域活性化・まちおこしに寄与することを目的として，菓子業者，自治会，学校，直売施設，スーパー等が会員となり地域横断的な「えだまめのまち大館連絡協議会」も設立され，自治会のイベントなども取り組まれるようになっている。

④プレミアムエダマメ

JA あきた北でも 2015 年からプレミアムエダマメの独自出荷を取り組み始めている。有機質肥料を利用し，減農薬栽培を実施，実績のある法人を選定して出荷した。出荷は 780kg，卸価格 600 円値決めで大館市内イトク 5 店舗限定（市内卸と協力して配車），テスト用袋を利用し，あきた香り五葉，あきたほのかの 2 品種，時期は作付けの多い 9 月に行っている。

第 5 節　新たなステージにおける産地強化の課題

以上，県内後発の産地ゆえに，協同の力を発揮して取り組みを進めた結果，共同選果によりポストハーベストの合理化・レベルアップを図り，6 次産業化等も含めた新たな展開を進めることができた 2 つの農協は，いわば，シームレスに産地化の新たなステージに進んできているといえる。最後に，こうした産地化の実情等から見えてくる課題を整理し，問題提起を試みたい。

1．課題の絞り込み

秋田県が「農産物流通販売戦略」等で見通しているのは先に見たように，①　レギュラー品の長期安定出荷の確立であり，これにはまず，さらなる品質安定・一定化や単収向上といった技術的問題がある。スーパーや実需者とのマッチングの強化，ほかの品目とも連携した「スーパーでの秋田の棚の確保」等，販売面での課題がある。そして，②　新潟県や山形県の茶豆，あるいは群馬県の天狗印のようなブランド階層を形成できるようなアイテムを持つことである。これらが相まって価格形成力が高まることになるといえる。このほか，大規模経営の増大や加工業務用生産の取り組みなども県の方針には組み込まれているが，ここでは，品質面での技術的課題，そして，プレミアムエダマメの導入に代表される高価格の獲得に絞って課題を検討したい。その理由は，エダマメが嗜好品であり，消費者が食味重視であること，ロットと統一袋を活かした長期安定出荷には，県内産地間での品質のばらつきや格差があってはマイナスだからである。次に，産地側にとって価格形成力はいわゆる「手取り額」の確保と結びついており，そのことはプレミアムエダマメの導入とも関連しているからである。

2．技術的問題－品質安定化と増収－

長期安定出荷については，品質の安定化について，JA あきた北の産地化を支えてきた担当者（2015 年当時）の見解をもとにまとめてみる。品質（外観，糖度等の食味）の安定化一定化に向けては，それに影響を与える要因の比率として，①品種は 10％（品種を変えたから品質が一定化するということはあまりないのが現状），②栽培技術では，雑草防除，病害虫，転作水田の排水対策の基本技術が 40％，③適期収穫　20％，④収穫後の鮮度管理　30％，だとの指摘をしている。割合の細かな妥当性はともかく現場をリードしてきた人材の意見として大きな参考になる。栽培管理と適期収穫で「商品品質安定化」の 60％を占めているので，部会員の品質アップに向けた「意識の問題」も重要であると担当者は述べている。

単収の向上については秋田県の長い間の課題でもある。紙幅の関係で表示は省略するが統計で確認する限り，作付面積の拡大とともに近年の秋田県の平均単収はじわりと下がり400kg前後で推移し，500kgを超える全国平均と比べて低い。地域の実情を見ながらであろうが，単収向上への対応は，排水対策，マルチ栽培（発芽率の向上等），播種後の欠株対策，草丈，節数，分枝数の確保のための肥培管理・防除，そして収穫後脱夾工程での莢の取り残し対策などが標準的には挙げられる。そして，ここでも単収向上への意欲・意識が重視される。

3．エダマメの価格形成力問題

価格形成力向上に関連して始められたプレミアムエダマメの品種的なポイントは，2016年度にも東京でテスト販売を実施した「あきたほのか」である。既述のように晩生種の青豆であるが，メジャーな「秘伝」よりあまみとうまみに優れ，収量性も高い有望な品種である。この品種も利用して，有機質肥料の施用や栽培圃場，経営者の限定などにより，プレミアム感を演出し，これまでより高価格を狙っている。2016年のテストでは秋田産の統一袋の枝豆より100円高い398円で小売りされている。また，2015年にはすでに紹介したJAあきた湖東，JAあきた北のほか，JAかづの，JA秋田おばこ，JA秋田ふるさとがそれぞれ独自に取り組んでいる。

こうした方法の先駆者は，すでに紹介したが群馬県の「天狗印枝豆」であり，東京市場では長らく価格トップの地位を維持してきた。資料は省略するが秋田県産と群馬県産の7～9月夏場の価格差はここ10年近く恒常的にkg単価で200円以上である。「天狗印枝豆」は，有機質肥料を専用に使い，栽培管理はマルチや被覆資材利用，エダマメの後作に緑肥作物すき込み等の統一を実施，流通過程では保冷剤入り発泡スチロール箱利用などのほか糖類総含有量の測定結果を品質の保証として公開している。全体的に丁寧な作業を実施し労働時間もかけている。こうした取り組みから市場での評価は確立しており，他の群馬県産もこれに見習っており同様に評価は高い。つまり，価格も高いがコストもかかっているのが現実である。

群馬県と秋田県が公表しているエダマメの経営指標を参照する[9)]。両者は，品種の選択や作型，使用する資材の種類等あるいは機械装備の違いや減価償却費の計算の上で組み合わせている作目やそのそれぞれの負担率が異なっているため直接比較はできない。また，秋田県ができる限り機械化を取り入れ大規模作付けや選別等の共同化を見込むが，群馬県は基本的に個別農家経営を前提とし，機械化による大規模化は必ずしも目標ではない。このようにあくまで参考値ではあるが，7～9 月を含む長期出荷モデルからいくつかの指標をみてみる。

10a 当たり肥料費では，群馬県は有機質肥料重視では 4 万 5,738 円，通常では 1 万 6,311 円，秋田県は長期出荷モデルで 2 万 5,911 円，マルチなどを含む諸材料費では群馬県のマルチやトンネル利用で2万4,918円～5万8,947円，秋田県の長期出荷モデルで 3,411 円となっている。平均的に見て，群馬県の「天狗印」のような栽培管理・出荷方法であれば，そうではない秋田県と比べ，概ね 10a 当たり 4 万円のコスト差がある。秋田県の平均的単収 400kg に対しては 100 円のコストアップである。評価を高め価格アップのために栽培や出荷方法で取り組みを強化すれば，コスト的にも掛かり増しなるということである。これは先にみた東京市場の卸売業者の懸念とも合致する。

ポイントは，手取りアップのために増収への意欲を高め，これまで以上に栽培管理の徹底化を図ること，有機質肥料や出荷資材の工夫など高度な資材投入を伴って行うプレミアム化の取り組みは価格とコストと単収向上との見合いで産地側の「手取り確保」に十分配慮しながら行うことであろう。

4．産地強化の方向性

本章の終わりに，絞り込んだ課題を貫く総合的な課題ともいうべきいくつかの点を指摘したい。

秋田県は水田を総合的に活用して稲作やいわゆる土地利用型作物だけでなく，園芸を取り込んで地域農業の再編強化を図ろうとしている。そこでは，「米＋アルファ」の複合だけではなく，「園芸＋米」や「園芸複合」など米を中心に考えない農業形態を積極的に打ち出していく必要がある。これを農業のビジネスモデルの提起とすれば，それは従来，卸売市場流通の価格・米との複合・複合品目は 1 つか 2 つ，という「営農モデル」(営農類型) として目標設定されてきたものを大きく変える必要がある。例えばそれは，「家庭・生食用，加工用，業務用」あるいは「直売，契約，卸売市場出荷」といった用途仕向けや販売方法・販路選択とそこでの価格設定を組み込み，流通パートナー確保，これに見合う産地部会組織の展開を踏まえた上での，技術内容・販売品目の組み合わせ・作付け規模等のモデルを示すことが求められる。

エダマメはこうしたモデルでは，機械利用で大規模な作付けを展開するモデルの主要な品目の 1 つに位置づけられることになる。モデルの実現に重要なポイントの 1 つはそれぞれの地域事情に応じて作業のピークである収穫・選別・パッケージングの工程をどのように実施していくかという労働力確保である。そして，労働力確保は単なる作業人員の確保にとどまらない。園芸品目は集約的な稠密な栽培管理などを行う必要があり，米の担い手確保以上に，人材の持続的な確保には十分な対応が求められる。既に見たようにエダマメでも，さらなる品質向上，収量アップのためには経営者の意識改善も必要とされていた。そういう意識改善ができる人材が求められているわけである。

そして，消費者とのつながりづくりが重要である。既に見たように，エダマメではまだ，秋田県の認知度が高いとは言い切れない。流通パートナーの確立をステップにして，特徴ある品種の普及を強化する等，消費者が秋田県産エダマメのリピーターになるための戦略をさらに工夫していく必要があるといえる。

注

1) 例えば，新潟県農業総合研究所〔5〕を参照。
2) エダマメ研究会設立趣旨より引用。研究会 HP
3) 「平成 17 年度農業マーケティング室の業務概要」平成 17 年 8 月，p.24，秋田県 HP「美の国あきたネット」www.pref.akita.lg.jp/　より引用。
4) 秋田の香り豆として，品種は「湯あがり娘」「あきた香り五葉」「秘伝」を使った。
5) 秋田県では「えだまめ」とひらがなを使用している。
6) 例えば，利根川〔4〕を参照。

7）本書第 10 章でも指摘されているように，園芸メガ団地は，大規模栽培技術の確立や収穫時期の雇用の確保など，現実的ないくつかの問題を抱えながら展開している。

8) JA あきた湖東のエダマメの生産出荷の取り組みについては既に詳細な分析（上田・清野〔2〕）があるので，ここではそのほかのポイントを中心に述べる。

9）群馬県は，群馬アグリネットから，エダマメの農業経営指標（2015）を取り，http://aic.pref.gunma.jp/agricultural/management/running/guideline_h27/，秋田県は県農林水産部の農業技術指標（2014）を利用した。

参考引用文献

〔1〕今枝昌宏「ビジネスモデルの教科書　上級編」　東洋経済　2016 年。

〔2〕上田賢悦・清野誠喜「市場遠隔地に立地する新興産地の営業活動―JA あきた湖東の枝豆を事例に―」日本農業経営学会『農業経営研究』第 52 巻第 1・2 号，2014 年 7 月，農林統計協会，pp.73-78。

〔3〕小田勝己「冷凍えだまめの輸入・国内生産および業務用の需要動向」　農畜産業振興機構 hp　月刊野菜情報－専門調査報告－2006 年 5 月。

〔4〕利根川孝一「ビジネスモデル－概念から実践的活用へ－」立命館大学『政策科学』11 巻 2 号，立命館大学政策科学会，2004 年 1 月，pp.9-19。

〔5〕新潟県農業総合研究所「消費者ニーズに応える農産物の商品開発手法－総合事例『消費者が感動するエダマメの商品開発』－2001（平成 13）年 3 月。

〔6〕アレックス・オスターワルダー，イブ・ピニュール共著「ビジネスモデルジェネレーション」小山龍介訳，翔泳社，2012 年。

［付記］本稿は，科研費［課題番号 15K07617］による研究成果の一部である。また，本稿の一部は，拙稿「えだまめにおけるオール秋田対応」第 47 回東北農業経済学会秋田大会ミニシンポジウム「秋田県園芸ののばし方」要旨 2011 年（未公刊）を改稿して利用している。

おわりに

佐藤　加寿子

本書の出版のきっかけは，2016 年 3 月に秋田市で開催された 2016 年度日本農業経済学会大会（秋田大会）である。日本農業経済学会は日本における農業経済学系の学会の中で最大規模の学会で，毎年開催される大会は 2 日間でおよそ 450 人が参加し，各地持ち回りで開催される。秋田大会では，学会の会員である秋田県立大学の教員を中心に，秋田県農林水産部，秋田県農業試験場，秋田県農業協同組合中央会の協力を得て大会実行委員会を組織し，無事に大会を開催することができた。

大会実行委員会の解散の際に，実行委員長であった鵜川洋樹教授（秋田県立大学生物資源科学部アグリビジネス学科）から発案されたのが本書の出版企画である。秋田大会では，全国から集まる農業経済学研究者へ，秋田農業の状況の一面を紹介するためにミニシンポジウム「水田農業の次世代モデルを問う―秋田県大潟村の検証から―」も開催された（ミニシンポジウムの内容はすでに学会が発行する学術雑誌「農業経済研究」第 88 巻第 3 号に掲載されている）が，実行委員会に結集したメンバー全員で秋田県農業の今を発信しようとの提案であった。実際には，県庁や中央会の非研究部門職員の方々や研究者も数名はご参加いただけなかったが，最終的には出版にまでこぎ着けることができた。

本書は農業経済学を専門とする研究者，秋田県および全国の農業関係者，そして農業に関心を持つ秋田県民に向けて書かれた。本書の目的の 1 つは「秋田県農業の今を発信」と書いたが，重要な分析対象のいくつかを欠いており，本書は秋田県農業への現状理解を総体として提示するものではない。また，各章の内容についても執筆メンバーや編集委員で論点整理などの作業はおこなっておらず，本書の「はじめに」で示された内容を共通認識として，各章の執筆者がそれぞれの視点で切り取った秋田県農業の一側面を集めたものが本書である。

本書のもう一つの目的は，秋田県内の農業関係者の方々が日々繰り返しておられる試行錯誤の様々な取組に対して，より大きな文脈での意味づけや成功の条件・要因を見出していただける視点を提供することである。関係者の方々からのご批判をお待ちしたい。

本書の執筆者のほとんどは秋田県立大学生物資源科学部に所属している。秋田県立大学にこれだけの数の農業経済研究者が集められたのは，同学部アグリビジネス学科の設立によるもので，今年（2017年）で12年目を迎える。初めての学部を挙げての研究成果の刊行が本書である。秋田県農業の転換期に直面して，このような取り組みを深化・加速できればと思う。

執筆者紹介（執筆順、所属・肩書きは執筆時）

第Ⅰ部

第１章　佐藤加寿子（秋田県立大学生物資源科学部アグリビジネス学科 准教授）

第２章　長濱健一郎（秋田県立大学生物資源科学部生物環境科学科 教授）

第３章　佐藤　了（秋田県立大学 名誉教授）

第Ⅱ部

第４章　椿　真一（愛媛大学大学院農学研究科食料生産学専攻 准教授）

第５章　渡部　岳陽（秋田県立大学生物資源科学部生物環境科学科 准教授）

第６章　李　侖美（岐阜大学応用生物科学部生産環境科学課程 准教授）

第Ⅲ部

第７章　鵜川　洋樹（秋田県立大学生物資源科学部アグリビジネス学科 教授）

第８章　林　芙俊（秋田県立大学生物資源科学部アグリビジネス学科 助教）

第９章　藤井　吉隆（秋田県立大学生物資源科学部アグリビジネス学科 准教授）

上田　賢悦（秋田県農業試験場企画経営室 主任研究員）

第Ⅳ部

第10章　中村　勝則（秋田県立大学生物資源科学部生物環境科学科 准教授）

第11章　津田　渉（秋田県立大学生物資源科学部アグリビジネス学科 教授）

転換期の水田農業 —稲単作地帯における挑戦—

2017年8月25日　印刷
2017年9月8日　発行

定価はカバーに表示しています。

編　　者　鵜川洋樹・佐藤加寿子・佐藤　了

発 行 者　磯部　義治
発　　行　一般財団法人　農林統計協会
〒153-0064　東京都目黒区下目黒3-9-13
目黒・炭やビル
電話　03-3492-2987（普及部）
03-3492-2950（編集部）
URL：http://www.aafs.or.jp/
振替　00190-5-70255

A Turning Point in Rice Paddy Field Farming -Challenges in a Rice One-crop Area in Akita, Japan-

PRINTED IN JAPAN 2017

印刷　前田印刷株式会社　　　落丁・乱丁本はお取り替えします
ISBN978-4-541-04150-0　C3061